逻辑学

上 卷

〔德〕黑格尔著
杨一之译

商务印书馆

2003年 . 北京

G. W. F. Hegel
**SYSTEM DER PHILOSOPHIE
ERSTER TEIL. DIE LOGIK**
Fr Frommanns Verlag (H. Kurtz).
Stuttgart, 1929

汉译世界学术名著丛书
出 版 说 明

我馆历来重视移译世界各国学术名著。从五十年代起,更致力于翻译出版马克思主义诞生以前的古典学术著作,同时适当介绍当代具有定评的各派代表作品。幸赖著译界鼎力襄助,三十年来印行不下三百余种。我们确信只有用人类创造的全部知识财富来丰富自己的头脑,才能够建成现代化的社会主义社会。这些书籍所蕴藏的思想财富和学术价值,为学人所熟知,毋需赘述。这些译本过去以单行本印行,难见系统,汇编为丛书,才能相得益彰,蔚为大观,既便于研读查考,又利于文化积累。为此,我们从今年着手分辑刊行。限于目前印制能力,现在刊行五十种,今后打算逐年陆续汇印,经过若干年后当能显出系统性来。由于采用原纸型,译文未能重新校订,体例也不完全统一,凡是原来译本可用的序跋,都一仍其旧,个别序跋予以订正或删除。读书界完全懂得要用正确的分析态度去研读这些著作,汲取其对我有用的精华,剔除其不合时宜的糟粕,这一点也无需我们多说。希望海内外读书界著译界给我们批评、建议,帮助我们把这套丛书出好。

商务印书馆编辑部
1981 年 1 月

编者前言

毛主席号召我们读几本哲学史。

根据这两年来读西方哲学史的经验,在读史的同时,还要读一点哲学原著,才能更深入地了解哲学战线上的两军对战。黑格尔的《逻辑学》,是不少读者要读的一本。黑格尔的著作,十分晦涩难懂,《逻辑学》一书更是如此。这次重印《逻辑学》上卷,我们对这本书试作一点粗浅的评介,以供初读者参考。译者后记仍按初版时的安排,将置于下卷卷末。

黑格尔(1770—1831)是德国古典唯心主义哲学的最大代表。他在批判康德的不可知论的基础上,创立了庞大的客观唯心主义体系,以唯心主义的思维与存在同一说为根据,主张客观事物是可知的。黑格尔对康德的批判,一方面比康德走上更彻底的唯心主义;一方面却又发展了康德的辩证法思想。在马克思以前,黑格尔算是哲学史上第一个最系统地阐述辩证法的哲学家。所以,在黑格尔的唯心主义哲学体系中,包含了"合理的内核",这就是辩证法。当然,黑格尔的辩证法是唯心主义的辩证法,是头脚倒置的辩证法,在它原来的形式上,是完全不中用的。其所以说黑格尔的辩证法中有"合理的内核",是因为他实际上猜测到了客观事物的辩证法。马克思和恩格斯在创立无产阶级的科学世界观——马克思主义哲学时,首利用了黑格尔哲学的成果,批判地改造了黑格尔的辩证法,从黑格尔的唯心主义秕糠中清理出**"深刻真理的内核"**。遵循毛主席关于**"认真看书学习,弄通马克思主义"**的教导,我们要深刻理解马克思主义哲学,就必须深入领会马克思主义经典作家对黑格尔哲学所作的分析和批判。

黑格尔的唯心主义哲学,和宗教唯心主义在本质上是一样的,宗教是赤裸裸地讲上帝创造世界,黑格尔则讲"绝对精神"外化为自然。黑格尔所说的"绝对精神",实际上就是宗教所说的"上帝"。黑格尔认为,在自然界和人类社会没有出现以前,就有一种精神性的东西存在,他把它称之为"绝对精神"。黑格尔是反对形而上学的,这个"绝对精神"决不是僵死的、不变的,而是处在运动、发展状态之中。黑格尔的哲学体系,就是对"绝对精神"发展过程的描述。他把"绝对精神"的发展过程分为三个基本阶段,即:逻辑阶段、自然阶段和精神阶段,因此,他的哲学体系,相应地也分为三个部分,即:"逻辑学"、"自然哲学"和"精神哲学"。黑格尔哲学的精华,即他的辩证法,主要就表述在"逻辑学"中。列宁说:**"黑格尔逻辑学的总结和概要,最高成就和实质,就是辩证的方法,——这是绝妙的。"**

黑格尔的《逻辑学》就是讲的"绝对精神"自我发展的第一阶段。在这个阶段里,"绝对精神"还没有外化为自然,人类则更没有出现,它纯粹是抽象的逻辑概念。它的运动,发展表现为由一个纯粹抽象的概念,转化、过渡到另一个纯粹抽象的概念。在整个逻辑阶段,又分作三个发展段落,首先是"有",其次是"本质",最后是"概念",所以,《逻辑学》也就分为三章:"有论"、"本质论"和"概念论"。

"有"是黑格尔体系中头一个概念,是"逻辑学"的起点,是"绝对精神"自我发展的开端。"有"也译作"存在",黑格尔在这里所讲的"有"或"存在",和我们唯物主义哲学中所讲的物质的存在,完全不是一回事,它是一种纯粹抽象的、没有任何内容的概念。这个"有"是绝对空虚的,毫无任何规定性的,全然不具体的,所以,"有"也就等于"无"。黑格尔就是这样来推演的。于是,他由"有"的概念推论到它的对立面——"无"的概念。"有"与"无"既是对立的,又是统一的,"有"与"无"的统一,便是"变",或译作"生成"。"变"是比"有"与"无"更高的概念。

"变"的结果,使原来毫无规定性、极不确定的东西,开始具有一定的特性,从而可以依它的规定性与别的东西明显地相区别开来,也就是说,"变"的结果,使这个东西具有一定的"质"。这样,黑格尔就从"变"这一概念引伸出了"质"的概念。"质"又过渡到它相反的概念——"量",比"质"和"量"更高一级的概念是"度","度"是"质"和"量"的统一,是有质的量。"度"是"有论"中最高的概念、范畴。

从"有论"中最后一个概念"度"如何转化到下一个概念,以及第二基本阶段"本质论"和第三基本阶段"概念论"中逻辑概念是怎样推演的,在这里不一一赘述。黑格尔对于"绝对精神"的发展,有一套公式,即正、反、合三段式,黑格尔的全部逻辑学,都是按照这个三段式来推演概念发展的序列的。"绝对精神"发展的第一基本阶段"逻辑阶段"是正;第二基本阶段"自然阶段"是反;第三基本阶段"精神阶段"就是合。再以第一基本阶段"逻辑阶段"中三个段落来说,第一段落"有"是正;第二段落"本质"是反;第三段落"概念"就是合。而在"有论"中,"质"是正;"量"是反;"度"就是"合",如此等等,一直按这个三段式推演下来。黑格尔是唯心主义者,在他看来,概念以及概念与概念之间的联系,都不是客观事物所固有的本质和联系,都不是从客观现实中抽引出来的,而是先于客观事物就存在的、自我发展着的精神,显然,这是极其荒唐的。马克思主义哲学告诉我们:客观事物有它自身的不以精神、意志为转移的联系、发展过程,人的概念以及概念与概念之间的联系,都不过是客观现实在人脑中的反映。所以,黑格尔的庞大的唯心主义体系是完全反科学的、反唯物主义的。他到处套用正、反、合三段式,有些概念间的联系,极其牵强,甚至无法自圆其说,在"自然阶段"中,有些概念的推演,尤其令人难于捉摸。

　　黑格尔从根本上颠倒了存在决定意识的关系,他在概念推演中,也带有很大的主观随意性,但是,我们不能因此把黑格尔的哲学看成纯粹出于他的主观思辨。黑格尔的唯心主义,实际上不过是现实的颠倒、歪曲反映而已。黑格尔对人类社会领域,作过深入的研究,恩格斯指出:黑格尔"**力求找出并指出贯穿这些领域**(指社会历史领域——引者)**的发展线索**";十八世纪以来自然科学的巨大发展和成就,也是黑格尔进行哲学概括的对象,《逻辑学》中引用了大量的自然科学事例和数学材料,足以证明这一点。所以,列宁曾指出:"**在黑格尔这部最唯心的著作中,唯心主义最少,唯物主义最多。'矛盾',然而是事实!**"列宁的这段话,当然不能误解成黑格尔的《逻辑学》竟是唯物主义的,而是指黑格尔的著作里,数《逻辑学》一书中阐述自然界和社会历史领域中事物的客观辩证法为最多。

的确,摒除黑格尔的客观唯心主义体系,就他对"绝对精神"自我发展的辩证思想来说,确有"**令人惊奇的丰富思想**"。黑格尔的体系,好比"**建筑物的骨架和脚手架**",我们只要不是无谓地停留在脚手架前面,而是深入到"大厦"里去,就会发现"无数的珍宝"。恩格斯说:"**这些珍宝就是在今天也还具有充分的价值**"。

马克思主义经典作家对黑格尔的辩证思想,有许多高度的评价,在这里不可能一一引述。从经典作家的评价中,我们可以看到黑格尔的如下一些辩证思想:一、关于运动、发展和内在联系的思想。黑格尔认为一切都处在不断运动、变化之中;他反对形而上学把事物看成是孤立、静止的。在他表述"绝对精神"的发展过程中,都贯穿了相互联系、相互转化的思想,每一过程、每一环节和每一个方面,都不是固定不移的,都不是孤立自在的,概念与概念之间彼此都有内在的联系,由一个转化到另一个,都有必然的联系。黑格尔的发展观,是有规律的。二、尤为可贵的,也是最击中形而上学要害的是,黑格尔认为运动、发展的源泉,在于事物的内在矛盾;而不是如形而上学所认为的是外力的推动。我们从《逻辑学》这本书中,可以看到,黑格尔在表述"绝对精神"发展过程中的每一阶段和每一环节,它们本身都包含着内部的矛盾;概念间的转化和推演,都是由于概念的自我矛盾运动而转化、发展的。例如:"有"这一概念,其所以转化为"无"这一概念,并非在"有"之外还存在着一个跟"有"并无内在联系的外力,把"有"推动了转化到"无"去的,而是由于纯粹抽象的、毫无规定性的"有",其本身就已经蕴藏着跟它自身相反的"无"的因素的缘故。在黑格尔的时代,虽然形而上学的思想方法已经被打破缺口,自然科学的发展,大量地证明了自然过程的辩证发展,但是当时形而上学还是占居统治地位。形而上学根本不理会矛盾观念,认为矛盾是不可思议的,他们的公式是:"是就是是,否就是否,其余都是鬼话",而黑格尔则坚持矛盾观点,认为矛盾决不是什么反常,而是正常的,是推动一切自我运动的源泉。三、黑格尔提出了从量变到质变的思想,揭示了由一种质态到另一种质态之间相互转化的规律。黑格尔认为,量变是渐进性的运动,量变在一定限度内并不影响质,但是,量变积累到一定程度时,就会引起质的突然变化,质变表示渐进的运动的中断,使事物出现飞跃式的发展。黑格尔的这一发展观,从根本上打击了把运动归结为纯粹是量变的形而上学观点。四、黑格尔认为真理是过程,真理是具体的,认识是由浅入深、不断深化和具体的。黑格尔惯用的"否定"这个术语,和形而上学所说的"否定"涵义是不一样的。黑格尔所说的否定,并不是简单的摒除、抛弃,而是扬弃;他所说的否定,有继续和提高的意思,有保留原来合理的成分,而超过原有的涵义。"绝对精神"在发展过程中,经过一系列的否定;每经一次否定,概念就深化一步,内容也更具体。真理就是这样的长河,是一个过程,是历史的、具体的。黑格尔认为"绝对精神"的自我发展过程,也就是它自我认识的过程,所以他表述的逻辑发展过程,实际上就是认识的不断深化,具体的过程。这样,黑格尔就在唯心主义的形式下把逻辑、认识论和辩证法统一起来。

深入地剖析黑格尔哲学的"合理的内核",是马克思主义经典作家对德国古典哲学实行深刻的革命变革的重要组成部分。我们根据经典作家对黑格尔辩证法的评价,在上面所归纳的这些看法,远未能全面介绍马克思主义经典作家对黑格尔辩证法的革命批判。

黑格尔哲学本身就是矛盾的统一体,是唯心主义体系与辩证方法的矛盾统一。他的客观唯心主义体系,反映了他保守的、反动的一面;他的辩证方法,反映了他有革命、进步的一面。在体系与方法的矛盾中,黑格尔往往总是迁就他的体系,而束缚住辩证法。恩格斯说:黑格尔"**革命的方面就被过分茂密的保守的方面所闷死**"。按照黑格尔的方法,原应得出这样一些革命的结论:矛盾运动是绝对的,真理是包括在无限的认识过程之中的;但是,黑格尔的辩证法是不彻底的,他所说的矛盾运动只是在一定的阶段内进行,他把矛盾的统一看成是绝对的,而把矛盾的斗争看成是相对的,最后矛盾还是调和了。他的发展观点,也就以宣布他自己的"全部教条内容"为"绝对真理"而最终陷入形而上学。

黑格尔哲学是十九世纪初德国资产阶级的意识形态。黑格尔哲学其所以如此矛盾,这是和当时德国资产阶级所处的矛盾地位分不开的。在西欧,德国落后于英国和法国,到十九世纪上半叶,德国资产阶级革命还不成熟,而工人阶级已逐步形成独立的政治力量。德国资产阶级一方面有反封建的革命要求;一方面又极端仇视和害怕人民群众,德国资产阶级的这种两面性,在黑格尔哲学中典型地表现出来。恩格斯是这样评价黑格尔这个人的:他在他自己的领域,也就是哲学辩证法的领域,是"**奥林帕斯山上的宙斯**";在政治上,则没有完全脱去"**庸人气味**"。

恩格斯说:黑格尔的整个学说,"**给各种极不相同的实践的党派观点都留下了广阔的活动场所**"。在黑格尔死后,黑格尔学派的解体中,分化为:有代表反动的,保守的老年黑格尔派,他们继承黑格尔唯心主义的衣钵;还有代表革命的、急进的青年黑格尔派,他们继承黑格尔的辩证法,力图推动德国资产阶级革命。马克思和恩格斯早年一度参加青年黑格尔派,这两位革命导师在十九世纪四十年代完成了批判改造包括黑格尔哲学在内的德国古典哲学的工作,在亲身参加和总结无产阶级革命运动的基础上,创立了马克思主义哲学——辩证唯物主义和历史唯物主义,宣告了旧哲学的终结,这是哲学上的根本变革。马克思主义产生以后,在批判和继承黑格尔哲学方面,两条哲学路线的斗争并没有结束。资产阶级的反动哲学流派和形形色色的修正主义者,总是死抱着黑格尔的唯心主义体系不放,或是歪曲黑格尔的辩证法,借以攻击马克思主义。伟大革命导师列宁在与这些反动哲学作斗争中,进一步透彻地批判研究了黑格尔的辩证法,继承、捍卫和发展了马克思主义的辩证唯物主义和历史唯物主义。伟大领袖毛主席在总结我国革命和世界无产阶级革命经验的基础上,又在新的历史条件下进一步继承、捍卫和发展了马克思列宁主义。事实证明,只有无产阶级才能真正批判地继承黑格尔的哲学遗产。而没落的资产阶级以及一切新老修正主义者,出于他们的反动本性,总是反对或者歪曲唯物论和辩证法,借攻击黑格尔的辩证法来攻击马克思主义。我们一定要遵循毛主席的教导,"**认真看书学习,弄通马克思主义**",批判修正主义,批判资产阶级世界观。我们在研读黑格尔这部著作中,要紧紧遵循经典作家对黑格尔哲学的分析和批判,深入学习和掌握唯物辩证法,使辩证法这个"革命的代数学"真正成为我们亿万革命人民手中反修防修、巩固无产阶级专政的强大思想武器。

商务印书馆编辑部
1973 年 10 月

上卷目录

第一版序言 ······ 1
第二版序言 ······ 7
导论 ······ 23
    逻辑的一般概念 ······ 23
    逻辑的一般分类 ······ 42

第一部 客观逻辑

第一编 有 论

必须用什么作科学的开端? ······ 51
有之一般分类 ······ 66
第一部分 规定性(质) ······ 68
  第一章 有 ······ 69
    甲、有 ······ 69
    乙、无 ······ 69
    丙、变 ······ 70
      1.有与无的统一 ······ 70
        注释一 有与无在观念中的对立 ······ 70
        注释二 有与无的统一,同一:表述的缺憾 ······ 79
        注释三 抽象的孤立 ······ 83
        注释四 开端的不可思议的性质 ······ 94
      2.变的环节:发生与消灭 ······ 96

3. 变的扬弃 ········· 97
　　注释　关于扬弃这个名词 ········· 98
第二章　实有 ········· 100
　甲、实有自身 ········· 100
　　1. 一般实有 ········· 101
　　2. 质 ········· 102
　　　　注释　质与否定 ········· 104
　　3. 某物 ········· 108
　乙、有限 ········· 110
　　1. 某物和一他物 ········· 111
　　2. 规定,状态和界限 ········· 117
　　3. 有限 ········· 125
　　　(一)有限的直接性 ········· 126
　　　(二)限制和应当 ········· 127
　　　　注释　应当 ········· 130
　　　(三)有限到无限的过渡 ········· 133
　丙、无限 ········· 134
　　1. 一般无限物 ········· 135
　　2. 有限物与无限物的相互规定 ········· 136
　　3. 肯定的无限 ········· 142
　过渡 ········· 150
　　　　注释一　无限的进展 ········· 151
　　　　注释二　唯心论 ········· 156
第三章　自为之有 ········· 158
　甲、自为之有自身 ········· 159
　　1. 实有与自为之有 ········· 160
　　2. 为一之有 ········· 160
　　　　注释　为一这个名词是什么? ········· 161
　　3. 一 ········· 166
　乙、一与多 ········· 167
　　1. 在自身那里的一 ········· 167
　　2. 一与空 ········· 168

　　　　　注释　原子论 …………………………………………… 169
　　3.多个的一　排斥 ……………………………………………… 171
　　　　　注释　莱布尼兹的单子论 ……………………………… 173
丙、排斥与吸引 …………………………………………………… 174
　　1.一的排除 ……………………………………………………… 174
　　　　　注释　一与多的统一命题 …………………………… 177
　　2.吸引的一个一 ……………………………………………… 178
　　3.排斥和吸引的关系 ………………………………………… 180
　　　　　注释　康德的物质构造出于引力与斥力 ……………… 185

第二部分　大小(量) …………………………………………… 192
　　　　　注释 ……………………………………………………… 193

第一章　量 …………………………………………………… 195
甲、纯量 …………………………………………………………… 195
　　　　　注释一　纯量的观念 …………………………………… 196
　　　　　注释二　时间、空间、物质不可分性和无限可分性的康德
　　　　　　　　　二律背反 ……………………………………… 199
乙、连续的和分立的大小 ………………………………………… 210
　　　　　注释　这些大小通常的分立 …………………………… 211
丙、量的界限 ……………………………………………………… 212

第二章　定量 …………………………………………………… 214
甲、数 ……………………………………………………………… 214
　　　　　注释一　算术的算法。康德的直观的先天综合命题 … 217
　　　　　注释二　数的规定应用于哲学概念的表达 …………… 225
乙、外延的和内涵的定量 ………………………………………… 231
　　1.这两种定量的区别 ………………………………………… 231
　　2.外延的和内涵的大小之同一 ……………………………… 234
　　　　　注释一　这种同一的例子 ……………………………… 236
　　　　　注释二　康德应用度数规定于灵魂 …………………… 239
　　3.定量的变化 ………………………………………………… 240
丙、量的无限 ……………………………………………………… 241
　　1.量的无限概念 ……………………………………………… 241

2.量的无限进展 ································· 243
　　　　注释一　对无限进展的称颂意见 ··················· 245
　　　　注释二　世界在时空中有界限和无界限的康德二律背反 ······ 252
　　3.定量的无限 ··································· 257
　　　　注释一　数学无限的概念规定性 ··················· 260
　　　　注释二　微分计算从它的应用所引导出来的目的 ········· 297
　　　　注释三　其他与质的大小规定性有关的形式 ············ 328
第三章　量的比率 ································ 340
　甲、正比率 ····································· 341
　乙、反比率 ····································· 343
　丙、方幂比率 ··································· 349
　　　　注释 ···································· 351

第三部分　尺度 ································· 354

第一章　特殊的量 ································ 361
　甲、特殊定量（比量） ····························· 361
　乙、特殊化的尺度 ································ 365
　　1.准尺 ····································· 366
　　2.特殊化的尺度 ······························· 366
　　　　注释 ···································· 368
　　3.作为质的两方面之间的比率 ····················· 369
　　　　注释 ···································· 372
　丙、在尺度中的自为之有 ··························· 374
第二章　实在的尺度 ······························ 379
　甲、独立的尺度比率 ······························ 380
　　1.两个尺度的联合 ····························· 381
　　2.作为尺度比率系列的尺度 ······················· 383
　　3.选择的亲和性 ······························· 387
　　　　注释　伯尔托勒关于化学亲和性和柏采留斯关于它的
　　　　　　　理论 ······························· 389
　乙、尺度比率的交错线 ····························· 399

   注释　这样交错线的例子,关于这方面,所谓自然中没有
    飞跃 …………………………………………………… 402
 丙、无尺度之物 …………………………………………………… 405
第三章　本质之变 …………………………………………………… 409
 甲、绝对的无区别 ………………………………………………… 409
 乙、无区别作为它的因素的反比率 ……………………………… 409
   注释　关于向心力与离心力 ………………………… 414
 丙、到本质的过渡 ………………………………………………… 418

第一版序言

近二十五年来,哲学思想方式在我们之间所遭受的全部变化,和这时期中精神的自觉所达到的较高的观点,至今还对逻辑的形态很少有什么影响。

在这段时期以前,那种被叫做形而上学的东西,可以说已经连根拔掉,从科学的行列里消失了。什么地方还在发出,或可以听到从前的本体论、理性心理学、宇宙论或者甚至从前的自然神学的声音呢?例如,关于灵魂的非物质性,关于机械因和目的因等研究,哪里还有人对它发生兴趣呢?过去关于上帝存在的证明,也只是就历史而言,或是为了修身养性和助勉性情,才被引用。对于旧形而上学,有的人是对内容,有的人是对形式,有的人是对两者都失掉了兴趣;这是事实。假如一个民族觉得它的国家法学、它的情思、它的风习和道德已变为无用时,是一件很可怪的事;那么,当一个民族失去了它的形而上学,当从事于探讨自己的纯粹本质的精神,已经在民族中不再真实存在时,这至少也同样是很可怪的。

康德哲学的显豁的学说,认为**知性不可超越经验**,否则认识能力就将变成只不过产生**脑中幻影的理论的理性**;这种学说曾经从科学方面,为排斥思辨的思维作了论证。这种通俗的学说迎合了近代教育学的叫嚷,迎合了眼光只向当前需要的时代必需;这就是说:正如经验对于知识是首要的,而理论的洞见对于公私生活中的干练精明,则甚至是有害的,实际练习和实用的教养,才是基本的、唯一要得的。——科学和常识这样携手协作,导致了形而上学的崩溃,于是便出现了一个很奇特的景象,即:**一个有文化的民族竟没有形而上学**——就象一座庙,其他各方面都装饰得富丽堂皇,却没有至圣的神那样。——神学过去是思辨的神秘和还是附庸的形而上学的监护者,它已经放弃了这门科学,以换取情感,换取实际——通俗的和只夸见闻的历史的东西。和这种变化相应的,是:那些孤独的人们,被他们的同胞所抛弃,被隔绝于世界之外,而以沉思永恒和专门献身于这种沉思的生活为目的——不是为了有用,而是为了灵魂的福祉,——那样的人们消失了;这种消失,从另一方面看来,本质上可以看做和前面所说的,是同一现象。——于是,在昏暗被驱散以后,也就是返观内照、幽暗无色的精神劳作消散以后,存在好象化为欢乐的花花世界了,大家知道,花没有是**黑色**的。

逻辑的遭遇,还不完全象形而上学那样糟糕。*说人们由逻辑而**学习思维**,这一点从前被认为是逻辑的用处;从而也被认为是它的目的——正好象人们要由研究解剖学和生理学才学会消化和运动一样,——这种偏见久已被打破了,实用的精神替逻辑设想的命运,当然也不比它的姊妹[②]更好。虽然如此,大约由于一些形式上的用处之故,逻辑还被容许在科学之列,甚至被保留为公共课程的对象。不过,这较好的运气只是表面的;因为逻辑

---

* 参看《列宁全集》,第38卷,人民出版社1959年版,第83页。以下只注页码,不重列书名和卷数。《哲学笔记》摘述的文字不尽与原书一致,可供对照参考的文句和段落,一律只注起处,不注讫处。此项参看的页码概排在本书各页的最下端。——译者

② 指形而上学。——译者

的形态和内容,仍然与悠久传统所遗留下来的一样,但在流传中却愈益浅肥沃薄了;而在科学中以及在现实中生长起来的新精神,还没有在逻辑中显出痕迹。但是,假如精神的实质形式已经改变,而仍然想保持旧的教育形式,那总归是徒劳;这些旧形式是枯萎的树叶,它们将被从根株发生的新蓓蕾挤掉。

漠视这种一般的变化,即使在科学中,也终于不行了。新的观念,甚至在反对者当中,也不知不觉地成为流行而熟习的了,尽管他们对这些新观念的来源和原则,继续表示冷漠和反对,但是他们不能不同意它们的结果,也不能抗拒这些结果的影响。对于他们的愈益不重要的否定态度,他们除了附和新观念方式而外,就毫无其他办法,来给予肯定的意义和内容。

另一方面,一个新创造所借以开始的酝酿时期,好像已经过去了。这样的新创造的最初现象,总是对旧原则的继续系统化,抱狂热的仇视态度,这也一部分是害怕自己迷失于事物万殊的广漠无涯之中,一部分则是对科学成就所要求的劳作有些畏缩,而在需要这样的成就时,便先去抓一种空洞的形式主义。材料加工和提炼的要求,于是便更加迫切了。这是一个时代在形成中的一个时期,和个人的生长一样,那里的主要事情,就是要获得并保持含蕴而未展开的原则。但这里有较高的要求,就是使原则成为科学。

无论科学的实质和形式,在其他方面曾经发生过什么,* 那构成真正的形而上学或纯粹的思辨哲学的逻辑科学,却至今仍然

---

* 参看第 83 页。

很被忽视。我对这门科学及其立场进一步所了解的东西,已经在**导论**里先行陈述过了。如果多年的工作也还不能够给予这种企图以更大的完满,那是因为,这门科学又一次有从头做起的必要,对象本身的性质以及我们所着手的改造缺乏可以利用的已有成绩,这一切,想来可以得到公平裁判者的鉴察吧。基本观点是对科学研究,根本要有一种新的概念。哲学,由于它要成为科学,正如我在别处说过的,[①]* 它既不能从一门低级科学,例如数学那里借取方法,也不能听任内在直观的断言,或使用基于外在反思的推理。而这只能是在科学认识中运动着的**内容**的**本性**,同时,正是内容这种**自己的反思**,才建立并产生**内容的规定**本身。

知性作出规定并坚持规定;**理性**是否定的和辩证的,因为它将知性的规定消融为无;它又是肯定的,因为它产生**一般**,并将特殊包括在内。正如知性被当作从一般理性分出来的某种分离物那样,辩证的理性通常也被当作从肯定的理性分出来的某种分离物。但是,理性在它的真理中就是**精神**,精神是知性的理性或理性的知性,它比知性、理性两者都高。精神是否定物,这个否定物既构成辩证理性的质,也构成知性的质;——精神否定了单纯的东西,于是便建立了知性所确定的区别;而它却又消解了这种区别,所以它是辩证的。但是精神并不停留于无这种结果之中,它在那里又同样是肯定的,从而将前一个单纯的东西重新建立起来,但这却是作为一般的东西,它本身是具体的;并不是某一特殊

---

① 《精神现象学》第一版序言。——[哲学的]真正的实现是方法的认识,而且在逻辑本身中有它的地位。——1831 年黑格尔原注

* 参看第 83 页。

** 参看第 84 页。

的东西被概括在这个一般的东西之下,而是在进行规定及规定的消融中,那个特殊的东西就已同时规定了自身。这种精神的运动,从单纯性中给予自己以规定性,又从这个规定性给自己以自身同一性,因此,精神的运动就是概念的内在发展:它乃是认识的绝对方法,同时也是内容本身的内在灵魂。——我认为,只有沿着这条自己构成自己的道路,哲学才能够成为客观的、论证的科学。——我在《精神现象学》里,曾试图用这种方式来表述**意识**。意识就是作为具体的而又被拘束于外在的知的精神;但是,这种对象①的前进运动,正如全部自然生活和精神生活的发展一样,完全是以构成逻辑内容的**纯粹本质**的本性为基础的。意识,作为显现着的精神,它自己在途程中解脱了它的直接性和外在具体性之后,就变成了纯知,这种纯知即以那些自在自为的纯粹本质自身为对象。它们就是纯思维,即思维其本质的精神。它们的自身运动就是它们的精神生活,科学就是通过这种精神生活而构成的,并且科学也就是这种精神生活的陈述。

这里所指出的,就是我称之为"精神现象学"的那种科学与逻辑的关系。——至于外在的编排,原定在《科学体系》②第一部分(即包含"现象学"的那一部分)之后,将继之以第二部分,它将包括逻辑学和哲学的两种实在科学,即自然哲学与精神哲学,而科学体系也就可以完备了。但是逻辑本身所不得不有的必要扩充,促使我将这一部分分别问世;因此,在一个扩大了的计划中,《逻

---

① 对象,指意识。——译者
② (班堡和武茨堡,哥布哈,1807年。)这个名称于下次复活节出版的第2版中,将不再附上去。——下文提到的计划第二部分,包括全部其他哲学科学,我从那时以后,就改用《哲学全书》之名问世,去年已出至第3版。——1831年黑格尔原注

辑学》构成了《精神现象学》的第一续编。以后,我将继续完成上述哲学的两种实在科学的著作。——这本《逻辑学》的第一部以"有论"为第一卷;第二卷"本质论"是第一部的第二部分,亦已付印;第二部将包括"主观逻辑",或说"概念论"。

1812 年 3 月 22 日于纽伦堡

第二版序言

这里所出版的是《逻辑学》第一卷,在修改时,我既完全意识到对象本身及其阐述之困难,也完全意识到写第一版时所带来的缺点;尽管我在多年进一步研究了这门科学以后,曾努力弥补这些缺点,但是我觉得仍然有足够的原因,要请求读者原谅。作这种请求的理由,首先就是根据这种情况,即,在以前形而上学和逻辑中所找到的内容,主要都只是一些外表的材料。形而上学和逻辑虽然曾有过普遍而经常的研究,后者甚至直到今天还仍然如此,但是这样的工作很少涉及思辨方面,那不如说在大体上,仅仅是重复同样材料,时而变得很空疏以至于琐屑肤浅,时而又是重新大量搬弄积年陈货;所以,虽然经过这样的、常常仅只是机械的努力,而哲学的内容并不曾能够得到益处。因此,* 对思想的王国,作哲学的阐述,即是说从思维本身的内在活动去阐述它,或说从它的必然发展去阐述它,也是一样,这必定是一件新事业,必须从头做起;但是那些已经获得的材料,熟知的思想形式,也应当看做是最重要的范例,甚至是必要的条件和值得感谢的前提,即使它们不过是时而这里、时而那里、提供一条不绝如缕的线索或一些没有生命的骨骼,甚至还是杂乱无章。

思维形式首先表现和记载在人的**语言里**。人兽之别就由于思

---

* 参看第85页。

想,这句话在今天仍须常常记住。语言渗透了成为人的内在的东西,渗透了成为一般观念的东西,即渗透了人使其成为自己的东西的一切;而人用以造成语言和在语言中所表现的东西,无论较为隐蔽、较为混杂或已经很明显,总包含着一个范畴;逻辑的东西对人是那么自然,或者不如说它就是人的特有本性自身。* 但是,假如人们把一般的自然作为物理的东西,而与精神的东西对立起来,那么,人们一定会说,逻辑的东西倒是超自然的,它渗透了人的一切自然行为,如感觉、直观、欲望、需要、冲动等,并从而使自然行为在根本上成为人的东西,成为观念和目的,即使这仅仅是形式的。** 一种语言,假如它具有丰富的逻辑词汇,即对思维规定本身有专门的和独特的词汇,那就是它的优点;介词和冠词中,已经有许多属于这样的基于思维的关系;中国语言的成就,据说还简直没有,或很少达到这种地步;这些分词是很有用的,只不过比字头字尾之类较少分离变化而已。重要得多的,是思维规定在一种话言里表现为名词和动词,因而打上了客观形式的标记;德国语言在这里比其他近代语言有许多优点;德语有些字非常奇特,不仅有不同的意义,而且有相反的意义,以至于使人在那里不能不看到语言的思辨精神:碰到这样的字,遇到对立物的统一(但这种思辨的结果对知性说来却是荒谬的),已经以素朴的方式,作为有相反意义的字出现于字典里,这对于思维是一种乐趣。因此,哲学根本不需要特殊的术语;它固然也须从外国语言里采用一些字,这些字却是通过使用,已经在哲学中取得公民权了——在事情最关重要的地方,矫情

---

* 参看第 86 页。
** 参看第 85 页。

排斥外来语以求本国语纯洁,这种作风是最没有地位的。——一般地说文化上的进步,特殊地说科学上的进步,都使较高级的思维关系逐渐显露,或至少将这些关系提高到更大的普遍性,从而引起更密切的注意;即使是经验的和感性的科学,也是如此,因为它们一般地都是在最习见的范畴(例如全体与部分,事物及其属性等)之内活动。* 例如在物理学里,假如说"**力**"这一思维规定曾居统治地位,那么,"**两极性**"这一范畴在近代却起了最重要的作用,而且它已 à tort et à travers［不管好歹］,侵入一切领域,以至于光学——它是一种区别的规定,在这种区别里,被区别者是联系而**不可分**的,——在这样的方式之下,一种规定性,例如力,它所借以保持其独立性的那种抽象形式,即同一性形式,消逝了;而规定的形式、区别的形式,它同时又作为一个留在同一性中的不可分离者,出现了,并且成了流行的观念:这样的事实有无限的重要。自然观察的对象以实在而牢固,这种观察通过实在,本身带来了这样强制性的东西,要确定在观察中不再能忽视的范畴,即使这些范畴与其他也同样有效范畴极不一贯,并且这种强制性的东西不容许像在精神事物中那样较易出现从对立到抽象、到普遍性的过渡。

但是,** 逻辑的对象及其术语,虽然在有教养的人中间,几乎是人所熟知的东西,而**熟知的东西**,正如我在别处说过,[1]并不因此就是**真知**;假如还要研究熟知的东西,那甚至会使人不耐烦,——

---

* 参看第 85 页。
** 参看第 85 页。
[1] 《精神现象学》:"熟知的东西所以不是真正知道了的东西,正因为它是熟知的。"商务印书馆 1960 年版,第 20 页。——译者

还有什么比我们口里说出的每一句话都在使用的那些思维规定更为熟知的吗？关于从这种熟知的东西出发的认识过程,关于科学思维与这种自然思维的关系,指出其一般环节,这就是这篇序言所要做的事;有了这些,再连同以前导论中所包含的东西,就足够对逻辑认识的意义,给予一个一般观念;这样的一般观念,是人们在想要知道一门科学的内容本身是什么以前,首先要求具有的。

* 思维形式,在质料中时,它们是沉没在自觉的直观、表象以及我们的欲望和意愿之内的,或者不如说,沉没在带有表象的欲望和意愿之内的——没有人的欲望或意愿是没有表象的,——使思维形式从质料中解脱出来,提出这些共相本身,并且使其成为考察的对象,像柏拉图、尤其是像以后亚里士多德所作的那样,这首先应被认为是一种了不起的进步,这是认识共相的开端。亚里士多德说:"只有在生活的一切必需品以及属于舒适和交通的东西都已大体具备之后,人们才开始努力于哲学的认识。"[①]他以前还说过:"数学在埃及成立很早,因为那里的祭司等级早就处于有闲的地位。"[②]——事实上,从事纯粹思维的需要,是以人类精神必先经过一段遥远的路程为前提的,可以说,这是一种必须的需要已经满足之后的需要,是一种人类精神一定会达到的无所需要的需要,是一种抽掉直观、想像等等的质料的需要,亦即抽掉欲望、冲动、意愿的具体利害之情的需要,而思维规定则恰恰掩藏在质料之中。在思

---

* 参看第 86 页。

[①] 亚里士多德:《形而上学》,A2,982^b。——原编者注(参看商务印书馆中译本,第 5 页。——译者)

[②] 同上,A1,981^b。——原编者注(参看商务印书馆中译本,第 3 页。——译者)

维达到自身并且只在自身中这样的宁静领域里,那推动着民族和个人的生活的利害之情,便沉默了。亚里士多德对于这一点又说:"人的天性依赖于许多方面,但是这门不求实用的科学,却是唯一本来自由的,它因此便好像不是人的所有。"①——一般说来,哲学还是在思想中,和具体对象,如上帝、自然、精神等打交道,但是逻辑却完全只就这些对象的完全抽象去研究它们本身。所以这种逻辑常常首先是属于青年的课程,因为青年还没有被牵入具体生活的利害之中,就那些利害说,他们还生活在闲暇中,并且只是为了主观的目的,他们才须从事于获得将来在那些利害的对象中进行活动的手段与可能——而且从事于这些对象,也还只是理论上的。和上述亚里士多德的观点相反,逻辑科学被看做是**手段**,致力于这种手段是一种临时性的工作,其场所是学校,继学校而来的,才是生活的严肃与为真正目的的活动。** 在生活中,范畴才被**使用**;范畴从就其本身而被考察的光荣,降低到为创造和交换有关生活内容的表象这种精神事业而**服务**,——一方面,范畴通过其一般性而作为缩写之用;——因为像战役、战争、人民或海洋、动物等表象,自身中都包括了无数的外部存在和活动的细节,而上帝或爱等这样的表象的单纯性中,又概括了无数的表象、活动、情况等等!——另一方面,范畴可作进一步规定并发现**对象关系**之用,但是这样一来,却使参预这种规定和发现的思维,其内容与目的、正确性与真理都完全依赖于当前事物,而不把决定内容的效力归于思维规定本身。这

---

① 亚里士多德:《形而上学》,A2,982^b。——原编者注(参看商务印书馆中译本,第5页。——译者)

** 参看第86—87页。

样的使用范畴,即以前称为自然逻辑者,是不自觉的,而且,假如在精神中,把作为手段而服务的那种关系,在科学的反思中,加之于范畴,那么,思维一般就成为某种从属于其他精神规定的东西了。这样,[*] 我们当然不是说我们的感觉、冲动、兴趣为我们服务,而是被当作独立的力量和权力,所以,我们如此感觉,如此欲望和意愿,对这或那发生兴趣,这些恰恰就是我们自身。这倒不如说,我们意识到:我们是在为我们的感触,冲动,热情、利害之情(更不用谈习惯)服务,而不是我们拥有它们,更不是由于它们与我们处于密切的统一中作为手段而服务于我们。这些气质和精神之类的规定,立刻就对我们表明其为**特殊的**,而与**一般性**对立;因为我们在自身中,意识到这种一般性,在这种一般性中,我们有了自由;并且我们认为在那些特殊性中,我们倒是被拘束了,被它们统治了。既然如此,我们就更不能认为思维形式服务于我们,是我们拥有它们,而非它们拥有我们;思维形式贯穿于我们的一切表象——这些表象或仅仅是理论的,或含有属于感觉、冲动、意愿的质料,——是从其中抽引出来的;**我们**还剩下什么来对付这些思维形式呢?它们本来自身就是一般的东西,**我们,我,**怎样可以把自己当作**超出**它们**之上**的更一般的东西呢?假如我们寄身于感觉、目的、利害中,而在那里感到受限制、不自由,那么我们能够从那里回到自由的地方,就正是本身确定的地方,纯粹抽象的地方,思维的地方。或者也可以说,当我们要谈事物时,我们就称它们的本性或**本质**为它们的**概念**,而概念只是为思维才有的;但是谈到事物的概念,我们更不能说我们统治了它们,或说结合成了概念的思维规定为我们服

---

[*] 参看第87页。

务;恰恰相反,我们的思维必须依据概念而限制自己,而概念却不应依我们的任意改自由而调整。因此,既然主观思维是我们最为特有的、最内在的活动,而事物的客观概念又构成了事物本身,那么,我们便不能站在那种活动之上,不能超出那种活动之外,同样也不能超出事物本性之外。可是对后一种规定①,我们可以撇开不管;它会提供我们的思维对事物的关系,在这种情况下,它与前一种规定②是符合的;不过这样提供出来的,却仅仅是某种空洞的东西,因为事物在这里会被提出来作为我们的概念的准绳,但恰恰是这个事物,对于我们说来,却不是别的,而只能是我们对于事物的概念。* 假如批制哲学对这种**三项**之间的关系,理解为:**思维**作为中介,处于**我们**和**事物**之间,而这个中介不是使**我们**与**事物**结合,反倒是使**我们**与**事物**分离;那么,对于这种观点,可以回答一句简单的话,即,纵使这些事物被假定为超出我们以外,超出与它们有关的思维以外,而处于另一极端,它们本身也恰恰是思想物,并且因为完全无所规定,所以只是**一个**思想物——即本身是空洞抽象的所谓"自在之物"。

从这个观点出发,关系便消失了,就这个观点看来,** 思想规定被当作只是供使用的,只是手段,关于这个观点,上面所说的已经够了;与此相关联的更重要的一点,是人们常常依照这个观点,把思维规定当作外在形式来把握。——如前所说,在我们的一切

---

① 指事物的本性。——译者
② 指主观思维。——译者
* 参看第 87—88 页。
** 参看第 89 页。

表象、目的、利害之情和行为中一贯起作用的思维活动，乃是不自觉地活动着的（自然逻辑）；我们的意识面对着的东西，是内容，是表象的对象，是使利害之情得以满足的东西；在这种情况下，思维规定就被当作仅仅**附着于内容的形式**，而非内容本身。前面已经指出过，并且一般也都承认，**本性**、独特的**本质**以及在现象的繁多而偶然中和在倏忽即逝的外表中的真正**长在的**和**实质的**东西，就是事物的概念，就是**事物本身中的共相**，正如每个个人，尽管是无限独特的，但在他的一切独特性中，首先必须是人，犹之乎每一头兽**首先必须是兽**一样：这并不是要说，假如从还有其他多方面的谓语装点着的东西中，拿掉这个基础——这个基础是否和其他谓语一样，也可以叫做谓语，还很难说，①——一个个体还会成为什么东西。这个不可缺少的基础、这个概念、这个共相，只要人们在运用思想这个词时，能从表象中抽象出来，那它就是思想本身，不能看作仅仅**附着于**内容的、无足轻重的形式。但是，* 一切自然事物和精神事物的思想，甚至实体的内容，都是这样的一种思想，即它都是包含许多规定，并且还在它自身中，具有心灵与身体之间，概念与和它有关的实在之间的区别；更深的基础，是心灵本身，是纯概念，而纯概念就是对象的核心与命脉，正像它是主观思维本身的核心与命脉那样。这个**逻辑**的本性，鼓舞精神，推动精神，并在精神中起作用，任务就在于使其自觉。** 本能的行动与理智的和自由的行动的区别，一般说来，就是由于后者是随自觉而出现的。当作

---

① 这里是暗指康德所谓存在不能作为谓语的说法。——译者
* 参看第 90 页。
** 参看第 87—88 页。

为推动力的内容，从它和主体的直接统一中被抽出来成为主体面前的对象时，精神的自由便开始了，而精神过去却在思维的本能活动中，被它的范畴所束缚，支离破碎，成为无穷杂多的质料。在这面网上，到处都结着较强固的纽结，这些纽结是精神的生活和意识的依据和趋向之点，它们之所以强固而有力，要归功于这一点，即：假如它们呈现于意识之前，它们就是精神本质的自在自为的概念。对于精神的本性说，最重要之点，不仅是精神**自在地**是什么和它**现实地**是什么之间的关系，而且是它**自知**是什么和它**现实地**是什么之间的关系；因为精神基本上就是意识，所以这种自知也就是精神的**现实性**的基本规定。这些范畴，当其只是本能地起推动作用时，它们之进入精神的意识，还是零碎的，因而也是变动不定和混乱不清的，并且它们对精神所提供的现实性，也是这样零碎的、不确定的；纯化这些范畴，从而在它们中把精神提高到自由与真理，乃是更高的逻辑事业。

把一般概念和概念环节、思维规定，首先当作区别于质料而仅仅附着于质料的形式来处理，这种办法曾经被说成是科学的开端，这个开端就本身说，就作为真正认识的条件说，其崇高价值，过去都曾得到承认；这种办法，要达到被认为是逻辑对象和目的的真理，立刻就显得很不适宜。因为，* 这样作为单纯的形式，作为与内容有区别，它们就被当作是在一种规定中固定下来，这一种规定就给它们打下了有限的烙印，并使它们不能把握本身是无限的真理了。不论从什么观点来看，把"真的"又重新与限制和有限性结

---

* 参看第 90—91 页。

成伙伴；那总是它的否定的一面，是它的非真理、非现实的一面，甚至是它的终结的方面，而不是它所以为真的肯定的方面。面对着单纯形式的范畴的荒芜不毛，常识的本能终于觉得自己是那么蓬勃有力，以至轻蔑地把对于这些范畴的知识，推让给学校逻辑和学校的形而上学，同时却忽视了这些线索已经被意识到了的价值，并且在自然逻辑的本能活动中，尤其在故意抛弃对思维规定的知识和认识时，完全没有意识到自己已经作了俘虏，在为不纯的、因而是不自由的思维服务。这类形式的汇集，其单纯的基本规定或共同的形式规定，就是**同一性**；在汇集这些形式的逻辑里，这个同一性就是被称为 $A=A$ 的法则和矛盾命题。常识对于拥有这一类的真理法则并继续教着这些法则的学校，如此其失去敬意，以致因此而嘲笑学校，并且以为一个人，如果他真的按照这类的规律说话，如：植物是——植物，科学是——科学等等以至无穷，那是不堪忍受的。关于* 推论规则的公式（事实上，推论是知性的主要用处），如果忽视它们在认识中有它们必然有效的领域，同时又是理性思维的基本材料，那是不公正的；同样，公平的看法是：它们至少也同等地可以作为错误和诡辩的工具，并且不管人们如何规定真理，它们对于较高的真理，例如宗教的真理，总是不能适用的；——它们根本只涉及知识的正确性而不涉及真理。

把真理放在一旁的这种考察思维的方式，是不完备的；要补充它，唯有在考察思维时，不仅要考察那通常算做外在形式的东西，而且也要考察内容。这种情况很快就会自己显示出来，即：在最通

---

* 参看第91页。

常的反思中,作为脱离了形式的内容的那种东西,事实上本身并不是无形式的、无规定的,——假如是那样,内容就只是空的,就像是"自在之物"的抽象了,——内容不如说是在自身那里就有着形式,甚至可以说唯有通过形式,它才有生气和实质;而且,那仅仅转化为一个内容的显现的,就是形式本身,因而也就如同转化为一个外在于这个显现的东西①的显现那样。* 随着内容这样被引入逻辑的考察之中,成为对象的,将不是**事物**(die Dinge),而是**事情**(die Sache),是事物的**概念**。这里也要记住,**有的是**大量概念,大量事情。这些"大量"之所以被缩减,一部分如前面所说,由于概念作为思想一般,作为共相,就是对浮现于不确定的直观和表象之前的大量个别事物的极度缩写;一部分也由于概念首先它本身是概念,而这个概念只是**一个**概念,并且是实体性的基础;其次,概念诚然是**一个有了规定的**概念,它本身的规定性就是表现为内容的那种东西;但概念的规定性却是实体性的统一性的一种形式规定,是作为整体的形式的一个环节,亦即**概念本身**的一个环节,这个概念本身乃是有了规定的诸概念的基础。这个概念本身是不能以感性来直观或表象的;它只是**思维**的对象、产物和内容,是自在自为的事情,* 是"逻各斯"(Logos),是存在着的东西的理性,是戴着事物之名的东西的真理;至少它是应该被放在逻辑科学以外的"逻各斯"。因此,它一定不是可以随意拉进科学之内或放在科学之外的。假如思维规定只是外在的形式,那么,真正去考察它们本身,所出现的,便只能是它们的应有的自为(Für-sich-sein-sollen)的有限性

---

① 外在于这个显现的东西,指与形式分离了的内容。——译者
* 参看第91页。

和非真理性，以及作为它们的真理的概念。因此，逻辑科学，当其讨论思维规定时，也将是另一些思维规定的重新构造：后一类思维规定，一般说来，是本能地和无意识地贯穿于我们的精神之中的，即使它们进入到语言中时，也仍然不成为对象，不被注意；前一类的思维规定，则是由反思发掘出来，并且被反思固定下来，作为外在于质料和内容的主观形式。

* 没有一种对象的陈述，本身能够像思维按其必然性而发展的陈述那样严格地完全富于内在伸缩性；没有一种对象是如此强烈地本身带有这种要求的；在这一点上，思维的科学一定还超过数学，因为没有一种对象在它自身中，具有这种自由和独立性。这样的陈述，正像它以它的方式呈现于数学推论过程中那样，要求在任何发展阶段中，没有一个思维规定或反思，不是直接出现于当下阶段，并从前面的阶段转到当下阶段来的。不过，要对这样的抽象，表述得完满无缺，一般说来，当然是必须要放弃的；科学既然必须以完全单纯的，即最一般的、最空洞的东西开始，陈述同样也就只能允许对简单的东西，作这样十分简单的表述，不再附加任何一个字；——就事实看来，可能出现的将是否定的反思，而这些反思会努力防止和去掉那些可能有表象或不规则的思维搀杂进去的东西。然而这样加进到单纯的内在发展过程里的东西，本身就是偶然的，因此，防止这些东西的努力，也就带有偶然性；此外，正因为这样加进去的东西，处于问题实质以外，要想对付这样的一切，是徒然的，至少在这件事上，要求系统的满足，是无法圆满办到的。

---

* 参看第 91—92 页。

但是,我们的近代意识所特有的浮躁和涣散,使其也只有或多或少地同样考虑到近在眼前的反思和偶发的思想。一个有伸缩性的陈述,也需要在接受上和理解上,有富于伸缩性的感受力;但是这样有伸缩性的青年人和成年人,如此安静地克制了**自己的**反思和偶发的思想,从而使**本来的思维**(Selbstdenken)迫不可待地显露自己,——像柏拉图所虚构的那种专心追随问题实质的听众,是无法在一部现代对话中找出来的;至于那样的读者就更少有了。恰恰相反,反对我的人很多,很激烈,他们不能够作单纯的思考,表现出他们的攻击和责难所包含的范畴,往往只是些假定,它们在使用以前,自身首先就需要批判。对于这一点的愚昧无知,达到令人难以相信的程度,它造成根本的谬误理解,恶劣的,亦即无教养的态度,这就是对于一个所考察的范畴,不就这个范畴本身去想,而想到**某种别的东西**。由于这种别的东西是另外的思维规定和概念,而这些另外的范畴一定也同样会在一个逻辑体系中找到位置,并在那里得到应有的考察,于是这种愚昧无知就更加没有道理。这种状况最使人惊异的,是对* 逻辑的最初概念或命题,即对**有、无、变**极其大量的责难和攻击,因为变本身是一个单纯的规定,诚然无可置辩——最简单的分析却表明了这一点,——即它包含前两个规定作为环节。彻底性似乎要求以开端作为基础,把一切都建筑在它上面,在一切之前,先加以研究,甚至在尚未证明它是牢固可靠以前,简直就不要前进,相反,假使情况不是这样,那就宁可扔掉以后的一切。这种彻底性也有一个好处,即为思维事业保证了最大的

---

* 参看第 92 页。

轻便，*它把全部发展都包括在这个萌芽中，并且，当它把这一个最容易的东西做完了，就认为一切都做完了，因为这个萌芽是最单纯的东西，是单纯的东西本身；如此自满的彻底性，基本上用以推荐自己的，其所需要，就只是一点点细微的工作。这样限于单纯东西的办法，就为思维的随意性留下了自由驰骋的场所，思维本身不愿意停留于单纯，而要对它进行反思。* 即使这种彻底性最初很有理由地只研究原理而不容许进入**更远的东西**，可是它在工作中，自己所干的事却恰恰相反，它倒是带进了比仅仅是原理**更远的东西**，即别的范畴，别的假定和成见。像无限不同于有限，内容与形式有别，内在与外在有别，间接也不是直接，这样一些假定，仿佛一个人连这些东西都不懂似的，竟以教训的方式搬出来，并且只是叙述和断言，而不是证明。这种教训的行为，除了叫做愚蠢而外，不能叫做旁的；事实上，一方面，对这些东西，仅只假定并且干脆认定，这是没有道理的；另一方面，这是尤其无知，不懂得逻辑思维的要求和任务，正是要研究：一个没有无限性的有限物是不是真的东西，同样，没有有限物的这样抽象的无限性，以及无形式的内容和无内容的形式，没有外在化的内在物本身，没有内在性的外在性等等，是不是某种**真的**或**现实的**东西。——由于思维的这种教养和训练，一种有伸缩性的思维态度可以养成，对偶发的反思的不耐烦也可以克服，但是这种教养和训练，只有通过深入、钻研和实现全部发展，才能获得。

在提到柏拉图的著述时，任何在近代从事重新建立一座独立

---

* 参看第 92 页。

的哲学大厦的人,都可以回忆一下柏拉图七次修改他关于国家的著作的故事。假如回忆本身好像就包含着比较,那么这一比较就只会更加激起这样的愿望,即:一本属于现代世界的著作,所要研究的是更深的原理、更难的对象和范围更广的材料,就应该让作者有自由的闲暇作七十七遍的修改才好。不过,由于外在的必需,由于时代兴趣的巨大与繁多而无法避免的分心,甚至还由于日常事务的杂闹和以纠缠于日常事务为荣的眩人耳目的虚妄空谈,使人怀疑是否还有在没有激动的平静中一心从事思维认识的余地,在这种情况下,作者从任务之伟大这一角度来考虑这本著作,所以就不得不以迄今所可能完成的模样为满足了。

1831 年 11 月 7 日于柏林

导 论

逻辑的一般概念

没有一门科学比逻辑科学更强烈地感到需要从问题实质本身开始,而无需先行的反思。在每门别的科学中,它所研究的对象和它的科学方法,是互相有区别的;它的内容也不构成一个绝对的开端,而是依靠别的概念,并且在自己周围到处都与别的材料相联系。因此,可以容许这些科学只用假定有其他前提的办法来谈它们的基础及其联系以及方法,直捷了当地应用被假定为已知的和已被承认的定义形式以及诸如此类的东西,使用通常的推论方式来建立它们的一般概念和基本规定。

与此相反,逻辑却不能预先假定这些反思形式或思维的规则与法则,因为这些东西就构成逻辑内容本身的一部分,并且必须在逻辑之内才得到证明。不仅科学方法的陈述,而且一般**科学**的**概念**本身,也都属于逻辑的内容,而且这个内容就构成逻辑的最后成果;因此,逻辑是什么,逻辑无法预先说出,只有逻辑的全部研究才会把知道逻辑本身是什么这一点,摆出来作为它的结果和完成。同样,逻辑的对象即**思维**,或更确切地说,**概念的思维**,基本上是在逻辑之内来研究的;思维的概念是在逻辑发展过程中自己产生的,因而不能在事先提出。所以,在这篇导论中所要事前提出的,目的倒并不是要建立逻辑的概念,或预先对它的内容和方法,作科学的论证,而是要通过一些具有推论意义和历史意义的说明和思考,使看待这门科学的观点有更清楚的观念。

*假如说逻辑一般被认为是思维的科学,那么,人们对于它的了解是这样的,即:好像这种思维只构成知识的**单纯形式**;好像逻辑抽去了一切内容,而属于知识的所谓第二**组成部分**,即质料,必定另有来源;好像完全不为这种质料所依赖的逻辑,因而只能提供真正知识的形式条件,而不能包含实在的真理本身,也不能是达到实在的真理的**途径**,因为真理的本质的东西,内容,恰恰在逻辑以外。

但是,首先,说逻辑抽去了一切**内容**,说它只教思维规则而不深入到被思维的东西里去,也不能考虑到被思维的东西的状态,就已经不妥当了。因为思维与思维规则既然是逻辑的对象,那么,逻辑在它们那里就也直接有逻辑的独特内容,逻辑在它们那里也有知识的第二组成部分,即质料,逻辑对这种质料的状态是关切的。

不过,其次,逻辑概念至今所依据的观念,一部分已经消灭了,其余的部分也到了完全消失的时候,到了要以更高的观点来把握这门科学使它获得完全不同的形态的时候。

直到现在的逻辑概念,还是建立在通常意识所始终假定的知识**内容**与知识**形式**的分离或**真理**与**确定性**的分离之上的。**首先**,这就假定了知识的素材作为一个现成的世界,在思维以外自在自为地存在着,而思维本身却是空的,作为从外面加于质料的形式,从而充实自己,只是这样,思维才获得内容,并从而变成实在的知识。

---

* 参看第 93 页。

再者,这两个组成部分——因为它们据说应该有组成部分的关系,知识则将由它们以机械的、或至多是以化合的方式组成——相互间是处于这种等级秩序之中,那就是:对象被视为一种本身完满的、现成的东西,完全能够不需要思维以成其现实性;而思维却正相反,它是某种有缺的东西,必须依靠质料才能完成,并且必须作为软弱的、无规定的形式,使自己适应于它的质料。真理就是思维与对象的一致,并兑,为了获得这种一致——因为这种一致并非自在自为地现成的——思维就须适应和迁就对象。

第三,人们既然不让质料与形式、对象与思维的差异模糊不定,而是要更确定,那么,每一方便与另一方作为相互分离的范围。因此,思维在接受质料并予质料以形式时,都超不出自身,它之接受质料以及迁就质料,仍然不过是它自身的一种变形,思维并不因此而变为它的他物;不消说,自觉的规定也只是属于思维;所以,思维在它和对象的关系中,也走不出自身以外而到达对象,* 对象作为自在之物,永远是在思维的彼岸的东西。

关于主体与客体相互间的关系的这些看法,把构成我们通常的、表现出来的意识本性的诸规定表达出来了;但是这些成见,假如迁移到理性中,好像在理性中也有同样的关系,好像这种关系自在自为地具有真理,那么,这些成见就是错误;从精神世界和自然世界的一切部分,对这些错误进行驳斥,这就是哲学;或者不如说,因为这些错误堵塞了进入哲学的大门,所以进哲学的大门以前就得加以扫除。

---

* 参看第93页。

在这一方面，较早的形而上学，关于思维，它所具有的概念，要比现代流行的为高。它的根本看法是，惟有通过思维对于事物和在事物身上所知道的东西，才是事物中真正真的东西；所以真正真的东西并不是在直接性中的事物，而是事物在提高到思维的形式、作为被思维的东西的时候。因此，这种形而上学认为思维及思维的规定并不是与对象陌生的东西，而毋宁是对象的本质，或者说，**事物**与对事物的**思维**，——正如我们的言语也表达了它们的亲属关系那样，——自在自为地是一致的，思维在它的内在规定中，和事物的真正本性是同一个内容。

但是**反思**的知性占据了哲学。这个名词意谓着什么，须要精确知道，它以前每每被当作口号使用；在这个名词下，一般所了解的，是进行抽象的、因而是进行分离的知性，它在它的分离中僵化了。它与理性相反，是作为**普通人的知性**而活动的；它所主张的观点是：真理建立于感性的实在之上，思想只有在感性知觉给与它以内容与实在的意义下，才是思想；而理性，只要它仍然还是自在自为的，便只会产生头脑的幻影。由于理性这样自暴自弃，真理的概念也就跟着丧失了，理性限于只去认识主观的真理，只去认识现象，只去认识某种与事情本性不符的东西；**知识**降低为**意见**。

认识所走的这种弯路，虽然好像是损失和退步，却是有深刻的东西为基础；在现代哲学的更高精神中，理性的提升就是依靠这种基础。这种成了普通的观念，其基础须在对知性的规定**必然互相冲突**这一觉察里去寻找。——上述的反思，就是要**超出**具体的直接物之上，并且**规定**它，分离它。但是，这种反思同样也必须**超出**它自己的那些**进行分离**的规定之上，并且首先要**联系**它们。在这种联系的立场上,那些规定的冲突便发生了。这种反思的联系,本身就是属于理性的;超出那些规定之上,提高到洞见它们的冲突,这是达到理性的真正概念的伟大的、否定的一步。但是,这种不曾透彻的洞见却落入错误了解之中,仿佛陷于自相矛盾的,却是理性;这样的洞见并不认识矛盾正是对知性的局限性的超越和这种局限性的消解。认识不从这最后一步走往高处,反而从知性规定令人不能满意之处逃回到感性的存在,错误地以为在那里会有坚固的、一致的东西。不过,另一方面,这种认识既然知道自己仅仅是对于现象物的认识,便会承认这种认识令人不能满意,同时却又假定好像它诚然不能正确认识自在之物,但却能够正确认识现象范围以内的东西,好像在那里,似乎只是**对象的种类**不同,一种是自在之物,诚然为认识所不能及,另一种是现象,则是为认识所能及的。这正像说一个人具有正确的洞见,但又附加一句说他不能够洞见任何真的东西,而只能够洞见不真的东西。假如这种说法是荒谬的,那么,说一种真的认识,不认识对象本身如何,那也同样是荒谬的。

* 对知性形式的批判,得到了上述的结果,即这些形式**不适用于自在之物**。——这除了说这些形式本身就是某种不真的东西而外,不能有其他意义。但知性形式既然还被认为对主观理性和经验有效,那么,上述的批判就并没有使它们本身发生变化,而是让它们像以前对于客体有效的那样,以同样的形态对于主体有效。但是,假如它们对于自在之物说来是不够的;那么,它们所属的知

---

* 参看第93页。

性,就一定对它们会更不满意,更无偏爱。* 假如它们不能是**自在之物**的规定,那么,它们就更不能是知性的规定,因为至少总应该承认知性有一个自在之物的资格。有限与无限这两个规定,无论是应用到时间和空间,应用到世界,或是作为精神之内的规定,它们都是在同样的冲突之中,——就好像黑色与白色,无论是在墙上,或在画版上相互配合,也还是产生灰色。假如我们的**世界**观念,由于把无限和有限这两个规定带进到它里面,便消解了,那么,**精神**本身,它包含这两个规定在自身中,就更是一个自相矛盾的东西,一个自行消解的东西。——能够造成区别的,并不是那些规定据以应用的或在其中存在的质料或对象的状态;因为对象只是通过并依照那些规定,才在它自己身上有了矛盾。

所以那种批判只不过使客观的思维形式远离了事物,但是让这些形式仍然像批判所发现的那样,留在主体里。即是说,那种批判并没有对这些自在自为的形式本身,就它们特有的内容,在那里加以观察,而是以假定有其他前提的方式,把它们从主观逻辑干脆接收过来;于是,所谈的既不是这些形式本身的演绎,甚至不是它们作为主观—逻辑形式的演绎,更不消说它们的辩证的观察了。

* 比较彻底一贯的先验唯心论,认识到批判哲学遗留下来的**自在之物**这个幽灵,这个割断了一切内容的阴影,是子虚乌有,并且须要把它完全摧毁。不过,这个哲学也造成了使理性从自身表现其规定的开始。但是,这种尝试的主观态度,使它不得完成。以后,这种态度便连同纯科学的那个开端和发展一齐被放弃了。

---

* 参看第 93 页。

但是,通常所了解的逻辑的那种东西,是完全没有顾及形而上学的意义而被考察的。这门科学,在它现在的情况下,当然没有像常识所认为的实在和真实事情那一类的内容。但它并不因为这个理由而就是一门形式的、缺乏有内容的真理的科学。逻辑中固然找不到质料,质料的缺乏也往往被算作是逻辑的不足之处,但真理的领域决不是要在质料那里去找。逻辑形式之空洞无物,唯一倒是在于观察和处理形式的方式。* 形式既然只是固定的规定,四分五裂,没有结合成有机的统一,那么,它们便是死的形式,其中没有精神,而精神却是它们的具体的、生动的统一。因此它们缺少坚实的内容——一种本身就是内容的质料。在逻辑形式中找不到的内容,不外是这些抽象规定的坚固基础和具体性,而这样的实体性的东西,对于形式说来,通常总以为要到外面去找。但是逻辑的理性本身,就是那个客体性的或实在的东西,它在自身中结合了一切抽象的规定,并且就是这些规定的坚实的、抽象—具体的统一。所以,对于通常所谓质料的那种东西,不需要向远处找寻;假如逻辑空洞无物,那并不是逻辑对象的过错,而是唯一在于把握对象方式的过错。

这种思考使我们进而陈述研究逻辑所须要根据的立场,这个立场如何与这门科学迄今的研究方式不同,以及它如何是逻辑将来永远要站在的唯一的真正立场。

**在《精神现象学》(班堡和武茨堡,1807 年)中,我曾经从意识与对象的最初的直接对立起直到绝对的知这一前进运动,这样来

---

* 参看第 93—94 页。
** 参看第 94 页。

表述意识。这条道路经过了**意识与客体的关系**的一切形式，而以**科学的概念**为其结果。所以这种概念（且不说它是在逻辑本身以内出现的），在这里无需论证，因为它在它自身那里已经得到了论证；并且它除了仅仅由意识使它发生而外，也不能有其他的论证；意识特有的形态全都消解于概念之中，正如它们之消解于真理之中那样。——科学概念的推理的论证或说明，最多做到使概念呈现于观念之前，并从那里获取历史的知识。但是一种科学的定义，或更确切地说，一种逻辑的定义，唯有在它的发生的必然性中，才有它的**证明**。一个定义，假如任何一种科学用它作为绝对的开端，就只能包括人们所**想像**的**公认共知**的科学的对象和目的确定而正确的表达。至于人们何以单单在那里想像这一个，这乃是一种历史的断言，对于这种断言，人们只能引这一个或那一个公认的事实作根据，或者说，其实人们只能姑且把这一个或那一个事实提出，想把它当作是公认的而已。这丝毫也不会终止有人从这里或另一人从那里举出事例，而依照这个事例，就对这一个或那一个表达，还项有更多的或不同的了解，于是表达的定义也须采纳更确切或更一般的规定，从而科学也须调整。——至于哪些必须纳入或者排出，以及到什么界限和范围，这都取决于论证；而论据本身却又尽可以有极多样和极不同的主张，终于唯有任意武断才能从中决断一个坚定的决定。用定义开始来研究科学的这种办法，就谈不到显示科学**对象**以及科学本身的**必然性**的那种需要了。

因为精神现象学不是别的，正是纯科学概念的演绎，所以本书便在这样情况下，把这种概念及其演绎作为前提。绝对的知（das absolute Wissen）乃是一切方式的意识的**真理**，因为，正如意识所发生的过程那样,只有在绝对的知中,**对象与此对象本身的确定性的分离**①才完全消解,而真理便等于这个确定性,这个确定性也同样等于真理。

于是,纯科学便以摆脱意识的对立为前提。**假如思想也正是自在的事情本身**,纯科学便包含这思想,或者说,**假如自在的事情本身也正是纯思想**,纯科学也便包含这个**自在的事情本身**。*作为科学,真理是自身发展的纯粹自我意识,具有自身的形态,即:**自在自为之有者就是被意识到的概念**,而这样的概念也就是**自在自为之有者**。

这种*客观思维,就是纯科学的内容。所以纯科学决不是形式的,它决不缺少作为现实的和真正的知识的质料,倒是唯有它的内容,才是绝对真的东西,或者,假如人们还愿意使用质料这个名词,那就是真正的质料,——但是这一种质料,形式对于它并不是外在的东西,因为这种质料不如说是纯思维,从而也就是绝对形式本身。因此,逻辑须要作为纯粹理性的体系,作为纯粹思维的王国来把握。* **这个王国就是真理**,正如**真理本身是毫无蔽障,自在自为的那样**。人们因此可以说,这个内容就是**上帝的展示**,展示出永恒本质中的上帝在创造自然和一个有限的精神以前是怎样的。

阿那克萨戈拉(Anaxagoras)被赞美为第一个说出这样思想的人,即:**心灵**(nus),**思想**,是世界的本原,世界的本质须规定为思想。这样,他就奠定了一个理智的宇宙观的基础,这种宇宙观的纯粹形态必然是**逻辑**。其中所涉及的,既不是关于某种本来奠基于思维

----
① 对象本身的确定性,指关于对象的意识。——译者
* 参看第94页。

之外的东西的思维,也不是仅仅供给真理**标志**的形式;而是:思维的必然形式和自身的规定,就是内容和最高真理本身。

为了至少在观念中接受这一点,便须把真理好像必定是某种可以用手捉摸的东西那样的意见,放在一边。人们甚至把这样用手可以捉摸的性质,还带进到例如柏拉图的在上帝思维中的理念里,好像那些理念是存在着的事物似的,不过在另一世界或地区而已,在那个世界以外,有一个现实的世界,与那些理念不同,而且正是由于这种不同,它才有一种实在的实体性。**柏拉图的理念**,只不过是共相,或者更确切地说,是对象的概念;某个东西,只是在它的概念中,才有现实性;当它不同于它的概念时,它就不再是现实的,而是子虚乌有的东西了;可以用手捉摸和感性的外在的那一方面,就属于这种虚无的方面。——但是关于另一方面,人们可以引用普通逻辑所特有的观念,那就是假定了,譬如说,定义并不包含仅仅属于认识主体的规定,而是包含对象的规定,即构成对象最本质的、最独特的本性的规定。或者说,假如从已知的规定推论出别的规定,那就假定了:推论出来的东西,不是一个外在于对象、与对象陌生的东西,而不如说它本身适合于对象,即"有"符合于这种思维。——一般说来,我们在使用概念、判断、推论、定义、分类等等形式时,我们的内心深处就认为:它们不仅仅是自觉思椎的形式,而且也是客观知性的形式。——**思维**这一名词,特别易于把它自身中所包含的规定附加给意识。但是,只要已经说**知性**和**理性**都在**客观世界**之中,精神和自然都有其生活、变化所依据的**一般规律,*** 那就是已经承认思维规定也同样具有客观的价值和存在。

---

* 参看第94页。

批判哲学诚然已经使**形而上学**成为**逻辑**,但是,正如前面已经提到的,它和后来的唯心论[①]一样,由于害怕客体,便给与逻辑规定以一种本质上是主观的意义;这样一来,逻辑规定就仍然还被它们所逃避的客体纠缠住了,而一个自在之物,一个无穷的冲突,对于它们,却仍然是一个留下来的彼岸。但是,意识对立的摆脱,是科学必须能够用来作为前提的,这种摆脱使思维规定超出这种畏怯的、不完备的立场,并且要求把思维规定作为是自在自为的摆脱这种限制和顾虑的逻辑的东西、纯理性的东西加以考察。

从前,康德称赞过逻辑,即规定和命题的汇集,通常意义所称的逻辑,说它在其他科学之前早就达到了完满的地步,在这一点上很有幸运;自亚里士多德以来,它既未后退一步,但也未前进一步,其所以未前进,是因为从各方面看来,它似乎都已经完成和圆满了。——假如逻辑自亚里士多德以来,就没有经受过变化——如果查一查近代逻辑纲要,则变化事实上常常只是作些省略,——那么,从这里所应得的结论,不如说是逻辑更需要一番全盘改造:因为精神不断工作了两千年,必定已使它关于它的思维和关于它的纯粹本质,在它自身中,有了更高的意识。把实践和宗教世界的精神以及科学的精神在每一种实在的和观念的意识领域中已提高的形态,同逻辑——即精神关于它自己的纯粹本质的意识——现在所处的形态,作一比较,才显得差别太大了,因为最肤浅的观察还不会立刻便察觉到,后一种意识和前一种提高是完全不相称和配不上的。

---

① 指费希特的哲学。——译者

＊实际上,改造逻辑的需要,早已被感觉到。逻辑像在教科书中所显示的那样,无论在形式上和内容上,可以说,都已遭到了蔑视。逻辑教学之所以还在拖下去,多半由于少了逻辑不行的感情,由于对逻辑重要性的传统看法还在继续的习惯,而不是由于相信那些司空见惯的内容和研讨那些空洞形式,还有什么价值和用处。

有一时期,逻辑由于心理学、教育学甚至生理学所给予的材料而扩大了,但是后来几乎公认这只是一种畸形。本来,这些心理的、教育的、生理的观察,规律和规则,无论是在逻辑里或在别的什么地方,一定大部分都显得琐屑无味。再者,这样的规则,例如,读书听讲要熟思和检验,眼睛视力不好要用眼镜来帮忙,——这些规则,在所谓应用逻辑教科书上,还俨然分章分节来讲,靠它来达到真理,——那是每个人都会觉得是多余的,——最多只有那些想不出用什么东西来扩充那如不扩充就嫌太干瘪、太僵死的逻辑内容,因而感到狼狈失措的作家或教员,才不如此。①

至于这样的内容为什么如比毫无精神,前面已经举出过理由了。它的规定牢固不变,规定间相互的关系也仅仅是外在的。因为判断和推论的运用,主要都归结到并建立在规定的量的东西上面,所以一切都依靠外在的区别,依靠单纯的此较,成了完全分析的方法和无概念的计算。＊所谓规则、规律的演绎,尤其是推论的演绎,并不此把长短不齐的小木棍,按尺寸抽出来,再捆在一起的作

＊　参看第94页。
①　这门科学最近出版的《弗里斯逻辑体系》一书,竟倒退到人类学的基础上去了。那里听根据的观念或本身的意见以及所引伸的论述,其肤浅的程度,使我省去了对这本毫无意义的出版物一顾之劳。——第一版,黑格尔原注

法好多少，也不北小孩们从剪碎了的图画把还过得去的碎片拼凑起来的游戏好多少。——所以人们把这种思维和计算等同，又把计算和这种思维等同起来，并不是没有道理的。在算术中，数字被当作无概念的东西，除了相等或不相等以外，即除了全然外在的关系以外，是没有意义的，它本身和它的关系都不是思想。假如用机械的方式，来算四分之三乘三分之二，得出二分之一，这种运算包含思想多少，也和计算这种或那种推论，是否能在某一逻辑格式中发生，差不多一样。

为了使逻辑的枯骨，通过精神，活起来成为内容和含蕴，逻辑的方法就必须是那唯一能够使它成为纯科学的方法。在它目前所处的情况下，是很难看到一点科学方法的。它具有近乎经验科学的形式。经验科学已经在行得通的范围内，为它们应该成为什么，找到了它们的特殊方法，即下定义和材料分类的方法。纯粹数学也有它的方法，适合于它所专门考察的抽象对象和量的规定。关于这种方法以及在数学中能找到的科学性较低的东西，其本质的东西，我在《精神现象学》序言里已经谈过；但在逻辑本身范围内，也还要对这种方法作更详尽的考察。* **斯宾诺莎、沃尔夫**和其他的人，找错了路子，竟把这种方法也应用于哲学，并且把无概念的量的外在过程做成概念的过程，这个办法本身就是自相矛盾的。哲学至今还没有找到自己的方法；它以妒羡的眼光看着有体系的数学大厦，并如已经说过的，从数学里借取方法，或者求助于那样的科学的方法，而那些科学仅是某些材料、经验命题和思想的混和

---

* 参看第94页。

物，——或者干脆粗暴地抛弃一切方法来找自己的出路。但是，对于那唯一能成为真正的哲学方法的阐述，则属于逻辑本身的研究；* 因为这个方法就是关于逻辑内容的内在自身运动的形式的意识。在《精神现象学》中，我已经就一个较具体的对象，即**意识**，提供了这种方法的范例。①在这里，那就是意识的诸形态，其中每一形态在实现时，本身也一同消解了，结果是它自己的否定，——并从而过渡到一个更高的形态。**为了争取科学的进展**——为了在基本上努力于对这件事有十分**单纯的**明见——唯一的事就是要认识以下的逻辑命题，即：否定的东西也同样是肯定的；或说，自相矛盾的东西并不消解为零，消解为抽象的无，而是基本上仅仅消解为它的**特殊**内容的否定；或说，这样一个否定并非全盘否定，而是自行消解的**被规定的事情的否定**，因而是规定了的否定；于是，在结果中，本质上就包含着结果所从出的东西；——这原是一个同语反复，因为否则它就会是一个直接的东西，而不是一个结果。由于这个产生结果的东西，这个否定是一个**规定了的**否定，它就有了一个**内容**。它是一个新的概念，但比先行的概念更高、更丰富；因为它由于成了先行概念的否定或对立物而变得更丰富了，所以它包含着先行的概念，但又此先行概念更多一些，并且是它和它的对立物的统一。——概念的系统，一般就是按照这条途径构成的，——并且是在一个不可遏止的、纯粹的、无求于外的过程中完成的。

我怎样能够居然以为我在这个逻辑体系中所遵循的方法——或者不如说这个体系在它自身中所遵循的方法——在细节上，就

---

* 参看第 95 页。

① 以后又用于其他具体对象和相应的哲学部门。——黑格尔原注

不能还有很多的改进,很多的推敲呢;但是我同时却也知道它是唯一真正的方法。从这个方法与其对象和内容并无不同看来,这一点是自明的;——因为这正是内容本身,正是**内容在自身所具有的**、推动内容前进的**辩证法**。显然,没有一种可以算做科学的阐述而不遵循这种方法的过程,不适合它的单纯的节奏的,因为它就是事情本身的过程。

根据这种方法,我要提醒一下,本书中所提出的各卷、各编、各章的划分和标题,以及和它们相关的说明,都只是为了初步的鸟瞰而作,毕竟只有**历史**的价值。它们都算不上这门科学的内容和体制,而只是外在思考的编排,这种思考已经遍历内容阐释的全部,所以在全部的环节还未由事情本身引伸出来之前,这种思考已经预先知道了并且指明了那些环节的顺序。

在其他科学里,这样的预先规定和划分,本身也同样不过是这样的外在的列举;但是即在科学①之内,这样的预先规定和划分,也并未超出这种性质以上。甚至例如在逻辑里,人们也在说什么:"逻辑有两个主要部分,基本原理和方法论,"然后在基本原理下面,或许立刻就可以找到思维法则这样的**标题**;——然后**第一章**:论概念,**第一节**:论概念之清晰等等。——这些未经任何推演和论证而作出的规定和划分,就构成了这样一些科学的系统的架格与全部的联系。这样一种逻辑,以为它的职务就是要谈论概念和真理必须从原理推演出来;但在它所谓的方法那里,却又一点没有想到过进行**推演**。其编制大体就是把同类的东西摆在一起,把较简

---

① 黑格尔用科学的单称而不附加形容限制词时,是指哲学或"形而上学";同样,"科学的方法"就是指他的唯心的辩证方法。——译者

单的东西放在复杂的东西之前,以及其他的外在的考虑。* 而关于内在的、必然的联系,却仍然停留于分部规定之罗列;至于其间的过渡,则只是说:现在是**第二章**;——或者说:我们现在来讲判断,如此等等。

就连出现在这个体系①中的标题与划分,也本来只是内容的宣告,不应该有其他意义。但是除此而外,** 区别的联系的必然性及其**内在发生**必须在事情本身的研讨中表现出来,因为这些都属于概念自己的继续规定。

引导概念自己向前的,就是前述的**否定的东西**,它是概念自身所具有的;这个否定的东西构成了真正**辩证的东西**。**辩证法**,作为逻辑的一个特殊部门以及从它的目的和立场来看,可以说,它是完全被误解了,因此它有了一个完全不同的地位。——*** **柏拉图的辩证法**,即使在《巴门尼德篇》里(在其他地方还更为直接),也一则只是企图使有局限性的主张自己取消自己,自己驳斥自己,再则就是干脆以"无"为结局。人们通常把辩证法看成一种外在的、否定的行动,不属于事情本身;这种行动,以单纯的虚荣心,即以想要动摇和取消坚实的东西和真的东西的主观欲望为根据;或者,这种行动至少是除了把辩证地研讨的对象化为空虚而外,只会一事无成。

***康德曾经把辩证法提得比较高,——而且这方面是他的功绩中最伟大的方面之一,——因为按照普通的想法,辩证法是有

---

* 参看第95页。
① 这个体系,指第一版序言末尾所称的,包括"精神现象学"、"逻辑学"及"两种实在哲学"的"科学体系"。——译者
** 参看第95—96页。
*** 参看第96页。

随意性的，他从辩证法那里把这种随意性的假象拿掉了，并把辩证法表述**为理性的必然行动**。因为辩证法只被当成要障眼法和引起幻觉的技术，人们就一口咬定它是在玩骗局，它的全部力量就唯在于掩饰诡计，它的结果只是偷取来的，并且只是主观的假象。康德在纯粹理性的二律背反中所作的辩证法的表述，如果加以仔细考察，像在本书后面广泛出现的那样，那么，这种表述诚然值不得大加赞美；但是他所奠定并加以论证的一个一般看法，就是**假象的客观性和矛盾的必然性**，而矛盾是属于思维规定的**本性**的：诚然，那只是在这些规定应用于**自在之物**时，康德才有以上的看法；但是，这些规定在理性中是什么，以及它们在观照到自在的东西之时是什么，那才恰恰是它们的本性。* 这个结果，**从它的肯定方面来把握**，不是别的，正是这些思维规定的内在**否定性**、自身运动的灵魂、一切自然与精神的生动性的根本。但是，假如只是停留在辩证法的抽象—否定方面，那么，结果便只是大家所熟知的东西，即：理性不能认识无限的东西；——一个奇怪的结果，既然无限的东西就是理性的东西，那就等于说理性不能认识理性的东西了。

思辨的东西(das Spekulative)，在于这里所了解的辩证的东西，* 因而在于从对立面的统一中把握对立面，或者说，在否定的东西中把握肯定的东西。这是最重要的方面，但对于尚未经训练的、不自由的思维能力说来，也是最困难的方面。假如这样的思维能力还正住要摆脱感性—具体的表象和推理的羁绊，那么，它首先便须在抽象思维中训练自己，就概念的**确定性**去执着概念，并从概

---

* 参看第97页。

念来学习认识。为此目的而作的逻辑的阐述,在方法上,就须停留于上述的划分,在涉及更详细的内容时,则须停留于那些为个别分散的概念而产生的规定,而不容接触到辩证的东西。这种阐述,就外貌看,颇像这门科学的通常讲说,但就内容看则颇有区别,它虽然没有用训练思辨的思维,但总还可用来训练抽象的思维;而这种目的,决不是由于附加了心理学和人类学的材料而通俗流行的逻辑学所能完成的。这种阐述会给予精神一个方法排列的整体的图象,尽管整个结构的灵魂,即生活于辩证中的方法本身并未在那里出现。

最后,[*] **关于教育和个人对逻辑的关系**,我还要指出这门科学,和文法一样,以两种不同的面貌和价值出现。它对于初次接近它和一般科学的人是一回事,而对于从一般科学回到它的人又是一回事。初学文法的人只会在文法形式和法则中发现枯燥的抽象,偶然的规则,总而言之,一大堆孤立的规定,而这些规定,只表示在它们的直接意义下的东西的价值和意义,认识在它们中最初所认识的,只不过是这些。反之,一个人要是擅长一种语言,同时又知道把它和别的语言比较,他才能从一个民族的语言的文法,体会这个民族的精神和文化:同样的规则和形式此时就有了充实的、生动的价值。他就能够通过文法认识一般精神的表现,逻辑。一个接近科学的人,在逻辑中,最初只发现包含一堆抽象的一个孤立体系,这个体系局限于自身,不牵涉别的知识和科学。倒不如说,这门科学,[**] 面临世界表象之丰富,面临其他科学真实显现出来的

---

[*] 参看第97页。
[**] 参看第97—98页。

内容,与绝对科学要揭示这种丰富的**本质**、精神和世界的**内在本性**、**真理**的诺言相此较,它却在抽象的形态中,在纯粹规定的黯淡冷漠的单纯性中,有着这样一付神气,即:一切都完成,就是不完成这种诺言,面对那种丰富空空如也。与逻辑最初的相识,把逻辑的意义限制在逻辑本身;它的内容被看成只是对思维规定的孤立研究;而**与此并列**,其他科学的研究有着自己的素材和本身的内含,逻辑的东西则对于它们仅有形式的影响,并且多半是影响自影响,而其实科学的结构及其研究,就这种影响说,万一不要,也未尝不可。别的科学都已大体抛弃了定义、公理、定理及其证明等等一步推一步的正规方法;所谓自然逻辑在这些科学中起作用,并且可以无需特殊的、针对思维本身的知识的帮助而仍然解决问题。此外,这些科学的材料和内容本身,对逻辑的东西完全不存依赖,而对各种感觉、情绪、表象和实际的兴趣却更适合些。

所以,逻辑的确在最初必定是作为人们所了解和理会的东西来学习,但开始时总是莫测其范围、深度和进一步的意义。① 只是由于对其他科学有了较深刻的知识以后,逻辑的东西,对主观精神说来,才提高为一种不仅仅是抽象的共相,而是在自身中包含了丰富的特殊事物的共相;——正像同一句格言,在完全正确理解了它的青年人口中,总没有阅世很深的成年人的精神中那样的意义和范围,要在成年人那里,这句格言所包含的内容的全部力量才会表达出来。这样,逻辑的东西,只有在成为诸科学的经验的结果时,才得到自己的评价;对于精神说来,它从此才表现为一般的真理,不是与其他素材和实在性**并列**的一种**特殊**知识,而是所有这些其

---

① 参看第98页。

他内容的本质。

尽管在学习之初,在精神看来,逻辑的东西并不是在自觉的力量中呈现的,但精神并不因此就从逻辑的东西那里,较少地接受了引导精神进入一切真理的力量。* 逻辑的体系是阴影的王国,是单纯本质性的世界,摆脱了一切感性的具体性。学习这门科学,在这个阴影的王国中居留和工作,是意识的绝对教养和训练。意识在其中所从事的事业,是远离感性直观和目的、远离感情、远离仅仅是意见的观念世界的。这种事业,从它的否定方面看来,就在于避免推理思维的偶然性和任意想起及认定这种或与这种相反的论据。

但是,思想却主要因此获得了自立和独立。思想将在抽象物中和在通过没有感性底基的概念的前进活动中安居习处,它将成为一种不自觉的力量,这种力量把各种知识和科学的其他多样性纳入理性的形式之中,从本质方面来掌握并把住这种多样性,剥掉外在的东西,并以这种方式从其中抽出逻辑的东西,——或者同样也可以说,把从前学得的逻辑的东西的抽象基础,用全部真理的内含充实起来,给与这个内含以一个共相的价值,这个共相不再是与共他特殊物并立的一个特殊物,而是统摄了这一切,并且是这一切的本质,是绝对的真。

逻辑的一般分类

关于这门科学的**概念**和它的论证归向何处,以前所说的,包含

---

* 参看第98页。

着这样的意思,即:这里的一般**分类**只是**暂时的**,那就是,它所能表示的情况,仅仅是著者对这门科学所已经知道的,因此他能够在这里**历史地**预先指出,概念在其发展中,是按照哪些主要区别来规定自己的。

虽然在**分类**那里,必需要有一种方法的处理,而这种处理又须在这门科学范围以内才会获得它的完全理解和论证;但是也还可以尝试对分类预先作一般的了解,这对于分类是很要紧的。首先要记住,这里的前提是,**分类**必须与**概念**联系,或者不如说,分类即寓于概念本身之中。概念并不是不曾规定的,而是在它本身就是**已被规定的**;但分类却是概念的这种**规定性发展了的**表现;分类就是概念的**判断**①,它不是关于任何一个被当作是外在对象的判断,而是概念对本身下判断,即是说,对本身**进行规定**。直角性、锐角性以及等边性等等三角形分类所依据的规定,并不在三角形自身的规定性之内,即不在通常所谓三角形的概念之内,正如同哺乳类、鸟类等等和这些类更详细分为种属所依据的规定,也不在一般动物或哺乳类、鸟类等概念之内一样。这些规定是从别处,从经验的直观得来的,它们对于所谓概念说来,是从外面加入的。在分类的哲学探讨中,概念必须表现它自身包含着这种分类探讨的根源。

但是,逻辑的概念自身,在导论中,被表述为一门处于彼岸的科学的成果,因而在这里,它也同样被表述为一种**前提**。逻辑据此而把自身规定为纯粹思维的科学,它以纯粹的知为它的本原,它不是抽象

---

① 德文"判断",Urteil,就字原说。乃"原始划分"之意,故英译本作"基本分类"(fundamental division),但中文"判"字出有"分"的意思,可以适应黑格尔的双关说法。——译者

的，而是具体生动的统一，因为在它那里，一个主观地自为之有的东西和另一个客观地自为之有的东西在意识中的对立，被认为是已经克服了，"有"被意识到是纯粹概念自身，而纯粹概念也被意识到是真正的有。据此说来，这就是在逻辑的东西里所包含的两个环节。但这两个环节现在却被意识到是**不可分离**的，不像在意识中那样，每个环节又是**各各自为的**；但是它们同时又被意识到是有区别的（然而又不是自为之有的）环节，所以* 它们的统一，不是抽象的、僵死的、不动的，而是具体的。

这个统一同时把逻辑的本原造成**环节**，所以那种本来就在逻辑本原中的区别的发展，只是在这个环节**以内**进行的。如以前所说，既然分类是概念的**判断**，是已经内在于概念中的规定的建立，从而也就是概念的区别之建立；那么，这里建立就不可以看作是把那种具体的统一又重新消解为此统一的诸规定，好像那些规定应该是自为的似的，这样的消解在这里将只是空回到以前的立场，即空回到意识的对立；这种对立不如说是已经消灭了；那种统一仍然还是环节，分类和一般发展的那种区别，都不再超出那种统一之外。于是，以前的（在**通往真理之路**上的）自为之有的规定，比如主观的和客观的东西，或者也可以说思维与有，或说概念与实在，无论它们被按照什么观点来规定，现在都**在它们的真理中**，即它们的统一中，降低为**形式**了。因此，在它们的区别中，它们**本身**还是完整的概念，而在分类中，这个完整的概念却只是被安置在它自己的诸规定的下面而已。

---

* **参看第98页。**

所以，完整的概念须要一方面当作**有的**概念来观察，另一方面当作**概念**来观察；前者只是自在的概念，即实在或有的概念，后者才是概念本身，是**自为之有**的概念（后一种概念，用具体的形式来说，那就是像它在有思维的人中的那样，但是在有感觉的动物和一般的有机的个体中，也已经有了，当然那不是**有意识的**概念，更不是**被意识到的**概念；至于**自在的**概念，那却只是在无机的自然之中）。——逻辑依此首先可以分成作为**有的概念**的逻辑和作为**概念的概念**的逻辑；或者我们用虽然习见而最不确定，歧义也就最多的名词来说，分为**客观的**和**主观的**逻辑。

但是，基本的环节是概念自身的统一，也就是概念诸规定的不可分离性，就此而论，只要这些规定**有区别**，而概念又在它们的**区别**中建立起来，那末，进一步说，它们也就至少一定是处于相互**关系**之中了。于是便发生了**一个中介区域**，即作为反思规定(Reflexionsbestimmungen)体系的那种概念，也就是说，有向概念的内在之有(Insiehsein)过渡的体系的那种概念，它以这种方式，还没有被建立成自为的概念本身，而仍然固着于直接的，同时又在概念以外的有。这就是**本质论**，处于有论和概念论之间。——在这本逻辑著作的一般分类中，本质仍然列于**客观**逻辑之下，因为，本质尽管已经是内在的东西，但**主观性**却应该明确地保留给概念。

在近代，康德①还提出一种**先验逻辑**与所谓通常逻辑对立。本书所谓**客观逻辑**，有一部分就相当于他的**先验逻辑**。他之把先验

---

① 我要提醒读者，在本书中，我常常考虑到康德哲学（这在有的人看来，可能像是多余的），因为康德哲学——不管在别处和在本书中，对它的确切性以及它的说明上的特殊部分如何考察，——它总是构成近代德国哲学的基础和出发点；不管对它可以有什么非难，它的功绩并不因此而减削。而且，它在客观逻辑中所以常常被考虑，也是因

逻辑和他所谓的一般逻辑区别开，是这样的，即：（一）先验逻辑考察与**对象**先天联系着的概念，所以它并未将客观认识的一切**内容**抽掉，或者说，它含有一个**对象**的纯粹思维的规则；（二）它同时又考察不能归之于对象的我们的认识起源。——后者是康德的哲学兴趣专注的方面。他的它要思想，是向作为**主观自我**的自我意识索取**范畴**。由于这种规定，他的观点仍然停留在意识和它的对立之内，除了感觉和直观的经验的东西而外，还剩下某种不由进行思维的自我意识来建立并规定的东西，*即一个**自在之物**，一个对思维说来是陌生的、外在的东西——，尽管像**自在之物**这样一个抽象，本身只是思维，当然只是进行抽象的思维的产物，是显而易见的。——假如有些康德派关于以自我来规定**对象**，这样说：自我的客观化可以被看作是意识的一种原始而必然的行动，所以在这种原始行动里，还没有自我本身的表象，——因为这种表象据说是上述那种意识的意识，甚至或者是那种意识的客观化，——那么，这种已经从意识对立里解脱出来的客观化行动，就很近似于可以一般当作**思维**本身的那种东西了。①但是这种行动却不应该再叫做

为它对逻辑的重要而确定的方面研究得很详细；反之，后来的哲学表述，却没有重视这些，部分地反而时时表现出粗率的——但并非没有受到报复的——轻视。在我们这里流行最广的哲学思考，也并未超出康德的下列结果之外，即，*理性不能认识到真的内蕴，至于绝对的真理，就须付之于信仰。于是，在康德那里是结果的东西，在这种哲学思考中，却成了直接的开端；于是，那种结果所由来的，并且是哲学认识的先行说明，被事先割掉。这样康德哲学，对于思维懒惰，便供了可以躺着休息的靠垫之用，因为一切都已经证明了，完结了。认识和思维的确定内容，不是在这样无结果的、枯燥的休息中找到的，因此必须转到那种先行的说明。——黑格尔原注

* 参看第99页。

① 假如自我的客观化行动一词，可以使人回忆起别的精神生产，例如想像等，那么，我们便应该提醒一句，只有当一种对象的内容环节不属于感觉和直观时，才能谈得

意识；意识自己包含着自我与共对象的对立,这种对立,在那种原始行动中,并不存在。意识这个名称,**此思维**这个名词,给予这种行动以更多的主观性的外表,但是,思维这个名词,在这里根本应该从绝对的意义上,理解为**无限的**、不带意识有限性的**思维**,一句话,**思维本身**。

由于康德哲学的兴趣,指向思维规定的所谓**先验的东西**,这些思维规定本身的探讨也便落空。这些规定,在没有与自我发生那种抽象的、对一切都相同的关系时,本身是什么,它们的相互规定性和相互关系是什么,都没有成为考察的对象;因而对它们的本性的认识,并没有出于这种哲学得到丝毫进展。与这里有关的、唯一有兴趣的东西,是在对理念的批判中。但是为了哲学的真实进步,曾经有必要把思维的兴趣引向形式方面,即对自我、意识本身的考察,也就是说对主观知识与客体的抽象关系的考察,以这种方式开始对无限的形式,即对概念的认识。可是为了达到这种认识,还曾经必须剥去作为自我、意识的形式所具有的那种有限的规定性。形式,这样就共纯粹性而思维出来的,自身便包含了须要**规定**它自己,即给自己以内容,而且这个内容是具有必然性的,——即思维规定的体系。

这样一来,不如说是客观逻辑代替了昔日**形而上学**的地位,因为形而上学曾经是关于世界的科学大厦,而那又是只有由**思想**才会建造起来。——如果我们考察这门科学最后形成的形态,那么,

---

到规定对象。这样的对象是一种思想,而规定它,就是说一方面首先要产生它,另一方面,就它是一个被当作前提的东西而言,便须对它有进一步的思想,进一步思维地发展它。——黑格尔原注

首先直接就是被客观逻辑所代替的**本体论**，——形而上学的这一部分，应该研究一般的恩斯(Ens)；——恩斯本身既包括**有**(Sein)，也包括**本质**(Wesen)，德文幸而还留下了不同的名词来表示两者的区别。其次，客观逻辑却也包括其余的形而上学，因为后者曾试图以纯思维形式来把握特殊的，首先是由表象取来的本体，如：灵魂、世界、上帝等，而且**思维规定**曾经构成考察方法的**本质的东西**。但是逻辑所考察的形式，却是摆脱了上述本体、摆脱了表象主体的那些形式，是它们的本性和价值自身。旧形而上学忽略了这一点，因而招来有理由的非难，说它**无批判地**使用了那些形式，没有先行研究它们是否及如何能够是康德所谓自在之物——或不如说理性之物(das Vernünftige)的规定。——客观逻辑因此是这些形式的真正批判，——这种批判不是根据与后天的东西对立的那种先天抽象形式去观察它们，而是从它们的特殊内容去观察它们本身。

主观逻辑是**概念**的逻辑——本质的逻辑，但是这种本质已经扬弃了它对有或有的显现的关系，在它的规定中，也不再有外在的东西，而是自由自立、自己规定自己的主观的东西，或者不如说就是**主体**自身。——由于**主观的东西**常常带来偶然和任意的误解以及一般属于意识形式的规定，所以这里并不特别着重主观与客观的区别，这种区别将来在逻辑本身以内，是会更明晰地发展的。

所以逻辑一般分为**客观**逻辑和**主观**逻辑，但是更确切地说，它有以下三部分：

1. 有的逻辑，
2. 本质的逻辑，
3. 概念的逻辑。

第 一 部
客 观 逻 辑

第一编

有 论

必须用什么作科学的开端？

要找出哲学中的**开端**，是一桩困难的事：——这种意识是近来才发生的，而且困难的理由和解决困难的可能，也有过多方面的讨论。哲学的开端，必定或者是**间接的东西**，或者是**直接的东西**，而它之既不能是前者，也不能是后者，又是易于指明的；所以，开端的方式，无论是这一个或那一个，都会遇到反驳。

一个哲学的**本原**，当然也表现了一种开端，但并非主观的，而是**客观的**，即**一切事物**的开端。本原是某一确定的**内容**，如：——水、一、心灵、理念，——实体、单子等等；或者说，当本原关系到认识本性时，与其说它是客观规定，不如说仅仅是一种准则，——如思维、直观、感觉、自我、主观性自身等，——这样，在这里，它的兴趣所关的，仍然是内容规定。反之，开端本身却仍然是主观的，以偶然的意义去开始讲论，不受注意，无足轻重，于是对用什么作开端这一问题的需要，比起对本原的需要，也就不重要了，似乎对**事情**的兴趣，对什么是**真**，什么是万物的**绝对基础**的兴趣，好像应该唯一寄托于本原。

但是，关于开端问题，近代的仓皇失措，更由于另外一种需要而来，有些人还不认识这种需要，他们独断地以为这是有关本原的证明，或者怀疑地以为这是要找出一种主观的准则，来反对独断的哲学思考；另一些人则又完全否认这种需要，他们突如其来地，从他们的内在天启，从信仰、理智的直观等等开始，想要抛掉**方法**和逻辑。假如早期的抽象思维，最初只对作为**内容**的本原感兴趣，但在教养的进程中，便须注意到另一方面，即**认识**的行为，于是**主观行动**也将被当作客观真理的本质的环节来把握，而统一方法与内容，**形式**与**本原**的那种需要，也就引导出来了。所以，本原应当也就是开端，那对于思维是**首要的东西**，对于思维过程也应当是**最初的东西**。

这里所要考察的，只是**逻辑的**开端如何出现。已经说过，开端所能采取的两个方面，就是或者以间接的方式作为结果，或者以直接的方式作为固有的开端。对真理的知，是一种直接的、绝对开始的知、一种信仰呢，抑或是一种间接的知呢？这个在时代文化中显得如此重要的问题，此处不须加以说明。假如说这种考察可以**先行**提出，那么，这在别处已经做过了(拙著《哲学全书》第三版，概论第61节及以下)。此处从那里所要引述的，只是这一点，即：* 无论在天上、在自然中、在精神中或任何地方，都**没有**什么东西不同时包含直接性和间接性，所以这两种规定**不曾分离过**，也不可分离，而它们的对立便什么也不是。但是**科学说明所涉及**的东西，那就是在每一个逻辑命题中都现出了直接性和间接性的规定以及它们的对立和真理的说明。只要这种对立在与思维、知、认识等的关系中，持有直接或间接的**知**较具体的形态，那么，一般认识的本性既将在逻辑科学之内来考察，而认识的其他具体形式也便归在精神科学和精神现象学之中了。但是，想在科学以前便已经进到纯粹认识，那就是要求在科学**以外**去说明认识；而这种说明在科学以

---

* 参看第108页。

外是办不到的,至少不是以科学的方式办到的,而这里唯一有关的事,却又正是科学的方式。

开端是**逻辑的**,因为它应当是在自由地、自为地有的思维原素中,在**纯粹的知**中造成的。于是开端又是**间接的**,因为纯知是**意识**的最后的、绝对的真理。在导论中,已经说过**精神现象学**是意识的科学,是关于意识的表述,而意识所达到的结果则是科学的**概念**,即纯知。于是逻辑以显现着的精神的科学为前提,这种科学包含并指明纯粹的知这种立场的必然性(从而是这种立场的真理的证明)及其一般间接性。在这显现着的精神的科学中,我们是从经验的、**感性的**意识出发的,而这种意识是固有的、**直接的知**;那里也说明了在这种直接的知里是什么。稍加思索,便可看到把其他的意识,如对神的真理之信仰、内在的经验、由内在天启而来的知等等引为直接的知,是很不适当的。在那种研究中,直接的意识也是科学中最初的和直接的东西,即前提;但在逻辑中,则以从那种考察所得的结果——即作为纯知的理念——为前提。* **逻辑是纯科学**,即全面发展的纯粹的知。但这个理念在那种考察的结果里,把自己规定为已变成了真理的确定性,这种确定性一方面再没有对象和它对立,而是把对象造成自己内在的东西,懂得把对象当作自己本身,——另一方面,这种确定性放弃了关于自己就好像关于一个与对象对立和仅仅毁灭对象的东西那样的知,外化了这种主观性,并且是与这种外化的统一。

既然从纯知的这种规定出发,而纯知的科学的开端仍然是内

---

* 参看第 103 页。

在的,那末,要作的事,便只是考虑或仅仅去接受当前现有的事物,而把人们平时所有的一切想法,一切意见,放在一边。

纯知既然**消融**为这种**统一体**,它便扬弃了与他物和与中介的一切关系;它是无区别的东西;于是这无区别的东西自己也停止其为知;当前现有的,只是**单纯的直接性**。

单纯直接性自身是一个反思名词,它自己并且与中介物的区别相关。因而这种单纯直接性的真正名称是**纯有**。正如**纯知**只应当完全抽象地叫做知本身那样,纯有也只应当叫做一般的**有**:有,并没有任何进一步的规定和充实,此外什么也不是。

这里的有,被表述为通过中介发生的开端的东西,而在通过中介时,中介便扬弃了自身;用作为有限的知、即意识的结果那种纯知为前提。但是,假如说不应该作出前提,应该**直接**采取开端本身,那么,它便只有这样来规定自己,即:它应当是逻辑,自为的思维的开端。当前现有的只是决心(人们也可以把它看作是一种任意独断),即是人们要考察**思维本身**。所以,开端必须是**绝对的**,或者说,是抽象的开端(这在此处意义相同);* 它于是不可以任何东西为前提,必须不以任何东西为中介,也没有根据;不如说它本身倒应当是全部科学的根据。因此,它必须直捷了当地是一个直接的东西,或者不如说,只是**直接的东西**本身。正如它不能对他物有所规定那样,它本身也不能包含任何内容,因为内容之类的东西会是与不同之物的区别和相互关系,从而就会是一种中介。所以开端就是**纯有**。

---

* 参看第104页。

对什么是属于这本身为一切中最单纯的东西,即什么是属于逻辑的开端,作了这样简单陈述之后,还可以再添上下列一些思考;但它们与其说是对于那种自身已经完结的陈述供说明和证实之用,倒不如说是仅仅由我们早先就可能遇到的那些观念和思考引出来的;不过,那些观念和思考,正如一切其他先入的成见一样,在科学本身中,都必定会受到清除,所以真正说来,这里只是要有耐心而已。

有一种见解,说绝对的真必须是一个结果,反之,一个结果必须以最初的真为前提,但因为它是最初的,从客观方面看,便不是必然的,就主观方面说,也不曾被认识,——这种见解近来引起了一种想法,即以为哲学仅仅是以**假设的和有同题的真**来开始,因而进行哲学思维首先也必定只能是一种探求。这一种观点,是莱因霍尔德(Reinbohld)在他进行哲学思维的晚年,多方面加以鼓吹的,而且人们必须承认它有道理,因为它以涉及哲学**开端**的思辨的本性这种真正的兴趣为基础。这种观点的分析同时也引起关于一般逻辑进步意义的一种推动,一种暂时的了解;因为这种观点本身也就包含了对前进的考察。而且它所设想的情况是这样的,即在哲学中的向前迈步,反倒是一种回溯和找根据,通过这种回溯和找根据,才显出:那被用来开始的东西,不仅仅是一个任意假定的东西,而事实上它一部分是**真**,一部分是**最初的真**。

必须承认以下这一点是很重要的观察,——它在逻辑本身以内将更明确地显出来,——即:前进就是**回溯**到**根据**,回溯到**原始的和真正的东西**;被用作开端的东西就依靠这种根据,并且实际上将是由根据产生的。——这样,意识在它的道路上,便将从直接性出发,以直接性开始,追溯到绝对的知,作为它的最内在的**真理**。于是,这个最后的东西,即根据,也是最初的东西所从而发生的那个东西,它首先作为直接的东西出现。——这样,绝对精神,它出现为万有的具体的、最后的最高真理,将更加被认识到它在发展的终结时,自由地使自己外化,并使自己消失于一个**直接的**有的形态——决意于一个世界的创造,这个世界包含在结果以前的发展中的全部事物,而这全部事物,由于这种倒转过来的地位,将和它的开端一起转变为一个依赖作为本原的结果的东西。对于科学说来,重要的东西倒并不很在于有一个纯粹的直接物作开端,而在于科学的整体本身是一个圆圈,在这个圆圈中,最初的也将是最后的东西,最后的也将是最初的东西。

因此,另一方面,同样也显得有必要把那样的东西,当作**结果**来看,运动回溯到它里面,也便作为回溯到它的**根据**里面去了。依照这种看法,最初的东西又同样是根据,而最后的东西又同样是演绎出来的东西;因为从最初的东西出发,经过正确的推论,而到最后的东西,即根据,所以根据就是结果。离开端而**前进**,应当看作只不过是开端的进一步规定,所以开端的东西仍然是一切后继者的基础,并不因后继者而消灭。前进并不在于仅仅推演出一个**他物**,或过渡为一个真正的他物;——而且只要这种过渡一发生,这种前进也便同样又把自己扬弃了,所以哲学的开端,在一切后继的发展中,都是当前现在的、自己保持的基础,是完全长留在以后规定的内部的东西。

开端的规定性,是一般直接的和抽象的东西,它的这种片面性,由于前进而失去了;开端将成为有中介的东西,于是科学向前运动的路线，便因此而成了**一个圆圈**。——同时，这也发生了如下的情况，即：那个造成开端的东西，因为它在那里还是未发展的、无内容的东西，在开端中将不会被真正认识到，只有在完全发展了的科学中，才有对它的完成了的、有内容的认识，并且那才是真正有了根据的认识。

但是，正因为**结果**只是作为绝对基础才出现的，所以* 这种认识的前进不是什么暂时性的东西，也不是有问题的和假设的东西，而必定是由事情和内容的本性规定了的。那个开端既不是什么任意的和暂时承认的东西，也不是随便出现和姑且假定的东西，而是后来它本身表明了把它作为开端，是做得对的；这并不像人们为了一条几何命题的证明而作的那些作法，后者的情况是：只有后来在证明里，才从那些作法显出人们之恰恰划了那些线，然后在证明本身用那些线或角的比较来开始，是作得对的；这种情况本身，在划线或比较时，并不能理解到。

所以，为什么在纯科学中要从纯有开始，其**根据**早已直接在科学本身表示出来了。这个纯有就是纯知所要回到的统一体，或者说，假如纯知作为形式，还应该被认为与纯有的统一体有所不同，那么，纯有也就是纯知的内容。从这一方面来说，这个**纯有**既是这个绝对直接的东西，又同样是绝对有中介的东西。但同样很重要的，是必须把纯有仅仅片面地当作是纯粹直接的东西，**因为正是**在这里，纯有是作为开端的。只要纯有不是纯粹的非规定性，只要它是规定了的，那么，它就会被当作有中介的东西，已经进一步发展

---

* 参看第 104 页。

了的东西；一个规定了的东西包含着与一个最初东西不同的一个**他物**。所以，开端是有，而不是其他什么，这是**开端本身的本性**。因此，为了进入哲学，纯有既不需要其他的准备，也不需要别的思考和张索。

开端既然是哲学的开端，从那里，便可以说根本不能对开端采用任何**更详密的规定**或**肯定的内容**。因为哲学这里只是在开端中，在那里，事情本身还不存在，只是一句空话或是任何一个假定的、未经论证的观念。纯思所给予的，只是这个否定的规定，即：开端应当是**抽象的**开端。只要纯有被当作是纯知的**内容**，那么，纯知便须从它的内容退出来，听任内容自己保持自己，不去作进一步的规定。——或者说，当纯有须作为统一体来看，而知在这统一体中又达到了与客体合而为一的最高峰之时，那么，知就消失于这个统一体中，没有留下与这个统一体的任何区别，从而也没有留给它任何规定。——而且，此外，也再没有什么东西或任何内容，可以在那里作为较确定的开端。

但是，甚至**有**一直被当作开端的这种规定，也可以丢掉，以便只要求造成一个纯粹的开端。于是，除了开端而外，什么也没有，而现在只是要看开端是什么了。——这种提法，对有些人说来，也可能立刻被当作是作出了良好的建议，他们中一些人，不管由于什么样的想法，总是对于用"有"开始，感到不安，对于有过渡为无的后果，尤其感到不安，——另一些人则除了在一门科学中用一种**观念**作**前提**来开始而外，简直不知有其他，——这样的观念，此外还要加以**分析**，以便这样分析的结果，提供科学中的最初的、规定了的概念。假如我们也对这种办法加以观察，那么，我们便会没有特殊的对象，因为开端若是思维的开端，便应该是全然抽象的、全然一般的、全然没有内容的形式；这样一来，我们除了一个单纯开端本身的观念而外，便什么也没有。于是所要看的，只是在这个观念中，我们有什么。

这个什么还是无，①而且它应该变成某物。开端并不是纯无，而是某物要从它那里出来的一个无；所以有便已经包含在开端之中了。所以* 开端包含有与无两者，是有与无的统一；——或者说，开端是(同时是有的)非有和(同时是非有的)有。

再者，有与无在开端中，是**有区别的**；因为开端引到某个他物；——它是一个非有，非有对有的关系，就是作为对一个他物的关系；*开端的东西还并没**有**，它才刚刚走到有。所以，开端包含一个这样的有：它摆脱了非有，或者说把非有当作一个与它对立的东西扬弃掉。

再者，开始的东西，既是已经**有**，但又同样是**还没**有。所以有与无这两个对立物就在开端中合而为一了；或者说，开端是两者**无区别的统一**。

于是，开端的分析，产生了有与非有的统一的概念，——或者，用更为反思的形式说，"区别之有"与"无区别之有"的统一的概念，——或者说，同一性与非同一性的同一性的概念。②这个概念可以看作是绝对物最初的、最纯粹的，即最抽象的定义；——假如问

---

① 即什么也还没有。——译者
* 参看第104页。
② 这些术语，黑格尔在他的早年著作中已经使用了(见《费希特与谢林哲学体系之差异》，全集第1卷，第251页)。——原编者注

题在于绝对物的定义形式和名称，那么、这个概念实际上就是如此。就这种意义说，一切进一步的规定和发展，都仅仅是这个绝对物更确定、更丰富的定义，正像这个概念是绝对物最初的定义那样。但是，有些人因为有过渡到无，从而产生了有与无的统一，便不满意用**有**作开端；他们很可以看一看，假如他们用**开端**的观念这样的开端来开始，而这种观念的分析虽然正确，但也同样引到有与无的统一，这样是否比用有作开端更能使人满意。

关于这种办法，还须作另一种观察。即那种分析，是把开端的观念当作已知的前提；这是依照其他科学的例子而进行的。这些科学把它们的对象当作了前提，并且权宜假定每个人都对这对象有同样的观念，可以在其中找到大约相同的规定，这些规定是这些科学的分析、比较和其他推理，从对象的这里、那里引带并揭发出来的。但是，那个造成绝对开端的东西，必定同样也是在别处已经知道了的东西；假如它是一个具体物，因而自身是在多方面规定了的，那么，这种自身的**关系**，就被假定为已知的东西；于是自身关系被说成是某种**直接的东西，但它并不是**这样的；因为它只是作为有区别的东西的关系，所以自身就包含着**中介**。其次，分析和进行各种规定时的偶然性和任意性也进入了具体物之中。至于得出来的是些什么规定，那就要依靠各人在他的直接的、偶然的观念中**找到**什么了。那包含在一个具体物中、即在一个综合的统一体中的关系，只有当它不是现成的，而由各环节回复到这个统一体中的自己运动产生出来，才是**必然的**，——这一运动恰恰与分析方法相反，后者乃是在事情本身之外而属于主体的一种活动。

这里还包含着更确切的一点，即必须造成开端的东西，不能是一个具体物,不能是**在本身以内**包含着一种关系那样的东西。因为那样一个东西,其前提就是从一个最初的东西到一个他物的中介和过渡,从那里的结果就是变成了简单的具体物。但是开端不应该本身已经是一个最初的东西和一个他物,一个自身里面就有着一个最初的东西和一个他物那样的东西,便已经包含着一个已经发展了的东西了。因此,造成开端的东西,开端本身,在它的单纯的、未充实的直接性中,必须被当作是一个不可分析的东西,即被当作有,即全空。

假如有人对抽象开端的观察不耐烦,说不应该以开端来开始,而应该直截了当以事情开始,那么,这个事情也无非是那个空的有;因为正是应该在科学的进程中才可以得出什么是事情,而不能在科学以前就假定它是已知的。

不用空的有,而用别的开端,不管采取什么形式,总会遭到上述的缺憾。对于这个开端仍然不满意的那些人,让他们自己负起这个任务,另外开始来避免这些缺憾吧。

＊有一种独创的哲学开端,对它也不能完全不提,它在近来很著名,即以**自我**为开端。①这种开端的由来,一部分是出于一切后继的东西都必须从最初的真的东西演绎而出这样的思考,一部分则出于**最初的真的**东西是一个已知的、尤其是一个**直接确定的**东西这样的需要。这个开端,一般说来,并不是一个那样偶然的观念,即它在一个主体中情形如此,在另一主体中情形又如彼。因为自我,这个直接的自我意识,首先便显出本身一方面是一个直接的东

＊ 参看第 104 页。
① 指费希特哲学中的自我。——译者

西，一方面又是此别的观念意义高得多的一个已知的东西；别的已知的东西，固然也属于自我，但还是一个与自我不同的，也就是偶然的内容；而自我则正相反，它就是它本身单纯的确定性。但是一般自我**同时**又是一个具体物，或者不如说自我是最具体的东西，——它的意识就好像是无穷复杂的世界。假如自我是哲学的开端和根据，那就须要去掉这种具体性，——这种绝对的行动，自我经过这行动而净化自身，并在意识中出现为抽象的自我。可是，这个纯粹的自我，现在已**不**是一个直接的自我，更不是我们意识中那个熟知的、通常的自我了；在这个纯粹自我那里，应该是直接地，并且每个人都同样地与科学联系着的。那样的行动本来不外是提高到纯知的立场，在这个立场上，主观和客观的区别便消失了。但是这样的提高，既然出于**直接**的要求，那么，它就仍然是一个主观的设准(Postulat)；为了证明它自身是真正的要求，具体自我从直接意识到对它本身的纯知的向前运动，必须由它自己的内在必然性而表现和陈述出来。* 没有这种客观的运动，纯知纵使被规定为**理智的直观**①，也显得是一种任意的立场，或者甚至是一种意识的经验**状态**的立场，从这方面看来，则问题全在于一个人在自身中是否发现，或者能够产生这种立场，但是另一个人却又并不如此。但是，这个纯粹的自我既然必须是本质的纯知，而纯知又只有由自身

---

* 参看第 104 页。

① 理智的直观，是费希特的一个重要范畴。他以为认识只是相对于与认识本身不同的对象，所以永远不能超出主客观的对立。因此，"行"比"知"或"有"都更为根本。行不能以概念去把握，只能以直观去观照，而哲学的直观即所谓理智的直观，它是行的直接意识。费希特针对康德所谓物自体不可知(因为康德说人不可能有理智的直观)，想以"行"来超越"知"(费希特认为沉思玄想也是"行")，借主观唯心论来克服康德的二元论，于是理智的直观便成他解决问题的钥匙了。——译者

提高的绝对行动才会在个别意识中建立起来,并非在意识中便是直接现成的,那么,从这个哲学开端所应当发生的好处,便恰恰失掉了,即:开端似乎就是某种绝对已知的东西,每个人在自身中都找得到它,并且可以把它和以后的思考连系起来;而那个纯粹的自我,在它的抽象本质之中,倒不如说是为普通意识所不知的某种东西,是某种在普通意识中找不到的东西。这样,倒是带来了使人发生错觉的坏处,即,以为所说的应该是某种已知的东西,是经验的自我意识的自我,而实际上却说的是离这种意识很远的东西。以纯知为自我的这种规定,本身便带来了对主观的自我不断的回忆,而这种主观自我的局限却是应该忘掉的,这种规定总是在当前保持着一种观念,好像在自我以后发展中所产生的那些命题和关系,都能够在普通意识中出现和找到似的,因为那些命题和关系都是由普通意识来维持的。这种颠倒不唯没有产生直接的明晰,反而只是产生了更加显著的混乱和完全迷失方向;就外在事物说,这种颠倒尤其引起了最粗俗的误解。

其次,至于一般自我的**主观**规定性所涉及的东西;那么,纯知当然是把自我与一个客体有不克服的对立的那种狭隘意义去掉了。但是,即以这个理由而论,假如还要坚持以纯粹本质为自我那种主观态度和规定,至少**多余**了。单是这种规定,就不仅引起那种恼人的含混,而且更详密地看来,也仍旧是一个主观的自我。从自我出发的科学真实发展,表明了对象经常具有并保持着对自我说来是一个**他物**的规定,于是表明了出发所自的**自我**,并不是真正克服了意识对立的纯知,而仍是拘执于现象。

这里还要作一个基本的注释,就是纵然**自我本身**可以破规定为纯知或理智的直观,也可以被主张为开端,但科学所研究的,不是**自在的**或**内在**现成的东西,而是**思维中**内在的实有和这实有中这样的思维所具有的**规定性**。但是,在科学的**开端**中,那由理智的直观而**实有**的东西,或者,——当理智的直观的对象被称为永恒,上帝,绝对之时,——那由永恒或绝对而实有的东西不是别的,那只能是一个最初的、直接的、单纯的规定。要给予这种东西比单纯的有所表示的什么样更为丰富的名词,那只有看这样的绝对物如何进入**思维的**知和这种知的表述之中,才能加以考虑。理智的直观固然猛烈排斥了中介和进行证明的外在的反思。但是它所说出来的东西,都比单纯直接性要更多一些,那是一个具体物,一个自身包含着各种规定的东西。说出和说明这样一个东西,如前已说过的,是一个有中介的运动,这个运动从各规定之一开始,并前进到另一个规定,虽然后一规定仍要转回到前一规定;——同时,这是一个不可以是随意的或断言的运动。因此,在这样的说明中,将从什么来**开始**,那却不是具体物本身,而仅仅是简单的直接物,运动便是从这直接物出发的。此外,假如把一个具体物造成开端,那么,被包含在具体物中的各种规定,它们之间的联系所需要的证明,也还是缺少的。

　　所以,假如在绝对、永恒或上帝(而且**上帝**或许有作为开端的最不容争辩的权利)等名词中,假如在这些名词的直观或思想中,**所包含的**东西比在纯有中的更多,那么,这个往前者中**所包含的**东西,便应该在思维的知中才**出现**,而不在表象的知中出现;这个在前者中所包含的东西,无论它怎样丰富,而在知中**最初**出现的规定,总是一个简单的东西,因为只有在简单的东西中,它才不比纯粹的开端更多；只有直接的东西才是简单的，因为只是在直接的东西中，还没有从一物到另一物的过程那样的东西。所以，假如应该用绝对或上帝等较丰富的表象形式来说出或包含什么超过有的东西，那么，这种东西在开端里，也仅仅是空话，仅仅是有；所以这种简单的，并无另外意义的东西，这个空，干脆就是哲学的开端。

这种见解本身是如此简单，以至这样的开端既不需要任何准备，也不需要其他的导言；这些关于开端所作的先行的论述，并不能有引伸开端的意图，而倒是要除去一切先行的东西。

有之一般分类

有首先是对一般他物而被规定的；

第二，它是在自身以内规定着自身的；

第三，当分类的这种暂时的先行性质被抛去之时，它就是抽象的无规定性和直接性，在这种直接性中，它必定是开端。

依照**第一种**规定，有与**本质**相对而区分自己，所以它在以后的发展中表明了它的总体只是概念的**一个**领域，只是与另一领域对立的环节。

依照**第二种**规定，它自己又是一个领域，它的反思的各种规定和整个运动都归在这个领域之内。在那里，有将把自身建立为下列三种规定：

1. 作为**规定性**，而这样的规定性就是**质**；
2. 作为**被扬弃了**的规定性，即：**大小**，**量**；
3. 作为从**质**方面规定了的**量**，即：**尺度**。

这里的分类，也像导论中提到过的这些一般分类那样，只是暂时的列举；它的规定要从有本身的运动才会发生，并由此而得出定义和论证。至于这种分类与普通的范畴列举——即量、质、关系、样式，然而在康德那里，这些却只是他的范畴纲目，其实它们本身便是范畴，不过更一般而已——有歧异，这里可以不提，因为全部论说都将表明这种分类与范畴的通常次序和意义相歧异之处。

只有这一点可以提出注意一下，即是，在别处，**量**的规定是列在**质**的规定之前的，①而这——和很多事一样——是毫无理由的，开端是用有**本身**，因此也就是用质的有造成的，这一点已经指出过了。从质与量的比较，就很容易明白质就本性说，是在先的。因为量是已经否定地变了的质；**大小**是这样的规定性，它不再与有合而为一，而是已经与有不同，受了扬弃，变为无差别的质。大小包括了有的可变性；有的规定就是大小，而事情本身，即有，却不因大小而变化；反之，质的规定性却与它的有合而为一，既不超出这个有以外，也不居于这个有之外，而是这个有的直接限制。因此，作为**直接的**规定性，质是最初的，必须用它来作开端。

尺度是一种**关系**，但不是一般关系，而是质与量相互规定的关系；至于康德在关系下面所包括的范畴，将在完全不同的地方，取得它们的位置。假如愿意的话，尺度也可以看作是一种样式；但是，在**康德**那里，因为样式已经不再构成内容的规定，而只应该看作是内容对思维、对主观的关系，所以这是一种完全异质的，不属于这里所说的关系。

有的**第三种**规定，归入质的一篇之内，因为作为抽象的直接性，有把自身降低为个别的规定性，在行自己的范围内和它的其他规定性对立起来了。

---

① 指康德《纯粹理性批判》的范畴表，量被列在质之前。——译者

第一部分 规定性(质)

有是无规定的直接的东西;有和本质对比,是免除了规定性的,同样也免除了可以包含在它自身以内的任何规定性。这种无反思的有就是仅仅直接地在它自己那里的有。

因为有是无规定的,它也就是无质的有;但是,这种无规定性,只是在与**有规定的**或**质**的东西对立之中,才**自在地**属于有。**规定了的**有本身与一般的有对立,但是这样一来,一般的有的无规定性也就构成它的质。因此,要指出:

第一,**最初的**有,是自在地被规定的,所以,

第二,它过渡到**实有**(Dasein);但是实有作为有限的有,扬弃了自身,并过渡到有与自身的无限关系,即过渡到

第三,**自为之有**(Fürsichsein)。

第一章 有

甲、有

***有、纯有**,——没有任何更进一步的规定。有在无规定的直接性中,只是与它自身相同,而且也不是与他物不同,对内对外都没有差异。有假如由于任何规定或内容而使它在自身有了区别,或者由于任何规定或内容而被建立为与一个他物有了区别,那么,有就不再保持纯粹了。有是纯粹的无规定性和空。——即使这里可以谈到直观,在有中,也没有什么可以直观的;或者说,有只是这种纯粹的、空的直观本身。在有中,也同样没有什么可以思维的;或者说,有同样只是这种空的思维。有,这个无规定的直接的东西,实际上就是无,比无恰恰不多也不少。

乙、无

无、纯无;无是与它自身单纯的同一,是完全的空,没有规定,没有内容,在它自身中并没有区别。——假如这里还能谈到直观或思维,那么,有某个东西或**没有东西**被直观或被思维,那是被当作有区别的。于是对无的直观或思维便有了意义;直观或思维某个东西与没有直观或思维什么,两者是有区别的,所以无**是**(存在)

---

* 参看第105页。

在我们的直观或思维中；或者不如说无是空的直观和思维本身，而那个空的直观或思维也就是纯有。——所以，无与纯**有**是同一的规定，或不如说是同一的无规定，因而一般说来，[*] 无与纯有是同一的东西。

丙、变

1. 有与无的统一

所以[*] 纯有与纯无是同一的东西。这里的真理既不是有，也不是无，而是已走进了——不是走向——无中之有和已走进了——不是走向——有中之无。但是这里的真理，同样也不是两者的无区别，而是两者并**不同一**，两者**绝对有区别**，但又同样绝对**不曾分离，不可分离**，并且**每一方都直接消失于它的对方之中**。所以，[*] 它们的真理是一方直接消失于另一方之中的**运动**，即变(Werden)；在这一运动中，两者有了区别，但这区别是通过同样也立刻把自身消解掉的区别而发生的。

注 释 一

[***]无是经常要与某物对立的；但某物已经是一个规定了的有之物，与别的某物有区别；所以，与某物对立的无，即某一个东西的无，也就是一个规定了的无。[***] 但在这里，须把无认作是在无规定

---

[*] 参看第 105 页。
[**] 参看第 105—106 页。
[***] 参看第 106 页。

的单纯性之中的。——有人以为不用无而用**非有**与有对立,会更为正确;就结果来看,这似乎无可反对,因为**非有**中已包含了对有的关系;把有和有之否定两者,用**一个**字说出,即无,正和无是在**变**中那样。①但是,问题并不首先在于对立的形式,也就是并不在于关系的形式,而在于抽象的和直接的否定,纯粹自为的无,无关系的否定;——假如有人愿意,也可以用单纯的"不"字来表示它。

*埃利亚派最早有了**纯有**这种简单的思想,尤其是巴门尼德把纯有当作绝对物,当作唯一的真理,在他遗留下来的残篇中,他以思维的纯粹热情,第一次以绝对的抽象来理解有,说出:**唯"有"有,而"无"则全没有**。——大家都知道,**无,空**,在东方的体系中,主要在佛教中,是绝对的本原。——深奥的赫拉克利特举出**变**这个全面性更高的慨念,来反对那种简单片面的抽象,并且说:**有比无并不更多一点**,或是又说:一切皆**流**,也就是说,一切皆**变**。——一切有的东西,在出生中,本身就有它消逝的种子,反过来,死亡也是进入新生的门户:这种通俗的,特别是东方的谚语,在根本上表现了同样的有与无的合一。但是这些表现都有一个基质,过渡就在那个基质上出现;有与无被认为在时间中是各自分开的,正像它们被设想为在时间中是相互交替的那样,而不是从它们的抽象去想,因而也不是去想它们本身是同一的。

*Ex nihilo nihil rit[从无得无]②——是形而上学中曾被赋与

---

① 指"变"这一个字也说出了无及无的否定。——译者
* 参看第106页。
② 即通常所谓。无中不能生有。的意思。——译者

重大意义的名言之一。从那句话所看到的,或者只是无内含的同语反复;或者,假如说**变**在那里要有实在的意义,还不如说既然从**无**只是得**无**,那么,在那里变实际上并不存在,因为无在那里仍然是无。变包含着:无不仍然是无,而过渡到它的他物,过渡到有。——当后来的,尤其是基督教的形而上学,抛弃了"从无得无"这句名言时,它便主张了从无到有的一个过渡;不论它是如何综合地或仅仅表象地看待这句话,即使在这最不完善的联合中,也包含着这样一点,在这一点上,有与无相合了,它们的区别消失了。——"从无得无,无就是无"这句话的真正重要性,在于它与一般的**变**对立,从而也与"从无创造世界"对立。有些人主张,甚至热烈主张"无就是无"那句话,他们不曾意识到他们这样便赞助了埃利亚派抽象的**泛神论**,就实质而言,也便赞助了斯宾诺莎的泛神论。把"有只是有,无只是无"当作原则的哲学观点,可以称为同——性体系;这种抽象的同一性乃是泛神论的本质。

有与无是同一的东西,假如这样的结果本身很耸动听闻或似乎是怪论,那么,这里就不须再去管它;不如说那种惊奇才是可以惊奇的,那种惊奇表现了对哲学如此陌生,忘记了在这门科学中所出现的规定,此在寻常意识中和所谓普通人的知性中的规定完全不同,那种知性并不恰好是健全的,而且也是被养成惯于抽象的和惯于相信、或甚至迷信抽象的知性。* 在每一事例中,即在**每一**现实事物或思想中,都不难指出这种有与无的统一。以关于直接性和中介(中介是一种相互关系,因而含有否定),关于有与无所要说

---

* 参看第 106 页。

的，必定是同一的东西，即：**无论天上地下，都没有一处地方会有某种东西不在自身内兼含有与无两者**。这里所谈的，当然是某**一个现实的东西**，所以其中的那些规定，便不再是处于完全不真实之中（在完全不真实之中，那些规定是作为有与无而呈现的），而是在进一步的规定之中，并且将被看作是**肯定的**和**否定的**东西，前者是已经建立的、已被反思的有，后者是已经建立的、已被反思的无；但是肯定的和否定的东西都包含着抽象的基础，前者以有为基础，后者以无为基础。——这样，在上帝自身中，就包含着本质上是否定的规定这样的质，如**活动**、**创造**、**威力**等等——它们都是产生**他物**的。但是，对那种主张，用例子来作经验的说明，在这里却完全是多余的。因为这个有与无的统一，作为最初的真理，是一次便永远奠定了的，并且构成了一切后来东西的环节；所以除变自身而外，一切以后的逻辑规定，如实有、质等，总之，一切哲学的概念，都是这个统一的例证。——至于自称为普通的或健全的人的知性，若是它抛弃了有与无之不分离性，那就让它试一试，去找出一物与它的他物（如某物与界限、限制，或如刚才谈过的无限物、上帝与活动）分离的例子吧。只有空洞的思想物，如有和无本身，才是分离的，前面所说的那种知性之偏爱它们，却远过于真理，远过于我们到处面临的有与无两者的不分离性。

人们不可能想要从各方面去对付通常意识在这样一个逻辑命题中所陷入的混乱，因为这些混乱是不可穷尽的。这里只能举出几个。这样的混乱的根源之一，是意识对这样的抽象逻辑命题，带来了某一具体物的表象，忘记须要谈的却不是这样的东西，而只是有与无的纯粹抽象。所须要把握住的也只是它们。

*有与非有是同一的；所以，无论我有没有，这所房子有没有，在我的财产状况中这一百块钱有没有，便都是一样了。一对那个命题作这样的推论或应用，那就是把它的意思完全改变了。那个命题所包含的，只是有与无的纯粹抽象，但是那种应用却从那里造出一个被规定了的有和被规定了的无。正如上面已经说过，这里所谈的，唯独不是被规定了的有。一个被规定了的，一个有限的有是一个这样的有，即它自身联系到他物；它是一个内容，与别的内容、与整个世界都在必然的关系之中。依照整体的相互规定的联系看来，形而上学可以作出这种——根本是同语反复的——主张，即，假如一粒微尘摧毁了，整个宇宙也就会崩溃。在反对上面所谈的命题而举的事例中，似乎某物之有没有，并不是无足轻重的，但这并非由于有或非有，而是由于它的**内容**，这个内容把它与他物联系起来了。**假定**有一个规定了的内容，某一个规定了的实有，那么，这个实有，因为它是规定了的，便与别的内容有了多方面的关系；与这个实有发生了关系的某一其他内容之有或没有，对于这个实有就不是无足轻重的了；因为实有基本上只有通过这样的关系，才成其为实有。在**表象**中的情况也是如此（在这时，我们是用表象的更确定的意义，拿非有来和现实对比），在表象的联系中，一个内容，通过表象作用与别的内容有了关系而作为被规定了的东西，它的有或没有，就不是无足轻重的了。

这种观察所包含的东西，和构成康德关于上帝存在的本体论证明所作的批判的一个主要因素，是相同的；对于这个批判，此处

---

* 参看第106页。

所涉及的,仅仅是考虑在其中出现的一般的有与无和**规定了的**有或非有的区别。——大家都知道,在那个所谓证明中,一切实在物所归属的一个存在物的概念被当作前提,而存在被当作同样是实在物之一,于是存在也便归属于这存在物。康德的批判主要在于**存在**(Existenz)或**有**(Sein)——这在此处是同义语——并非**特性**,或者说,并非**实在的宾词**,这就是说,它并不是某个能够加于一件事物的概念之上的东西的**概念**。[①]——康德在这里是想要说有并不是内容规定。——他接着又说,所以现实的东西并不比可能的东西包含得更多;[②]一百块现实的钱并不比一百块可能的钱多包含一丝一毫;——即前者并不比后者有不同的内容规定。就后者之为被孤立起来看的内容而言,有或没有实际上是一样的;在这个内容中,并不包含有与非有的区别,而那个区别也根本不会影响到这个内容;没有一百块钱,一百块钱将不会少一点,有一百块钱,一百块钱也将不会多一点。[③]区别必定是从别的什么地方来的。——康德提醒说:"与此相反,就我的财产状况说,有一百块现实的钱,是比只有一百块钱的单纯概念或可能性要多些。因为对象在现实里,便不单纯是分析地包含于我的概念之中,而是**综合地对我的概念**(这概念是我的**状况**的一种**规定**)**的添加**;上述的一百块钱,则并不

---

① 《纯粹理性批判》,第二版,第 628 页以下。——黑格尔原注(商务印书馆中译本,第 430—431 页。——译者)

② "现实的东西并不比可能的东西包含得更多"一语,黑格尔误引为"可能的东西并不比现实的东西包含得更多",兹据康德原书校正。参看《纯粹理性批判》中译本,第430 页。——译者

③ 意思是说无论实际上有没有一百块钱,但在抽象概念里,一百块钱仍是一百块钱,并无增减。——译者

因为在我的概念以外的存在而本身增加了一丝一毫。"①

仍然用康德不无混乱笨拙的话来说,这里要以两种状况为**前提**,一是康德所谓概念,这应当理解为表象,另一则是财产状况。无论是对于后一种或前一种状况,即无论是对于财产或表象,一百块钱都是一个内容规定,或者像康德的说法,"一百块钱是综合地对于这样一个状况的添加;"我是一百块钱的**持有者**或非持有者,或者又说,我**设想**我有一百块钱或不设想,总之是不同的内容。更一般地说来:有与无的抽象,它们在获得一个规定了的内容时,就停止其为抽象了;于是:有就是实在,是一百块钱规定了的有;无就是否定,是一百块钱规定了的非有。一百块钱这个内容规定本身,假如也就它自身抽象地去看,那么,它在有中和在非有中,都同样是不变的东西。但当那个有被当作财产状况之时,一百块钱便与一个状况发生了关系;就这个状况而言,一百块钱之有这样的规定性,便不是都一样了;它们的有或非有,便都是变化;它们已经转移到**实有范围**里去了。假如说这个、那个(譬如一百块钱)之有或没有,毕竟不都一样,因此要反对有与无之统一,那却是一种错觉;即:我们把我**有**或**没有**一百块钱的这一区别,单纯转移到有与非有那里去了,——这一错觉,如已经指出的,是依靠片面的抽象,丢掉了呈现于这样例子中**规定了的实有**,单纯坚持有与非有;反过来,应当理解作抽象的有与无,这种错觉却又把它转化为一个规定了有与无,转化为一个实有。要到了实有,才会包含有与无的实在区别,即包含一个**某物**和一个**他物**。——浮现于心目中的,不是抽象

---

① 参看《纯粹理性批判》中译本,第431页。重点(改排黑体字)是黑格尔加的。——译者

的有和纯粹的无及其仅仅是意想的区别,而是这种实在的区别。

如康德所说的那样,"某物由于存在,便进入到全部经验的关联之中;"我们从那里便多获得了一个**知觉**的对象,但我们的对象的**概念**并不以此而增加。"①——像以上所解释的那样,结果不过是说,某物既然在本质上是规定了存在,那么,它由于存在,就与他物有了联系,也包括与一个知觉者的联系。——康德说,一百块钱的概念,并不以知觉而有所增加。这里的**概念**,是指以前考察过的一百块钱的**孤立的**表象。在这种孤立的方式中,这一百块钱固然有经验的内容,但被截断了,并无对**他物**的联系和规定性;自身同一的形式,使它们失去与他物的关系,使其无论被知觉与否,都是一样的。但是这种一百块钱的所谓**概念**,乃是虚假的概念;单纯的自身关系的形式,本不属于这样被界限的有限的内容,而是主观知性对内容所强加并借与的形式;一百块钱不是自身关系的东西,而是可以变化消逝的东西。

这里浮现于思维或表象之前的,只是一个规定了的有,即实有;对于这种思维或表象,必须追溯到前面已经说过的巴门尼德所作的科学开端,他将他的表象活动,从而也将后世的表象活动,精炼并提高为**纯粹的思想**、即**有**本身,于是便创造了科学的因素。——*那在**科学上是最初的东西**,必定会表明在**历史上**也是**最初的东西**。我们必须把埃利亚派的**一**或**有**看作是关于思想所知的最初的东西:水及类似的物质本原,固然**应该**是共相,但作为物

---

① 黑格尔在这里对康德原文,只是撮举大意,并非逐字征引。参阅《纯粹理性批判》中译本,第429—433页。——译者

* 参看第107页。

质,仍然不是纯粹思想。**数**既不是最初的,单纯的思想,也不是存留在自身之内的思想,它乃是完全在自身之外的思想。

从**特殊的、有限的**有,追溯到完全抽象一般性的有本身,应该看作是最最第一的理论要求,甚至也是实践要求。这就是,假如一百块钱弄到我**有没有**它,使我的财产状况有了区别,或者,我存在不存在,他物存在不存在,区别还更大,那么,这里可以提醒人们应该在他们的意旨里,把自己提高到抽象的共相,在这种共相中,无论一百块钱可以和他们的财产状况有什么样量的关系,而这一百块钱之存在不存在,的确对于他们都是一样的,正如他们之存在不存在,即在有涯之生中存在不存在,对于他们也是一样的(因为这里所指的,是一种状况,是规定了的有),如此等等,——至于有些财产状况,对于一百块钱这样的占有,也是一样的,那就不须说了,——甚至一个罗马人也说过,si fractus illabatur orbis, impvidum ferient ruinae[纵苍穹轰然倾毁于四围,土崩瓦解中亦将夷然不动]①,而基督徒就更应该像这样漠然不动了。

还必须注意到这一百块钱以及一般的有限事物之提高,和本体论的证明以及上述康德对它所作的批判的直接关联。这个批判由于例子通俗而颇为动听;谁不知道一百块现实的钱与仅仅一百块可能的钱不同呢?谁不知道它们造成我的财产状况的区别呢?因为这种差异在一百块钱很突出;所以,概念,即作为空洞可能性的内容规定性,与有也彼此不同;**于是**,上帝的概念也与它的有不同,我之不能从一百块钱的可能性得出一百块钱的现实性,正如我

---

① 引文出于罗马名诗人贺拉西(公元前64—8年)《抒情短诗集》Ⅲ,3——译者

不能从上帝概念"推敲出"上帝的存在来,但本体论的证明,却又应该由上帝的概念推出它的存在这样的推敲来构成。假如概念与有不同,是对的,那末,上帝与一百块钱以及其他有限的事物不同,更是对的。在有限事物中,概念与有不同,概念与实在、灵魂与肉体可以分离,因此它们可以消逝、可以死亡,——这是**有限事物的定义**;抽象的上帝定义恰好相反,它的概念与有是**不分离和不可分离的**。范畴和理性的批判,正是要阐明关于这种区别的认识,并防止将有限的规定和关系这类认识应用于上帝。

注 释 二

增添对有与无命题反感的,还必须举出另一理由;这理由认为用**"有与无是一个而且是同一个东西"**这一命题,来表现观察有与无所得的结果,并不完全。着重点偏于"是一个而且是同一个",和一般判断一样,只有宾词才在判断中说出主词**是**什么。因此,这意义似乎就在于区别将被否认,虽然区别本是立即直接出现于命题之中的,因为这命题说出了有与无**两个**规定,并把它们作为有区别者包括进来。——同时这也不能意谓着应该抽去有区别者而只是保持统一。既然应该被抽去的东西,仍然在命题中呈现并且被说出名字,那末,这种否认区别的意义,便只是暴露出自身是片面的罢了。现在,因为**"有与无是同一的"**这一命题说出了两个规定的同一性,而实际上又将它们当作有区别者包括进来,这命题便自相矛盾,自己消解。假如更确切地把握住这一点,那末,这里所提出的命题,仔细观察起来,便具有通过自身而自己消失的运动。于是,在这个命题本身,出现了那应当构成它的真正内容的东西,那就是**变**。

于是这个命题便**包含**了结果,它本身就是结果。这里须要注意的情况,是结果本身并未在命题中**表现出来**的这种缺憾;在命题中认识到结果的,只是一种外在的反思。——关于这个问题,开头便必须提出这样一般的注意,即命题用**判断形式**,并不适于表现思辨的真理;熟悉这种情况,可以消除许多对思辨真理的误解。判断是主词与宾词间的**同一**关系,在那里,判断把主词所具的有比宾词更多的规定性抽去,正像它也把宾词此主词更广的[外延]抽去一样。但是,假如内容是思辨的,那末,主词与宾词的**不同一**,也是本质的环节,不过这个环节并没有在命题中表现出来而已。近来的哲学有许多地方,在不熟悉思辨的人看来,似乎很光怪陆离,这大多是由于用简单的判断形式来表现思辨的结果。

关于表现思辨真理的缺憾,首先就以加上**"有与无不是同一的"**这个相反的命题来补救,这在上面也同样是说出了的。但这样又发生了另一缺,因为这些命题①并不互相联系,只是在二律背反中去表述内容,而它们的内容却又关系着一个并且是同一个东西,在两个命题中表现出来的规定,也应当直捷了当地联合起来,——这一联合只能表现为两个**互不相容的东西**之间**的非静止**,即**运动**。强加于思辨内涵的最常见的偏颇,就是使它成为片面的,即它本来可以消解于两个命题之中,却只举出其中的一个。这个命题之可以主张,是不容否认的;**这种陈述是对的**,**同样又是错的**,因为假如从思辨的东西取得**一个**命题,那末,至少也必须同样注意并陈述另

---

① 指"有与无是同一的"和"有与无不是同一的"二命题。——译者

一个命题。——这里还要特别提到这个姑且说是不幸的字眼:**统一**;统一此同一还更关系到主观的反思;它主要被当作关系,是由**比较**、由外在的反思而发生的。因为此较在两个**不同**的**对象**中发现了同一的东西,于是便有了统一,那里的前提是,被比较的对象本身对这统一毫**不相干**,所以这种比较和统一丝毫不涉及对象本身,只是涉及在它们以外的活动和规定。因此,统一表现了完全**抽象的同一**,所说的对象越显出绝对有区别,说起来也就越加难听刺耳。因此,* 说**不分离**和**不可分离**,要比说统一好些;但这样又没有表现出全体关系的**肯定方面**。

所以全体,即这里所发生的真的结果,就是**变**,变不单纯是有与无的片面的或抽象的统一。它了是由于这样的运动,即:纯有是直接的、简单的,纯无也同样如此,两者**有区别**,但区别又同样**扬弃自身**,而**不是**区别。结果是有与无的区别同样成立,但只是一个**臆想**的区别。

人们**臆想**有与其说是无,不如干脆说是他物,有无的绝对区别,是再明白不过的,而要说出这种区别,也好像是再容易不过的。但要证明这种区别是不可能的,它是不可言说的,也同样容易。让那些**愿意固执有无区别的人去试一试,说出区别所在吧**。假如有与无具有任何使它们互相区别的规定性,那末,它们就会成为如前所说的规定了的有和规定了的无,而不是这里仍然是的纯有和纯无。它们每一个都同样是不曾规定的,所以它们的区别,完全是空的;因此区别不在它们本身,而只在于第三者,在于**意见**。但意见

---

* 参看第 107 页。

是主观的形式，不在这里陈述之列。但是，有与无都在第三者中有其持续存在，这样的第三者，必定也在这里出现，而且在这里已经出现，它就是**变**。有与无在变中，是有区别的；只有在它们有区别时，才有变。这第三者是与它们不同的他物，——它们只在一个他物中才持续存在，这也就是说，它们不是自为地持续存在的；* 变是有的持续存在，又是非有的持续存在；或者说，它们的持续存在，只是它们合而为一；它们的这个持续存在，也恰恰就是那个扬弃它们的区别的东西。

必须指出有与无的区别的这种要求，本身也就包括了说出什么是有、什么是无的要求。那些恼恨把这一个和另一个仅仅当作是相互过渡去认识，而对有和无主张这样、那样的人，让他们举出他们说的是什么吧，也就是，让他们提出一个关于有与无的定义，并说明其正确吧。他们在别的地方，也承认并应用了旧科学的逻辑规则，但是，假如不会满足旧科学这种最初的要求，那末，一切关于有和无的那些主张，便只是信口断言，没有科学效准。假如人们又说，只要把**存在**当作与**有**意义相同，存在便是对**可能性**的**补充**，那末，这便是以另一规定、可能性为前提，所说的有，便不是在它的直接性之中，甚至不是独立的，而是从属的。* 这样有了中介的有，我们为它留下了"**存在**"(Existenz)这一名词。但是人们却常把有想像成纯粹的光明——仿佛是某种无阴翳的视见的莹澈，而无则是纯粹的黑夜，并将它们的区别，联系到人所熟知的感性的差异上去。事实上，倘若更精细地去想像这种视见，就能够易于体会到，

---

* 参看第107页。

*在绝对光明中所看见的,和在绝对黑暗中一样,不多也不少,前一种视见和后一种视见,都是纯粹的视见,也就是毫无视见。纯粹的光明和纯粹的黑暗,是两个空的东西,两者是同一的。只有在规定了的光明中——而光明是山黑暗规定的——即在有阴翳的光明中,同样,也只有正规定了的黑暗中——而黑暗是由光明规定的——即在被照耀的黑暗中,某种东西才能够区别得出来,因为只有有阴翳的光明和被照耀的黑暗本身才有区别,所以也才有规定了的有,即**实有**。

注 释 三

*有与无是统一的不可分的环节,而这统一又与有、无本身不同,所以对有、无说来,它是一个第三者,这个第三者最特征的形式,就是**变**。**过渡**与变,是同一的;只是由此过渡及彼的有、无两者,在过渡中,更多被想像为互相外在的、静止的,而过渡也是在两者**之间**出现而已。无论在什么地方,用什么方式谈到有或无,都必定有这第三者;因为有、无并不自为地持续存在,而只是在变中,在这第二者中。这第三者有许多经验的形象,但是抽象为了指出抽象的产物,即有与无要各自坚持,并防止它们过渡,便把那些形象放在一边或忽略了。对付这样简单的抽象态度,也同样简单,只须提到经验的存在就行了,在经验的存在中,那种抽象本身也只是某物,有了实有。或者说,要把不可分离者的分离固定下来的,只是别的反思形式。这样的规定本身就有它自己的对立物,毋须追溯

---

* 参看第107页。

和求助于事情的本性，那种反思规定就自己驳斥了自己，因为按照它本身是怎样，在它本身那里便显出它的他物来了。要把反思的一切曲折、断想及其推理一齐抓住，以杜绝反思掩盖其自相矛盾的出路和躲闪，并使其不可能，那是白费气力。因此，我也不去理睬许多自称反对"有与无皆不真，只有变才是两者的真理"这一说法的那些责难和驳斥。思想训练，只有由对知性形式的批判的认识来完成；这种思想训练就是要洞察那些驳斥的无聊，或不如说就是要驱逐这样的断想。那些最富于这类责难的人，对最初过到的命题，就带着他们的反思扑奔向前，不用进一步的逻辑研究，来帮助和帮助过自己意识到这些反思性质的粗疏。

假如有与无相互隔绝，一个被放在另一个范围以外，这样也就否定了过渡，于是便发生了一些现象，现在就要加以考察。

巴门尼德坚持了有，当他同时也谈到无，说"无什么也**没有**，只有才**有**"之时，又是最彻底的。这样，有自身完全是不曾规定的，即与他物没有关系。因此，好像从这个开端、即从有自身，不能更**往前进**，前进只有**从外面**与某种陌生的东西联系，才能出现。因为有与无是同一的，所以进程像是第二个绝对的开端，——这是一个自为的过渡，外在地加到有上面去的。总之，假如"有"有规定性，它就不会是绝对的开端；那样，它就是依赖于他物，不是直接的，不是开端。但如果有不曾被规定，因而是真的开端，那末它也就没有什么东西来转变它为他物，它同时是**终结**。从有不能进发出什么东西来，正像什么东西也不能侵入到有里去；* 在巴门尼德那里也和

---

* 参看第107页。

在斯宾诺莎那里一样。从有或绝对实体都不可以前进到否定的、有限的东西。如已经说过的，假如从无关系的、这里即无进展的有出发，毕竟还有往前进的东西，那末，它便只能以外在方式出现，而这种进展便是第二个新的开端。费希特也是如此，他的最绝对的、无条件的基本命题："A＝A"是正命题；第二个是反命题；后者**一部分**是有条件的，**一部分**是无条件的(于是自相矛盾)。这是一个外在反思的进展，它既把用来开始的绝对物重又立即否认，——反命题即第一个同一性的否定，——同时又明明立即使其第二个无条件的东西成为有条件的东西。假如进展，即扬弃第一个开端，总还有可以成立的理由，那末，在第一个开端自身以内，必定包含着能够使他物在那里发生关系的东西；所以，那必定是一个规定了的东西。不过有或绝对实体都不能内称是这样的东西；恰恰相反，它是**直接的东西**，是绝对还**不曾规定的东西**。

耶柯比在论批判主义想把理性解释清楚的试图的著作中，为了攻击康德的自我意识的先天综合，对一切抽象物过渡到一个更远的东西和两者联合的不可能，作了最雄辩的、或者已被遗忘的描写(《耶柯比集》第二卷)。他这样提出课题，即在一个纯粹物中(不论这个纯粹物是意识、时间或空间的纯粹物)，说明一个综合的发生成创造(113页)。"空间是**一**，时间是**一**，意识是**一**，……但是你们说说吧，这三个一中的任何一个，如何本身是纯粹的而成了繁多的呢？……每一个都只是**一**，而不是**他物**；一个**万物皆一**；一个没有这[空间]，这[时间]、这[意识]的**这一—这一—这一的自己同一**；因为这些，连同这、这、这都还在不曾规定的无限的零中睡觉，而且一切和每个**有规定的东西**也要从那里才会产生出来呢！是什么东西把

有限变成那三个无限呢？是什么东西使先天的空间、时间与数和尺度结胎而将它们变成一个纯粹的繁多呢？是什么东西使**纯粹的主动性**（自我）摆动呢？纯粹母音如何得到子音，或不如说其**无声的**不断的声息如何自己中断以取得至少一种独立的音响或**音节**呢？"——可见耶柯比已经很确定地认识到抽象之**非物**，不论它是所谓绝对的、即抽象的空间，或是这样的时间，或是这样的纯粹意识、即自我；他僵持在那里，为了要主张到他物（即综合的条件）和到综合自身的进展不可能。这里所说的综合，必须不被当作现成规定**从外面**的联系；——这问题本身，一方面涉及第二个的产生，成了第一个，即规定的东西的产生，成了不曾规定的、开端的东西，一方面又涉及内在的综合、先天的综合，——即有区别的东西自在自为的统一。变就是有与无这种内在的综合；但是因为综合的意义最接近于彼此相外的现成的东西的外在联结，所以不用综合、综合的统一等名词是对的。——耶柯比问自我的纯粹母音**如何**得到子音？是什么东西使规定性成为无规定性？——这个**什么**是容易回答的，而且康德对这问题也用他的方式回答过了，但是**如何**的问题即是要问何种方式、依据何种关系等等，并要求举出一个特殊范畴；而在这里却谈不到种类样式、知性范畴。如何的问题；本身就属于反思的坏方式，反思追问可以捉摸的性质，却从而以它的固定范畴为前提，这就对所问的东西预先装备好了回答。如何的问题，在耶柯比那里，也没有追问综合的**必然性**那样高一层的意义，因为如已经说过的，他仍然僵持在抽象中，主张综合的不可能。他特别形象地描写了达到空间抽象的程序（147页）。"我必须尝试暂时完全忘却我曾经看到过的、听过的、接触过的或触动过的任何东西，显然我自身也不例外。我必须完全、完全、完全忘却一切运动，正因为这一忘却最难，所以于我也最迫切。总之，如像我在思想中把一切丢开了那样，我必须把一切都清扫掉，除了无限的、**不变的空间**的直观被强制留存下来以外，什么也没有剩下。因此，我不可以把我自己当作某种与这空间不同的东西、而是**从思想上**与这空间相连，并且**在它之内**；我不可以仅仅让它**环绕**我、**渗透**我，而是我必须完全**过渡**到它之中，与它合而为一，把我转变为它；我必须除**我的这种直观**本身而外，自己什么也不剩下，以便把我的这种直观当作一个真正独立自主的，——致而凡是唯一的表象来观察。"

在这种完全纯粹的连续性中，即在表象的无规定性和虚空中，叫这个抽象为空间，或纯直观、纯思维都是一样；——这一切都同于印度人所谓**梵**，——当印度人长年外表不动，漠然于感觉、表象、幻想、贪欲等等，而只看着鼻子尖，心里诵念唵、唵、唵，或什么也不念时，这就叫做梵。这种幽暗空虚的意识，作为意识来把握，就是——有。

耶柯比又说，在这种虚空中，他所遭遇到的，适与康德说他应该遭遇到的相反；他并未发现自己是多与多方面的，而自己反倒是没有一切多与多样性的**一**；是的，"我自己就是**不可能性**本身，是一切多样和多**之化为乌有**，……从我的纯粹的、全然简单的、不变的本质，连最微小的东西也**建造不出来**，也潜入不到我里面去，……于是一切彼此相外，彼此并列的事物，一切根据上述事物而来的多样性和多(在这种纯粹性中)，都显得是**纯粹不可能**。"(149页)。

这种不可能无非是重复下面这句话：我坚持抽象的统一并排除一切多和多样性，使我停在无区别和无规定之中，而忽视一切区别和规定。要使康德的自我意识的先天综合、即这种统一的活动，自己澌灭，并在这种澌灭之中保持自己，耶柯比把自己也冲淡到同样抽象的地步了。他将那个"综合自身"，那个"**原始判断**"片面地作成"**连缀字**自身"——"一个**是，是、是**，无始无路，也没有**何物、何人、哪一种**。这个往前无限重复的重复，是顶顶钝粹的综合唯一的业务、作用和生产，它就是那单纯、纯粹、绝对的重复自身"（125页）。或者说，实际上那里既然没有间断，即没有否定、区别，那末它就不是重复，而仅是无区别的单纯的有。——但是，当耶柯比恰恰将统一所以为综合的统一的东西丢掉时，这还仍旧是综合吗？

首先要说的是，当耶柯比自己固守在绝对的、即抽象的空间、时间及意识中时，他用这种方式就将自己陷入并坚持了**在经验上是错误的东西**；*在经验上呈现的时间与空间，并不是像无限的空间与时间那样的东西，在它们的连续中没有不充满了各种被限制的实有和变化，所以这些界限和变化就属于空间性和时间性，而不曾分离，也不可分离。意识也是这样，它充满了有规定的感觉、表象、欲望等等，它的存在① 与某种特殊内容不可分。——**经验的过渡**总是自明的，意识也当然能以空的空间、空的时间，空的意识本身，或纯有为对象和内容；但它不停留在那里，它不仅从这样的虚空走出来，而且冲到一个较好的、即无论如何较具体的内容那里，不管这一内容在别方面多么坏，但就此而论，它总是较好较真的。这样一个内容正是综合的，被认为是一般意义下的综合的内容。这样，巴门尼德所要对付的，是与有和真理相反的假象与意见；斯

---

① 存在后面，拉松版编者误加了"不"字，兹从格罗克纳本。——译者
* 参看第107页。

宾诺莎所要对付的,是属性、样式、广延、运动、知性、意识等等。综合包含并指出那些抽象不是真理,它们在综合中与他物统一,所以不是本身持续存在的,* 不是绝对的,而总是相对的。

但是,这里不是要说明空的空间在经验上的乌有。意识固然在进行抽象时也能以那个无规定的东西来充实自己,而固定的抽象也是纯空间、时间,纯意识,纯有等**思想**。纯空间等等思想、即纯空间等等,应该**自身**被表明为乌有,这就是说,纯空间本身已经是它的对立面,在它自身中已经浸透了它的对立物,自己就是超出自身的东西,是规定性。

这一点在那些思想中是直接发生的。那些思想就是描写得淋漓尽致的抽象的结果,它们被明显地规定为**无规定的东西**;这种**无规定的东西**,假如追溯到它的最单纯的形式,就是有。但是这种**无规定性**,正是构成规定性的东西,因为无规定性与规定性对立,无规定性作为对立物自身就是有规定的,或否定的东西,而且是纯粹的、完全抽象的否定的东西。这种无规定性或抽象的否定,是"有"自身所具有的,当内在的和外在的反思将有与无等同起来,宣称有是一个空的思想物,是无时,它所说的就是这个有。——或者,也可以说,因为有是无规定的东西,所以它不是它所是的(肯定的)规定性,也就不是有,而是无。

当在逻辑中把**有**本身作成开端时,过渡在这个开端的纯粹反思中,还是掩盖着的;因为**有**只是直接建立起来的,**无**也只能由它那里直接出现的。但一切后来的规定,如紧接着来的**实有**,都更为

---

* 参看第107页。

具体；在实有中已经建立了那样的东西，即它包含并产生那些抽象的矛盾，因而也包括并产生那些抽象的过渡。当有作为简单的、直接的东西时，有是全然抽象的结果，因而已经是抽象的否定性，是无，——这种回忆会被科学抛在后面，科学显然从本质出发，在自身范围以内，将那个片面的**直接性**作为一个有了中介的直接性来说明，在这里，有被**建立为存在**，而这个有的中介物，也被建立为根据。

用了那种有就是无的回忆，从有到无的过渡，就可以想像为本是某种容易而琐屑的东西，或者如人们所说的，它是可以**说明和把握的**，即：有既然成了科学的开端，当然就是无；因为一切皆能抽象，而一切都被抽象之后，剩下的就是无了。人们还可以说，照这种说法，开端就不是肯定的东西、不是有，而恰恰是无，并且无之是**终结**，至少不亚于直接的有，甚至过之。最简便的办法，是对这样的推理随它去，而检察它所夸耀的结果情况怎样。如果依照这个说法，无真是那种推理的结果，并造成以无为开端（如中国哲学），那就连手都不用转了，因为在转手之前，无就已转为有了（参看前面：乙、无一节）。但是，如果一切物都是**有的物**，而那个一切物的抽象又被当作前提，那末，那个抽象就须更正确地对待；一切有的物的抽象的结果，首先是抽象的有，一般的有，正像在上帝存在的宇宙论证明中，我们从世界的偶然的有超出，并且在此超出中仍然带着有一样，这个有被规定为**无限的有**。总之，这个纯有也能够抽象，将有再加到已经抽象的一切物上去，于是留下的就是无。假如人们愿意忘掉无之**思维**、即无之转变为有，或者对此毫无所知，人们便能够把那种**能够**的办法静静地再继续下去；即无也能够（谢谢上帝!)抽象(世界的创造也是一种无的抽象),于是无也没有留下,因为这正是要被抽象的;这样,人们又重新回到有。——这种"**能够**"供给了表面的抽象游戏,在这里,抽象自身只是否定的片面活动。首先,这种"能够"本身就在于:对它说来,有与无都是一样的;其中每一个都要消灭,正如每一个都要发生那样;从无的活动出发或从无出发也仍然是一样的;无的活动,即单纯的抽象,比起单纯的无来,其真实不更多也不更少。

柏拉图在他的巴门尼德篇讨论了"一"的辩证法,同样须当作外在反思的辩证法来看。"有"与"一"都是埃利亚派的概念,两者是同一的。但它们仍须区别,柏拉图在那篇对话中就是这样看法。他去掉"一"的,一些规定、如全体与部分、在自身中的有与在他物中的有、形体、时间等等之后,结果是有不属于一,因为有除了依照那些样式之一而外,并不属于某一事物(斯太芬奴斯版本,第三卷,第141,e页)。①* 柏拉图由此而讨论"**一有**"命题;我们应该考察在他那里,从这命题到**一之非有**的过渡,是如何完成的;通过作为前提的"**一有**"命题中两个规定的**比较**,过渡便出现了;这命题包含着一与有,"一有"所包含的,此仅仅说一要多些。在一和"一有"的差异中,也就可以看出这一命题所包含的否定的环节。这也就显出这种方法是有前提的,而且是一种外在的反思。

一和有既然在这里有了关联,那么,有虽然应该抽象地**本身**坚持抽象,它却最简单地,不须掺入任何思维,便在一个关联中显出

---

① 参见陈康译注:《柏拉图巴曼尼得斯篇》,1946年,商务印书馆版,第121—124页。——译者

* 参看第107页。

来了,关联便包含着与应当主张的相反的对立物。如果有被当作直接的,有便属于一个**主体**,是以言说表现出来的,具有一个一般的经验的**实有**,因此是在有限制的和否定的范围之中。当知性抗拒有与无的统一而援引当前直接的事物之时,它无论用什么言词或花样去把握,而在经验中,却恰恰只能发现**规定了**的有,有限制的、否定的有,——即它所抛弃的那个统一。于是,直接的有的主张便归结到一种经验的存在,这种主张既然要坚持思维以外的直接性,便不能抛弃这种经验存在的**表现**。

无也是这样,不过方式相反而已。这种反思也是大家所熟知的,而关于无也常常有这样的想法。无就其直接性而言,表现自己是**有的**;因为就本性说,它与有是同一的。无会被思维、想像、言说,所以它**有**;无在思想、表象、语言等等中有它的有。但这个有仍然与无还有区别;于是可以说无固然在思维、表象中有,但是因为这个有只在思想或表象中才有,所以**它没有**,有并不属于这样的有①。即使有此区别,也不可否认有与无正有着关系;尽管关系也包含区别,但在关系中却现存着与有的统一。不论用什么方式去说或证明无,正是在一个**实有**中,无总是表现了与一个有的联系或接触,与一个有足不分离的。

但是,当无住一个实有中这样表现出来时,人们心目中还是常常想到无与有这种区别,即:无的实有是完全不适合于无本身的,无自身没有自为的有,它不是有**本身**;无只是有的缺少,* 黑暗只

---

① 这个有,这样的有,均指"无",即在思维或表象中的有,实际上并没有。——译者

* 参看第107页。

是光明的缺少，寒冷只是温热的缺少等等。黑暗只是就与眼睛的关系而言，就与肯定的东西（光明）作外表比较而言，才有意义，寒冷也同样仅仅是我们感觉中的某物。反之，光明、温热以及有，本身是客观的、实在的、起作用的，与否定物和无的性质和资格全然不同。黑暗**只是**光明的**缺少**，寒冷**只是**温热的**缺少**，这一点可以经常列为一桩很重要的反思和富有意义的认识。关于这种敏锐的反思，可以在经验对象的范围中用经验来观察；由于黑暗把光明规定成颜色，从而使光明本身可以看得见，由于如前所说，在纯粹光明中就像在纯粹黑暗中一样，都看不清什么东西，所以黑暗在光明中当然显出作用来了。可见性是眼中的作用；而否定的［黑暗］和被视为实在的、肯定的光明，对此作用也同样有份。同样，从水、从我们的感觉等等都足够认识到寒冷；假如我们否认寒冷的客观的实在，则对它将毫无所得。但还可能责难说，这里和上面所谈的，都是有一定内容的否定的东西，并不曾谈到无本身，这个无本身，就它是空洞抽象而论，它既不比有低，也不比有高。——但是，寒冷、黑暗以及这一类规定了的否定，必须就它们本身来对待，并且必须看到这样一来，就使其如此的一般规定而论，建立了什么。它们不应该是一般的无，而是光明、温热等等的无，是某种规定物、某一内容的无；它们可以说是有规定的、有内容的无。但是一种规定性，这在以后还要谈到，自身就是一种否定，所以它们是否定的无，但是否定的无，自身就是某种肯定的东西。无由于它的规定性（这种规定性在上面表现为主体中或无论别的什么中的**实有**）而转变为肯定的东西，这对于坚持知性抽象的意识来说，好像最为荒谬难解。否定的否定成为肯定，这种理解是如此简单，或者正因其筛单，才被高傲的知性以为琐屑而不需重视，尽管这事实有它的正确性，——它不但正确，而且因为这样的规定的普遍性，可以有无限的扩张和普遍的应用，这当然应加重视。

有与无相互过渡的规定，也还须注意，要把握这种过渡，同样不须有更多的反思规定。过渡是直接而全然抽象的，因为过渡的环节都是抽象的，这就是说，由于在这些环节里还没有**建立**起他物的规定性，而这些环节都是以他物为中介而过渡的。尽管有**本质**上即是无，但是无是在有那里，还没有**建立**；反过来说，也是这样。因此，在这里应用更多规定了的中介，以某种关系去把握有与无，是不许可的；——那种过渡还不是关系。所以不许可说，无是有的**根据**，或有是无的**根据**，——无是有的**原因**等等；也不许可说，那只能在**有某物条件下**过渡到无，或在非有的**条件下**过渡到有。不同时对关系的**方面**加以进一步的规定，便不能够对关系的种类加以进一步的规定。根据和后果等联系所连结的方面，已经不再是有和无，而显然是成为根据的有和某个建立起来的，非独立的东西——但不是抽象的无。

注 释 四

以上所说，与反对界有开始、有没落，从而证明物质**恒在**的辩证法有关，即与一般反对**变**、发生、消灭的辩证法有关。——康德关于世界在时间和空间上是有限还是无限的二律背反，以后将在量的无限这一概念下再详细考察。——那种简单的、通常的辩证法，是依靠坚持有与无的对立。证明世界或某物都不能有开端的方式如下：

无论有某物,还是没有某物,都不能有开端。因为如有某物,它便不是开端。——假使世界或某物应有开端,那么它就须于无中开始,但开端不在无中,也不是无;因为开端自身就包含着有,而无却不包含有。无只是无。假如以根据、原因等等来规定无,那末,在根据、原因等等中就包含了肯定,包含了有。——以同样的理由,某物也不能有终结。因为如果这样,则有必定包含着无;但有只是有,并非自身的对立物。

很显然,这里对于变、或开端与终结,对于这种有与无的**统一**,除了断言否认和把有与无各自分离列为真理而外,什么也提不出来。可是这种辩证法却至少比那种反思的想像要彻底些。那种想像认为有与无之全然分离,乃是完全的真理;另一方面,又认为开端与终结也同样是真的规定,于是事实上又假定了有与无并不分离。

在有与无绝对割裂的前提下,便常常听到说开端与变总是某种**不可思议的东西**;因为人们以取消开端或变为前提,尔后又承认开端或变,自陷于矛盾,并使其解决不可能,这个矛盾就叫做**不可思议**。

以上所说,也就是[*]知性反对高等数学分析中**无限小量**的概念所用的同样辩证法。关于这一概念,以下还要详细讨论。这些量是这样规定的,**即是在消失中**;不在消失以前,因为那样,它们就是有限的量了;也不在消失以后,因为那样,它们就没有了。这个纯概念经常遭到反复的责难,说这样的量**要么**是某物,**要么**是无;

---

[*] 参看第108页。

在有与非有之间,是没有中间状态的(状态在这里是一个不恰当的、野蛮的说法)。——这里同样假定了有与无的绝对分离。但反过来也正说明了有与无事实上是同一的,或者用那样的语言来说,没有什么东西不是在有与无之间的中间状态。数学的辉煌成就,必须归功于接受了那种与知性矛盾的规定。

* 上面所引的推理,造成了有与无绝对分离的错误前提,并停留在这一前提上,这不叫辩证法,该叫**诡辩**。因为诡辩是由无根据的前提而来的推理,对前提不加批判,不加思量,即认共有效。我们所谓的辩证法,却是更高的理性运动,在这个运动中,像是绝对分离的东西,通过自身,通过它们是什么,相互过渡了,那个[彼此分离]的前提也自身扬弃了。有与无自身辩证的、内在的本性,就是把它们的统一,变,表现为它们的真理。

2. 变的环节:发生与消灭

变是有与无的不分离,不是从有与无抽象来的统一,变作为**有与无的统**;一,乃是**规定了的**统一,或者说,有和无两者都是在这种统一之中。但是有和无,每一个都与它的他物不分离,便**不是它**了。所以有与无是在这统一中,但它们是作为消逝的东西,不过是**被扬弃的东西**。它们从最初被想像为**独立性**,下降到成为**尚有区别**的,但同时已被扬弃的**环节**。

照这种区别来把握环节,那末,在区别中的每一个环节都是与他物的统一。所以变包含有与无两个**这样的统一体**;一个是作为直接的有和对无的关系,另一个是作为直接的无和对有的关系;在

---

* 参看第 108 页。

这两个统一体中,规定的价值并不相等。

*变用这种方式,便在一个双重规定之中了;在一重规定里,无是直接的,即规定从无开始,而无自己与有相关,就是说过渡到有之中;在另一重规定里,有是直接的,即规定从有开始,有过渡到无之中,——即**发生**与**消灭**。

两者都同样是变,它们虽然方向不同,却仍然相互渗透、相互制约。一个方向是**消灭**;有过渡到无,但无又是它自己的对立物,过渡到有,即发生。这个发生是另一个方向;无过渡到有,但有又扬弃自己而过渡到无,即消灭。它们不是相互扬弃,不是一个在外面将另一个扬弃,而是每一个在自身中扬弃自己,每一个在自身中就是自己的对立物。

3. 变的扬弃

发生与消灭所建立的均衡,首先就是变自身,而这种均衡又融化为**静止的统一**。在这均衡中有与无只是消逝的东西;但变本身只是由于它们的区别才有。因此,* 它们的消逝只是变的消逝,或者说,是消逝自身的消逝。变是一种不安定的动荡,它沉没在静止的结果中。

也可以这样说,变是一般有与无的消逝;但变是依靠有与无的区别。于是,变在自身中与自己矛盾,因为它在自身中联合了与自己对立的东西;一个这样的联合,又是要自己毁灭的。

这结果是消逝了的有,但却不是无;假如那样,它将只是回复

---

* 参看第103页。

到那两个已经扬弃了的规定之一那里去,而不是无与有的结果。它变为静止的单纯性的有与无的统一。但静止的单纯性又是有,然而这个有已不再是只为自己,而是整体的规定。

*变这样过渡到有与无的统一,就是**实有**,这统一是**有的**,或说具有这两个环节的片面的**直接的**统一形态。

注 释

扬弃和被扬弃的东西(观念的东西)是哲学最重要的概念之一,是到处决然反复出现的基本规定,共意义须确定把握,尤其要与"无"区别开。扬弃自身的东西并不因扬弃而就是无。无是**直接**的,而被扬弃的东西却是**有中介的**;它是非有之物,但却是从一个有出发的**结果**。它**由规定性而来**,因此它**自身还有规定性**。

***扬弃**在语言中,有双重意义,它既意谓保存、**保持**,又意谓停止、**终结**。保存自身已包括否定,因为要保持某物,就须去掉它的直接性,从而须去掉它的可以受外来影响的实有。——所以,被扬弃的东西同时即是被保存的东西,只是失去了直接性而已,但它并不因此而化为无。——**扬弃**的上述两种规定也可以引用为字典中的这个字的两种**意义**。一种语言竟可以将同一个字用于两种相反的规定,是很可以注目的事。语言中可以找到自身就有思辨意义的字眼,这对于思辨是很愉快的:德语就有很多这类字眼。拉丁"取"字(tollere)的双关意义(由西塞罗"屋大维高升了"[①] 的隽语而著名),却没有这样深远,肯定的规定只不过达到上升而已。某物

---

① 指屋大维中三执政官之一而做了奥古斯特大帝,开始了罗马帝国。——译者
* 参看第 108 页。

只在与对立物统一时才被扬弃；它在较细密的规定中，作为被反思的东西，可以适当地称为环节。杠杆上一点的**重量**和**距离**都叫做杠杆的力学环节，因为作用**相同**，尽管一个环节是实在的，即重量，另一个环节是观念的，仅仅是空间的规定，是一条线，各有不同（参看《哲学全书》，第三版，261节注释）。人们还不得不更常常注意到对于反思规定，哲学术语每每使用拉丁名词，这或者是因为本国语中没有那样的名词，或者即使有，也因为本国语名词使人较多地回想起直接的东西，而外国语则使人较多地回想起反思的东西。

由于有与无现在只是**环节**，它们所保持的较细密的意义和表述，必定是从观察实有来的，实有作为统一，其中保存了有与无。有是有，无是无，这只是在它们彼此的区别中如此；就其真理、统一而论，它们作为这样的规定已经消失了，并且现在是某物。有与无是同一的，正**因其同一**，所以**它们不再是有和无**，而有了不同的规定；在变中它们曾是发生与消灭；在另一个规定了的统一中，即实有中，它们又是另有规定的环节。这种统一仍然是它们的基础，它们从这种基础走出来，就不再走到有与无的抽象意义里去了。

第二章 实有

＊实有是**规定了的**有；它的规定性是**有的**规定性，即**质**。某物由于它的质而与**他物**对立，是可变的和有限的；它之被规定，不仅是与一个他物对立，而已是对这个他物的绝对否定。它对最初对立着的有限的某物的这种否定，是**无限的**；这些规定①是在抽象对立中出现的，而在无对立的无限中，即在**自为之有中**，这种抽象的对立便消解了。

于是实有的研究便有了这样二部分：

甲、**实有自身**；

乙、**某物与他物、有限**；

丙、**质的无限**。

甲、实有自身

对于实有

(1)**自身**，首先是它的规定性；

(2)作为质，必须加以区别。但是质，无论在实有的这一种或那一种规定中，都应该被认为是**实在和否定**。但是在这些规定性②

---

① 这些规定，指某物及其对立的他物。——译者
② 这些规定性，指实在和否定。——译者
＊ 参看第109页。

中,实有都同样是反思自身的;并且自身建立起来,就是

(3)**某物**,即**实有物**。

1. 一般实有

实有从变发生。实有是有与无单纯地合而为一。实有由于这种单纯性而有了一个直接物的形式。它的中介,即变,已被留在它的后面;中介扬弃了自身,因此,实有便好像是最初的、可以作开始的东西。它首先是在**有**的片面规定之中,而它所包含的另一规定,**无**,也将在它那里与前一规定对立而显露出来。

这不仅仅是有,而是**实有**,从字源上看来,它是在某一**地方**的**有**①;但是空间观念与这里不相干。在变之后,实有就是一般的**有**连同一个**非有**,所以这个非有也和有一起被吸收到这个单纯的统一体中去了。因为具体的整体是在"有"的形式中,在直接性的形式中,所以被吸收到有中的**非有**,便构成了规定性自身。

整体在有的形式中,亦即在有的**规定性**中,同样是一个扬弃了的、被否定地规定了的东西,——因为有在变中,同样也表现出自身只是一个环节;但是,它只是**在我们的反思中,对我们说来**是如此,还不曾在它自身那里**建立起来**。不过实有自身的规定性却是建立起来了的,这种规定性就包含在实有这一名词之内。——两者是必须经常很好地加以区别;只有在一个概念里**建立起来了**的东西,才在概念阐释研究之内,属于概念的内容。还没有在概念中建立起来的规定性,则是属于我们的反思,这种规定性或是涉及概

---

① 实有(Dasein),就德文字义说,是这里的有。——译者

念自身的本性,或者只是外在的比较;必须注意到后一种规定性只能用来说明或指出在发展中自身表现出来的过程。整体,这种有与无的统一,是在有的片面规定性之中,它仍是一种外在的反思;但是这种反思,在否定中,在某物与**他物**等等中,却能够成为**建立起来的**。——这里应当对上述区别加以注意;假如对反思所能注意的一切,都加以估计,就会牵扯得太远,去预测事情自身必然发生的东西。假如说这类的反思可以用来便利综览,从而便利了理解,那么,它们也会带来害处,对于将来的东西,它们会被认为是不正确的见解、根据和基础。因此对待它们应当恰如其分,不可太过,并且应当把它们与事情自身发展过程中一个环节那样的东西区别开。

实有相当于前一范围的有,不过,有是不曾规定的,因此在有那里并不发生规定。但实有却是一个规定了的有,是一个* 具体的东西,因此,在它那里,便立刻出现了它的环节的许多规定和各种有区别的关系。

2. 质

在实有中的有与无,是在直接性中合而为一的,它们因为直接性的缘故,并不相互超出;只要实有是有的,只要实有是**非有**,它便是被规定了的。有并不是**一般**,规定性也不是**特殊**。规定性还**没有脱离有**;而且它将来也不会脱离有,因为现在作为基础的真的东西,是非有与有的统一;在作为基础的这种统一之上,发生了一切

---

* 参看第 109 页。

以后的规定。但是规定性与有在这里的关系,却是两者的直接的统一,所以它们的区别还没有建立起来。

*规定性这样自身孤立起来,作为**有的**规定性,就是**质**,——是一个完全单纯的、直接的东西。规定性本身是较一般的,它既可以是量的,也可以是被进一步规定了的东西。因为这种单纯性的缘故,关于质本身,无法进一步说出什么东西。

无和有都包含在实有之内,但是实有本身却是作为仅仅是**直接的**或**有的**规定性那种质的片面性标准。质也同样必须在无的规定中建立起来,从而直接的或**有的**规定性也将建立起来,成为一个有区别的、反思的规定性;这样,无作为一种规定性的被规定了的东西,也同样是一种反思的东西,一种**否定**。*质,这样作为**有的事物**而被区别开来,就是实在。① 质,因为带着一个否定,便被当作是一般的**否定**,尽管这被当作是一种缺欠,它仍同样是一种质,以后将自身规定为界限、限制。

两者都是一个实有;但是在作为质的**实在**之中,所强调的是一个**有**的实在,这就掩盖了实在也包含规定性,即也包含否定;因此实在只被当作是某种肯定的东西,而否定、限制、缺欠等都要从它那里排除出去。假如将否定仅仅当作缺欠来看待,那就是无了;但是否定也是一个实有,是一种质,不过它是以一个非有来规定的而已。

---

① 在黑格尔的逻辑体系中,规定性(质)在"有"的范围还在直接性中,区别尚未建立,而在"本质"范围,则通过否定的反思,**建立了**区别。——译者

* 参看第109页。

注 释

实在似乎是一个含义很多的字眼,因为它是在以各种不同的、甚至相反的规定来使用。在哲学的意义上,谈起仅仅是**经验的**实在的东西,就好像是在谈一个无价值的实有物一样。但是,假如说思想、概念、理论等都**没有实在**,那就是说它们都不具有现实性;至于理念,譬如柏拉图的共和国,则无论就本身说,就其在概念中说,都很可以是真的。这里对理念并不否认其价值,而且让它与实在并列。但是与所谓单纯理念对比,与单纯概念对比,实在的东西却被当作是唯一真的东西。——假如说一个内容的真否,取决于外在的实有,这种想法是片面的;那么,把理念、本质;其至内在的感觉,都设想为与外在的实有无关,甚至愈远离实在就愈高超,那也是同样片面的。

谈到"实在"这一名词,必须提一提从前形而上学的**上帝概念**,它主要是用来作为所谓上帝存在的本体论证明的基础。上帝被规定为**一切实在的总和**,说这个总和自身并不包含矛盾,各种实在也不互相扬弃;因为一种实在只被认为是一种圆满性,是不包含否定的那种**肯定物**。所以各种实在并不彼此对立,也不互相矛盾。

在这样的实在概念里,须要假定从思想上排除了一切否定,实在还仍然留存着;但是,这样一来,实在的一切规定性也就被扬弃了。实在是质,是实有;所以它包含否定的环节,而且唯有通过这种环节,它才是被规定的,实在就是这个被规定的东西。实在,无论它应当采取**突出的意义**,或是采取这一名词的通常意义作为无限的,它都将扩展为无规定的东西,并丧失其意义。上帝的善,并不是普通意义的善,而是突出意义的善,这种善不是与正义不同,而是被正义调和(这是莱布尼兹用来表示中介的一个名词)了,反过来说,正义也被善调和了;于是,善既不再是善,正义也不再是正义。权力应该由智慧加以调和,但是这样一来,它也就不是本来的权力了,因为它隶属于智慧,——智慧若是扩张为权力,那么,作为规定目的和手段的智慧也就消失了。无限的真概念及其以后发生的**绝对统一**,不是要当作**调和**、**相互限制**或**混合**来把握,那样的东西只是肤浅的、留在朦胧昏雾中的关系,只有无概念的想像才能满足于这种关系。——实在,当它在那个上帝定义中,被当作是规定了的质之时,便超出了它的规定性,不再是实在了;它成了绝对的有;上帝,作为一切实在物中的纯粹实在物,或者作为一切实在的**总和**,都是同样无规定、无蕴含的东西,那是空洞的绝对,在那个绝对中,万物皆一。

反之,假如从规定性来把握实在,那么,既然它在本质上包含否定的环节,一切实在的总和也便同样成了一切否定的总和,成了一切矛盾的总和,它首先成了某种有绝对威力的东西,把一切规定了的东西都吸收到它里面去;但是这种**威力**之所以是威力,只是因为它还有一个不曾被它扬弃的东西与它对立,由于它被设想为扩张成了完满的、无限制的威力,它便成了抽象的无。那种表现上帝的概念,如一切实在物中的实在物,一切**实有**中的**有**,都不外是抽象的有,那与无是同一的东西。

*规定性是肯定地建立起来的否定,这就是斯宾诺莎所说:

---

* 参看第109页。

Omnis determinatio estnegatio[一切规定都是否定]①。这个命题极为重要；不过否定本身还只是无形式的抽象；把否定或无说成是哲学上最后的东西，这绝不该归咎于思辨的哲学；对于哲学说来，无之不是最后，正如实在之非真那样。

从规定性即否定这一命题出发，其必然的结论，就是**斯宾诺莎的实体的统一**，或说只有一个实体。**思维**与**有**(或说广延)是斯宾诺莎所面临的两种规定，他必须使两者在这个统一中合而为**一**；因为作为规定了的实在说，它们就是否定，而那些否定的无限性便是它们的统一；根据斯宾诺莎的定义(这一点以后还要谈到)，某物的无限性就是它的肯定。所以他把以上两种规定理解为属性，即是说这样的东西并没有特殊的持续存在，没有自在自为的有(Anund-für-sich-Sein)，而仅仅是作为被扬弃的东丙，作为环节；或者不如说，在他看来，它们甚至连环节也不是，因为实体在它自身中

---

① 参看 A.Wolf 译注的《斯宾诺莎通信集》，1928 年英文版，第 223 及 431 页。斯宾诺莎于 1666 年 4 月 10 日曾写信与约翰·胡德(John Hudde)，提出了关于上帝存在的证明，列举了一个包含必然存在的事物(即上帝)所必具的六种特性。其三是：它不能被认为是规定了的，只能被认为是无限的。因为，假如这个事物的性质是规定了的，并且被认为是规定了的，那末，在那些规定之外，那种性质就会被认为不存在。这又与它的定义不合。胡德于同年 5 月 19 日复信，对此证明有许多存疑，斯宾诺莎于六月又去信逐点解释。其中有云："您很理解第三点的意义(即，假如这一事物是思维，它就不能认为是在思维中规定的，假如它是广延，它就不能认为是在广延中规定的)。可是您说您不理解根据这一点就得出结论说：一个事物，其定义包括存在(或说肯定存在也是一样)，要在否定存在之下去认识它，乃是一个矛盾。既然**一切规定都是否定**，都只意谓着那个彼认为是规定的性质之缺少存在；由此可见，一个事物，其定义若是肯定存在，便不能认为是规定的。试举一例，假如语广延一词包含必然存在，那就不可能认识没有存在的广延，正如不可能认识没有广延的广延一样。假如承认这一点，那么，要认识规定了的广延也不可能。因为，假如它破认为是规定了的，那么，它就必须由它本身的性质来规定，即由广延规定；然而用来规定它的这一广延，就会是在否定存在被认识的。这就上面假定说，是一个明显的矛盾。"——译者

是完全无规定的,而属性却和模式一样,都是外在的知性所造成的区别。——个体的实体性碰到这一命题,也同样保持不住。个体是自身的关系,这是由于它对一切他物立了界限;但是这样一来,这些界限也就成了个体自身的界限,成了对他物的关系,个体的实有便不是在它自身之中了。这样的个体当然要比仅仅是在一切方面都受了限制的东西多一些,但是这个**多一些**属于概念的另一范围;在"有"的形而上学中,个体是绝对规定了的;假如说这样规定了的东西是自在而自为的有限物本身,那么,反之,规定性在本质上却把自身当作否定,并且将有限物推入知性的同样的否定运动之中,这样运动使一切都消失在抽象的统一里,即消失在实体里。

否定与实在直接对立;以后,否定又在反思规定的特殊范围中与**肯定的**东西对立,这种肯定的东西就是对否定加以反思的实在,——至于实在,那么,还隐藏在实在本身中的否定的东西就显现在实在那里。

当质在**外在关系中**显出自身是**内在规定**时,质在这种情况下才主要是**特性**。所谓特性,例如野菜的特性,不仅对某一事物是**特有**的规定,而且因为事物要通过这些规定才会以一种特殊的方式保持自身与其他事物的关系,不让外来的影响在自身中存留,并且还要使自己特有的规定在他物中**有效**——当然,这要看这一事物是否不排斥那一他物。反之,人们并不将较静止的规定性,例如形状、形象,叫作特性,甚至不将它叫作质,因为这类规定性被想像为可变化的,不与有同一的。

痛苦化(Qualierung)或陷于痛苦(Inqalierung),这是雅各布·柏

麦哲学所用的名词①。这是一种深入的哲学,但只是深入到昏暗中的哲学。这个名词是指一种质(辛酸、苦涩、火辣等等)在自身中的运动,因为质在自己的否定性中(在它的痛苦中),从他物建立并巩固了自己,总之,那是它自身的骚动不宁,就这种不宁静而言,质只有在斗争中才会发生并保持自己。

5. 某物

在实有那里,它的规定性是作为质而有区别的;在作为实有的质那里,实在与否定之间也有了区别。这些区别虽然在实有那里是当前现存的,但也仍然是空无而扬弃了的。实在自身包含否定,是实有,不是不会规定的、抽象的有。同样,否定也是实有,不是应有的抽象的无,而是在此处建立起来像是自在的,像是**有**的,属于实有的那样。所以质决不与实有分离,实有只是规定了的、质的有。

扬弃区别,不只是单纯收回了区别,在外表上又重新扔掉区别,也不仅是简单地转回到单纯的开端,回到实有自身。**既有**区别,就无法扔掉。所以现有的事实,是一般实有,是实有中的区别与区别的扬弃;实有不像开始时那样无区别,而是**由于区别的扬弃**重又与自身同一,实有的单纯性由于这种扬弃而有了中介。区别之被扬弃,是实有的自身特有的规定性;所以它是**内在之有**(Insich-

---

① 恩格斯在《社会主义从空想到科学的发展》英文版导言的附注中曾说:"'Qual'是哲学上的双关语。'Qual'原是指一种促使某种动作的苦痛。而神秘主义者柏麦则于这个德文词中加进拉丁语'qualitas'(质)的某些意义。柏麦的'qual'与外来的苦痛相反,乃是能动的本源,它由从属于它的事物,关系或个人的自发发展中产生出来,并且自己又引起这种发展。"见《马克思恩格斯文选》两卷集,1961年人民出版社版,第二卷,第97页。——译者

sein);实有是**实有物**,是**某物**。

*某物作为单纯的、有的自身关系,是**第一个否定之否定**。实有、生命、思维等等是在本质上把自身规定为实有物、生物、思维者(自我)等等。为了不把实有、生命、思维等等乃至神性(代替神)仅仅当作共相而停留在那里,这种规定是极其重要的。对观念说来,某物是有理由被当作**实在的**东西的。但是某物仍然还是一个很肤浅的规定;和实在及否定一样,实有及其规定性固然不再是空洞的有和无,但仍然是十分抽象的规定。正因此,它们也成了最流行的名词,缺少哲学上的修养的反思,使用它们最多,把反思的区别灌注到它们里面去,从而以为有了某种规定得很好、很牢固的东西。——否定物主否定物,作为某物,只是主体的开端;——这个内在之有,起初还只是十分不确定的。以后,它先规定自身是自为之有物等等,直到在概念中才获得了主体的具体内涵。否定的自身统一是一切这些规定的基础。但是,在这里,**第一次**的否定,即**一般**的否定,当然要与第二次否定,即否定之否定区别开;后者是具体的、**绝对**的否定性,而前者则仅仅是**抽象**的否定性。

某物作为否定之否定,是**有的**;于是否定之否定是单纯的自身关系之恢复;——但是这样一来,某物也同样是以**自身作自己的中介**了。以自身作自己的中介,这在某物的单纯形式中已经有了,以后在自为之有、主体等等中,还更加确定,甚至在变中也已经有仅仅十分抽象的中介;**自身**中介,是在某物中**建立起来**的,因为某物被规定为单纯**同一**的东西。——有一种原理,主张知识的纯粹直

---

* 参看第109页。

接性,要排除中介,①对这种原理就须提醒注意中介之存在;但是对于中介的环节,以后却不需要特别注意;因为那在一切地方、一切事物、每一概念中都可以找到。

这种自身中介就是某物**自身**,它仅仅被认为是否定之否定,在它的各方面,并没有具体的规定;所以它消融为单纯的统一,那就是**有**。既是**某物**,所以也**是**实有物;它自身又是**变**,但是这个变已经不再仅仅用有和无作它的环节。环节之一,有,现在成了实有,以后又成了实有物。环节之二,也同样是一个**实有物**,不过它被规定为某物的否定物,——**一个他物**。某物作为变,是一个过渡,其环节本身也是某物,因此它是**变化**(Verainderung),——一个已经变成了的**具体物**的变。——但是某物起初仅仅是在它的概念中变化;它还没有作为进行中介和有了中介那样地**建立起来**;它先只是在自身关系中单纯地保持自身,而它的否定物也同样是质,仅仅是一个一般的**他物**。

乙、有限

(1)某物与他物;它们首先是互不相关的;一个他物同时也是一个直接的实有物,一个某物;否定落在两者之外。某物是自在地与其**为他之有**(Sein-für-Anderes)对立。但是规定性也属于某物的**自在**,并且是

(2)自在的**规定**,这种规定也同样要过渡为**状态**(Beschaffen

---

① 指费希特、耶柯比、谢林等人的。直接的知"。——译者

heit),状态与规定同一,构成内在的同时又是被否定的为他之有,即某物的**界限**,界限是

(3)某物自身的内在规定,某物因此是**有限的**。

第一节考察了一般**实有**,把它当作**有**的规定。所以它的发展环节,质和某物都是肯定的规定。在这一节却正好相反,藏在实有中的否定规定发展了,它在那里起初还只是一般的否定,**第一次**否定,但是现在却被规定为某物**内在之有**这一主要之点,即被规定为否定之否定了。

1. 某物和一他物

1. 某物和他物两者首先都是**实有物**,或说某物。

其次,两者也同样是**他物**。哪一个被先提到,并且仅仅因此而叫做某物,这是并不重要的(它们若是出现在拉丁文的一句话中,两者都叫做 aliud;"某物……他物",其说法为 alius alium 表示相互关系时,其说法为 alter alterum,亦相似)。假如我们称一实有为甲,另一实有为乙,那么乙就被规定为他物了。但是甲也同样是乙的他物。用同样的方式,两者都是他物。"**这个**"是用来确定区别和确定被认为是肯定的某物。但是"**这个**"也说出这样一点,即对某物的区别和强调,也只是主观的、在某物本身以外的称谓。整个规定性是处于这种外在的指陈之内的;甚至"这个"字眼也并不包含区别;一切和每个某物,都恰恰既可以是"**这个**",也可以是"**那个**"。人们**以为**用"**这个**"就可以表示某种完全规定了的东西,忽视了语言作为知性的产物,除了个别对象的名词以外,仅仅表示共相;但个别名词假如并不表示共相,而由于这个缘故只是作为假定的、任

意的东西,就像私名可以任意接受、给予或更改一样,那么,个别名词在这种意义下,是没有意义的。

于是,他有(Anderssein)对这样规定的实有,似乎是一个异己的规定,或者说是在一个实有**之外**的他物;实有之被规定为他物,似乎一部分由于第三者的比较,另一部分仅仅是为了在它之外的他物,而不是本身如此。同时,如上面所说,即使就表象而论,每一实有都把自身规定为一个别的实有,所以没有一个实有仍然只被规定为一个实有,不在一个实有之外,即自身不是一个他物。

两者都被规定为既是**某物**,又是**他物**,所以是同一的,其间还没有区别。但是这些规定①的这种**同一性**,也只是落在外在的反思之中,落在两者的**比较**之中,但是,和他物首先是建立起来的一样,这个他物自身固然与某物有关系,但**自身**也还是**在某物之外**。

第二,因此要把**他物**当作孤立的自身关系;当作**抽象**的他物;当作柏拉图的[τὸ ετερου 的[别一],他把别一作为总体的环节之一,与**一**对立,并以这种方式,赋予**他物**以一种特有的本性。所以,**他物**唯有就它自身去理解,才不是某物的他物,而是在它自身中的他物,即它自己的他物。——这样的他物,就其规定说,是**物理的自然**;物理的自然是**精神的他物**;所以自然的这种规定首先仅仅是一种相对性,通过这种相对性所表示出来的,并不是自然本身的质,而只是一种外在于自然的关系。但是,由于精神是真的某物,而自然本身因此又只有与精神相对才是自然,所以,就自然本身而论,它的质也就恰恰是这样的东西,即在它(自然)自身中的他物,也就

---

① 这些规定,指某物与他物。——译者

是(在空间、时间、物质等规定之中的)**外在之有的东西**(Aussersich-seiende)。

自为的他物是在它自身那里的他物,从而是它自身的他物,也就是他物的他物,——所以这是自身绝不同一的、自己否定的、自己**变化的**东西。但是,自为的他物仍然与自己同一,因为他物在其中变化的那个东西,就是他物,除此而外,自为的他物就更没有别的规定;但是这个自己变化的东西之被规定,并不是用不同的方式,而是用相同于是一个他物的方式:因此,它在他物中不过是与**自身融合为一**罢了。于是自为的他物建立成为扬弃了他有而反思自身的东西,是与自身**同一的**某物,所以他有既是某物的环节,同时又是与某物有区别的东西,自己不是某物而归属于某物。

2. 某物在它的非实有中**保持**自己,它在本质上与非实有合而为**一**,又在本质上**不**与非实有合而为一。所以某物与自己的他有发生了**关系**,而又不纯粹是自己的他有。他有既同时被包括在某物之内,又同时与某物**分离**;他有是**为他之有**。

实有本身是直接的、无关系的;或说它是在有的规定之中。但是因为实有自身也包括非有,所以实有又是**有规定的**、在自身中被否定的有,于是就成了他物;——但又因为实有在它的否定中同时也保持了自身,所以它只是**为他之有**。

实有在它的非实有中仍旧保持了自己,并且是有,但不是一般的有,而是作为与对他物的关系的相对立的自身关系,作为与自身不同一性相对立的自身同一性。这样的有是**自在之有**。

为他之有和自在之有构成某物的两个环节。* 这里出现了两

---

* 参看第109—110页。

对规定：1,**某物与他物**；2,**为他之有与自在之有**。第一对的规定性还没有关系，某物与他物各自分离。但是它们的**真理**就是它们的关系；因此,为他之有和自在之有就是第一对规定作为同一事物的环节而建立的,并作为这样的规定,即：它们就是关系,而且仍然留在它们的统一中,即实有的统一中。这样,为他之有与自在之有,每一个都含有既在它自身那里、同时又与它不同的环节。

有与无的统一是实有,它们在这统一中就不再是有与无,——它们只是在这统一之外才是有与无;在不平静的统一中,在变中,它们是生与灭。——有在某物中是**自在之有**。有,这个自身关系,这个自身同一,现在不再是直接的了,而是这个自身关系,只是作为他有的非有(作为自身反思的实有)了。——同样,非有在这种有与非有的统一中,作为某物的环节,也不是一般非实有,而是他物,更确切地说,依据它与有的区别,它同时是对它的非实有的关系,即为他之有。

所以**自在之有**第一是对非实有的否定关系,自在之有具有在它以外的他有,并与他有对立;由于某物是**自在的**,所以内在之有就摆脱了他有和为他之有。其次,自在之有本身那里也有非有;因为它本身就是为他之有的**非有**。

为他之有,第一是**有**的单纯自身关系之否定,这否定首先应该是实有和某物;由于某物是在一个他物中或为了一个他物,所以某物就缺乏自己的有。其次,为他之有不是像纯无那样的非实有;它之为非实有,是指向自在之有,即指向自身反思的有,正如反过来说,自在之有也指向为他之有那样。

3. 两个环节都是同一事物的规定,即某物的规定。某物是自在的,因为它超出为他之有,返回自身。但是某物也**自在地**(此处所强调的是**在**)或**在它那里**有一种规定或环境,因为这种环境是外在地**在它那里**,是一个为他之有。

这就引到进一步的规定。**自在之有**和为他之有首先是不同的;但是,某物**在它那里**,也有和某物是**自在的同一的东西**,①反过来说,某物作为是为他之有那样的东西,也是自在的,——这就是自在之有与为他之有的同一,这是依据以下的规定:即,某物本身是这两种环节的同一体,而它们在某物中又是**不分离的**,——这种同——性在实有范围内已具雏形,在本质及以后**内在性**与**外在性**的关系的研究中便更加明显,而在作为概念与现实的统一,即理念的研究中,就最为确定了。——人们常以为一说**自在**,也和说**内在**一样,是说出了某种高尚的东西;但是**某物**假如**仅仅**是**自在**的东西,那么这东西也就**仅仅是在某物那里**而已;自在仅仅是一种抽象的、因而是外在的规定。说:**在它那里**什么也没有,或者说:**在那里**有点什么,这些话虽然含糊,却也含有下面的意思,即**在一事物那里**的东西,也属于这个事物的**自在之有**,也属于它的内在的、真的价值。

* 可以看到**自在之物**(Ding-an-sich)的意义在这里很明白,那只是很简单的抽象;但是有一时期,它却是一个很重要的规定,仿佛是高不可攀的东西,正如我们不知道什么是自在之物的这句话,曾经是了不起的智慧一样。——假如事物之被称为自在的,是

---

① **在它那里**(an ihm)有一个东西?是指外在说,这东西又与**自在的**(an sich)同一,意思是说自在的有同一于为他之有。——译者

* 参看第110页。

由于一切为他之有抽掉了,总之,这就是说,由于事物没有任何规定,被设想为无:在这种意义之下,当然不能知道什么是**自在**之物。因为"是什么(?)"的问题要求列举**规定**;由于被要求举出规定的事物就是**自在之物**,即本来没有规定之物,所以这就是糊涂地使问题的回答不可能,或者只能作出荒谬的回答。——在绝对中,万物皆一,人们对它什么都不知道,自在之物和那种绝对,是同样的东西。因此人们很明白自在之物究竟是什么;这样的自在之物不过是没有真理的、空洞的抽象。但是,自在之物真的是什么,自在真的是什么,表述这些问题的却是逻辑,不过在逻辑那里所了解的内在,是比抽象更好些的东西,即是任自己的概念中的东西;但概念是自身具体的,它作为概念总是可以把握的,而且作为规定了的东西和自己的规定的联系,也是自身可以认识的。

自在之有首先用为他之有作它的对立环节;但是**建立之有**也与自在之有对立;在建立之有这一名词里固然也包含为他之有,但是这个名词的确包含已经出现的返回运动过程,即从不是自在的东西返回到是它的自在之有的东西(在后者之中它是**肯定的**)的过程。**自在之有**通常被当作是表示概念的一种抽象方式;**建立**本来只是归入本质范围,即客观反思范围之内;根据**建立**起以它为根据的东西;原因还更要**产生**结果,产生一个自立性被**直接**否定了的实有,它自身所具有的意义,就是:它的**事情**、它的有是在一个他物之中的。在**有**的范围里,实有只是从变中发生,或者说和某物一起就建立了他物,和有限物一起就建立了无限物,但是有限物却既不产生无限物,也不建立无限物。在**有**的范围里,概念的**自身规定**还仅仅是**自在的**——所以它叫做过渡;就连**有**的反思规定,如某物与他物,或有限物与无限物,尽管它们在本质上都是互相指向,或者都是为他之有,然而都可以当作**质的**、自身常在的东西;**有了他物**,有限物也同样可以当作是**直接有的**、自身常在的,如同无限物一样;它们的意义好像没有他物也是完满的。反之,肯定物与否定物,原因与结果,尽管可以被认为是孤立的有的东西,而这一个若没有另一个却毫无意义;**它们本身**就是互相映现(Scheinen),在每一个之中都有它的他物映现。——在各层规定中,尤其是在说明的进程中,或者更确切地说,在概念展开的进程中,主要的事情当然是要经常区别什么还是**自在的**,什么是**已建立的**,以及规定是在概念中呢,是已建立的呢,还是为他之有的呢。* 这种区别只属于辩证的发展。形而上学的哲学思维,包括批判的哲学思维在内,是不认识这种区别的。形而上学的定义以及它的前提、区别、结论等只是要主张和引出**有的东西**,而且**是自在之有的东西**。

为他之有是在某物与自身的统一之中,与某物的**自在**同一;所以为他之有是在某物那里。这样自身反思的规定性因此又是**单纯的有的规定性**,于是又是质——是**规定**。

2. 规定,状态和界限

假如说某物在**自在**中从它的为他之有反思自身,那么,这个**自在**便不再是抽象的内在,而是作为它的为他之有的否定,由此便有了中介,所以为他之有是它的环节。自在不仅是某物与自身的直接同一,而且是这样的同一,即:某物通过此同一既是**自在的**,又是**在它那里的**;为他之有是**在它那里**,因为**自在**就是为他之有的扬

---

* 参看第 120 页。

弃,就是从**为他之有那里出来**而回到自身里去的;但是其所以如此,也因为自在是抽象的,即本质上带着否定,带着为他之有。这里不仅呈现着质和实在,即有的规定性,而且也呈现着**自在之有的**规定性,发展就是把后者**建立**为这种自身反思的规定性。

1. 质是单纯某物中的自在,本质上与某物的另一环节、即**在某物那里的有**(An-ihm-sein)统一。假如规定这个字眼的严密意义与一般规定性有区别,那么,质就可以叫作某物的规定。规定是作为自在之有的肯定的规定性;某物在实有中不与要规定它的他物牵连混杂,仍然适合于这个自在之有,在与自身等同中保持自身,并且使这个等同也在它的为他之有中生效。假如以后的规定性由于某物与他物的关系而多方面增长,依照某物的自在之有而使某物更充实,那么,某物就是**充实**了它的规定。规定包含这样一点:即,某物之所以是**自在**的那个东西,就是**在某物那里**的东西。①

人的规定是思维的理性:一般思维是他的单纯**规定性**,他由于这种规定性而与兽类有区别;假如说人是由于他自己的自然性及感性,即为他之有而直接与他物连系,而思维又是与这种为他之有相区别,那么,人就是**自在**的思维。但是思维也是**在人那里**②;人本身就是思维,人以思维而**实有**,思维就是他的存在和现实;再者,既然思维是在他的实有中,他的实有也在思维中,思维就必须被看作是**具体**的,是有内容而充实的;思维是思维的理性,所以是人的**规定**。但是这种规定,就自在说,仍旧只是一种**应当**,即是说规定连同它与自在合为一体的充实,一起以自在的形式和不曾与它合为一

---

① "自在的"和"在某物那里的",即自在之有与为他之有,亦见前注。——译者
② 这个"**在人那里**",也是人的"为他之有"的环节。——译者

体的实有对立,同时这种实有还是外在对立的、直接的感性和自然。

2. 自在之有用规定性来充实,也与仅仅是为他之有和仍然正规定以外的那种规定性有区别。因为在质的范围里,直接的、质的有与各种在扬弃了的有之中的区别仍然对立。某物在它**那里**所具有的东西,就这样自行分开,从这方面说,那样的东西就是某物的外在实有,它也是某物的实行,但不属于某物的自在之有。——这样,规定性就是**状态**。

假如发生了这样或那样的状态,那就是要从外在影响和关系去理解某物。状态所依赖的这种外在关系和由他物决定的东西,由现为偶然的东西。但它却是某物的质,依靠外在性,有了**状态**。

假如说某物自身变化,那来,变化是归在状态之内的;在某物那里,状态是将变为他物的东西。某物本身在变化中仍然保持,变化只涉及其**他有**的不经久的外表,并不涉及它的规定。

所以规定和状态是互相区别的;就规定说,某物对它的状态是无所谓的。但是某物**在它那里**儿有的东西,就是这个联结规定与状态两者的推论的中项。但是不如说这个**在某物那里的有**是把自身分解为两端了。单纯的中项是这样的规定性,即它的同一性既属于规定,又属于状态。但是规定又自为地过渡为状态,状态也过渡为规定。这已经包括在以前所说之内,更确切地说,关联是这样的:由于某物**是自在的**东西,也是**在它那里的**东西,它就带着为他之有;因此规定本身也就显然有了对他物的关系。规定性同时也是环节,但又含有质的区别,与自在之有不同,是某物的否定物,是别一实有。把他物这样包括在自身之内的规定性,与自在之有合一,就把**他有**带进了自在之有,或者说带进了规定,于是规定被降低为状态。——反之,假如把作为状态的为他之有孤立起来,自为地建立起来,那么,为他之有就是与他物所以为他物同样的东西,就是在他物自己那里的他物,即他物本身;这样,为他之有就是**自身关系**的实有,就是有了规定性的内在之有,就是**规定**。——由于两者必须互相分开,所以状态好像是以外在物,他物为基础的,但是状态在这里也要**依赖**规定,而外来的规定同时也是由某物自己的、内在的规定来规定的。再者,状态也属于某物自身;某物随状态而改变自己。

某物的这种改变(Änderung)不再是某物以前仅仅依照为他之有而起的变化(Veränderung),那个第一次变化只是自在之有的、属于内在概念的变化;现在则是变化在某物那里建立了。——某物本身被进——步规定了,否定是在它那里内在地建立了,是它的发展了的**内在之有**。

首先,规定和状态的互相过渡,是它们的区别的扬弃,这样便建立了实有或一般的某物,而且由于从区别(那种区别是把质的他有也同样包括在自身之内的)所得的结果,就是两个某物,但不仅仅彼此总是互为他物,以致那样的否定仍然还是抽象的,仅仅是靠比较,而现在的否定对于某物则是**内在的**。这些某物作为**实有物**,是各不相关的,但是它们的肯定已经不再是直接的了,每一个都借他有之扬弃为**中介**来与自身发生关系,在规定中的他有就反映在自在之有里。

某物这样就**由自身**与他物发生关系,因为他有作为某物自己的环节而在某物中建立起来了,某物的内在之有把否定包括在自身之内,借否定为中介,它现在就有了肯定的实有。但是他物与这个实有仍然有质的区别,所以他物在这里是在某物之外建立起来的。他物之否定,只是某物的质,正是因为这样扬弃了他物,它才是某物。只有这样,他物本身才与一个实有对立;至于前一个某物,他物与它的对立只是外在的,另一方面,假如它们事实上是绝对地,即依据它们的概念而联系着的,那么它们的联系就是实有**过渡**为他有,某物**过渡**为他物,某物也和他物一样是一个他物。现在既然内在之有是他有的非有,他有既包含在前者之中,同时又作为"有的物"而与前者有区别,那么某物本身就是否定,就是**一个在它那里的他物之终止**;某物自身作为对他物的否定关系,从而保持了自己并建立起来了;——这个他物,这个作为否定之否定的某物的内在之有,是这个他物的**自在之有**,这种扬弃同时又是在这个他物那里的单纯否定,即对它是外在的其他某物之否定。如上所说便有了**一种规定性**;这个规定性与作为否定之否定的某物的自在之有同一,而且由于这些否定作为其他某物而彼此对立,这个规定性便又使它们自然联合而又互相否定,彼此分开,——这就是**界限**。

3. **为他之有**是某物和它的他物的不确定的,肯定的共同体;在界限中,为他之**非有**,即他物之质的否定突出起来了,他物从而被自身反思的某物排斥了。从这个概念的发展,便可以看到这种发展自身显露出错综和矛盾。因为界限作为某物自身反思的否定,在**观念**上把某物和他物的环节包含在界限之内,同时这些有区别的环节在实有范围里又被建立为**实在的,有质的区别**的环节,这就立刻呈现了矛盾。

(一) 所以某物是直接的,自身关系的实有,而且首先对他物有一界限;界限是他物的非有,不是某物本身的非有;在界限中,某物和它的他物划了界限。——但是他物本身,一般也是一某物;所以某物对他物所具有的界限,也是作为某物的他物的界限,也就是他物的界限;他物由于这个界限,便把第一个某物作为它的他物从它那里排斥出去了,或者说是**那个某物的非有**;所以界限不仅是他物的非有,又是这一个和那一个某物的非有,也就是一般**某物**的非有。

但是界限仍然在本质上是他物的非有,某物之所以**有**,就是由于它的界限。由于某物划了界限,它就因此同时把本身降低为被界限之物;但是它的界限,作为住它那里的他物的终止,本身同时也仅仅是某物的有;**这个某物的有由于界限而成其为某物,在界限中有着它的质**,这种关系是下述情况的外在现象,即:* 界限是单纯的否定,或**第一个**否定,同时他物又是否定之否定,是某物的内在的有。

所以某物作为直接的实有,就是对别的某物的界限,但是某物又**在它本身那里**具有界限,并由于界限的中介而是某物,界限也同样是它的非有。界限是中介,通过这个中介,某物与他物**既是又不是**。

(二) 现在,由于某物在界限中**既是,又不是**,而这些环节又是一个直接的、质的区别,所以某物的非实有和实有是彼此分开的。某物在它的界限**之外**(或者如人们所想像的那样,在界限**之内**),有它的实有;① 他物也是如此,因为他物也是某物,也在界限之外。

---

① 所谓某物在界限之外有其实有,这个"之外"是就界限本身说;所谓某物在界限之内有其实有,这个"之内"是就某物本身说。——译者

* 参看第111页。

界限是两者*之间*的**中项**,在界限中,它们便终止了。它们在彼此*之外*和它们的**界限之外**,有着**实有**;界限作为它们每一个的非有,是两者的他物。

根据某物和它的界限的这种差异,**线**只是在它的界限之外,即在点之外,才出现为线;**平面**只是在线之外,才出现为平面;**立体**只是在界限它的平面之外,才出现为立体。——界限之所以能够首先激动表象——表象是概念的外在之有,——以及主要被用于空间的对象,都是从这一方面来的。

(三)但是某物既然是在界限的外面,它就是未曾划界限的某物,只是一般实有。这样,它就并没有和它的他物区别开;它只是实有,所以和它的他物有同样的规定,每一个都只是一般某物,或者说每一个都是他物;所以两者是**同一**的。但是,这个对它们说来最初是直接的实有,现在却以规定性作为界限建立起来了,在界限中,它们是所以为它们而互相区别。但是界限同时又是它们的**共同**的区别性,正如实有一样,是它们的统一和区别。实有和界限两者的这种双重同一性,包含这样的情况,即:某物只是在界限中才有它的实有,并且由于界限和直接的实有两者都同样是彼此的否定物,只是在界限中才有的某物,又从自身离开了自身,并超越自身指向它的非有,把它的非有表现为它的有而过渡到它的非有中去。把这种情况应用到前面的例子里去,如这样一个规定,即:某物只有在界限中才成其为某物;——于是,**点**之所以为**线**的界限,不仅是因为线在点中只有终止并且是在点之外的实有,——**线**之所以为**平面**的界限,并不仅是因为面在线中只有终止,**面**之所以为**立体**的界限也是如此。——应该说在点中线也开始了;点是线的绝对的开始。并且因为线就它的两端说，并没有界限，或者如人们所说，线可以想像是延长到无限的，所以点也构成线的**原素**，就像线是平面的原素，平面是立体的原素那样。这些界限是它们所界限的事物的根本；——譬如一，作为第一百的一，是界限，又是整个一百的原素。

另一个规定就是某物在界限中不平静，它在界限中就内在地是**矛盾**，矛盾使它超出自身。这样，点是它自身的这种辩证法，就变成线；是它自身的辩证法，就变成面；面是它自身的辩证法，就变成全部的空间。于是线、面和整个空间便有了第二种定义：即，由于点的**运动**便发生了线，由于线的运动发生了面等等。但是点、线等这种**运动**被认为是某种偶然的，或仅仅是想像其如此的东西。可是这样想法毕竟被打消了，因为，假如说线等等应该从而发生的规定，也就是线等等的**原素**和**根本**，并且这些规定又同样不是别的，而是线等等的界限，那末这种发生便不会被认为是偶然，或仅仅是想像其如此的。点、线、面本是自为的，自己矛盾的，是自己排斥自己的开始，所以点就通过它的概念自身过渡到线，自身自在地运动并使线发生等等——所有这些都已经包含在(对某物说来，是内在的)界限的概念之中了。可是这种应用是属于空间的研究；这里只稍稍提示一下，点是完全抽象的界限，但**在一个实有之中**；这个实有被认为是完全没有规定的，是所谓绝对的，即抽象的空间，是绝对连续而互相外在的。因为界限不是抽象的否定，而**在这个实有中**，是**空间**的规定性，所以点是空间的，是抽象否定和连续性的矛盾，从而是过渡到线的开始和完成等等，正如没有点，也没有线和面一样。

*某物以内在界限而建立成为自身矛盾,通过矛盾,它被驱迫推动而超出自身,这就是有限物。

3. 有限

实有是规定了的;某物却有一个质,在质中它不仅被规定,而且被界限着;它的质就是它的界限,带着这种界限,起初它是肯定的、静止的实有。但是,这种否定① 发展了,以至某物的实有和作为它的内在界限本身的否定两者间的对立就是某物的内在之有,而且这种内在之有因此不过是在某物本身那里的变;——这样就构成了有限物。

当我们说事物是有限的**,我们的意思是说:它们不仅有规定性,质不仅是实在和自在之有的规定,它们也不仅仅是有界限的,——在界限之外,它们还有实有,——而且还不如说,非有构成它们的本性,它们的有。**有**有限的事物,但是它们的自身关系却是使它们**否定地**自身相关,甚至在这种自身关系中使它们超出自身,超出它们的有。*** 它们**有**,但是这种有的真理就是它们的**终结**。有限物不仅像一般某物那样变化,它并且要消灭。它的消灭不是仅仅可能的,假如是那样,它也就可能不消灭。有限的事物的这样的有,乃是以消灭的种子作它们的内在之有:它们的生时就是它们的死时。

---

① 这种否定,指某物被界限着,即所谓单纯的否定。——译者
* 参看第 111 页。
** 参看第 111—112 页。
*** 参看第 112 页。

（一）有限的直接性

事物有限性的思想带来了悲伤，因为有限性是推到极端的质的否定，在这样规定的单纯性中，也就再没有留下和它走向没落的规定**相区别**的肯定的有了。否定的这种质的单纯性，是回到无、消灭与有之间的抽象对立去了，有限性正是因为这种单纯性，成了知性的最顽强的范畴。一般否定、状态、界限都与它们的他物、即与实有可以相容；甚至抽象的无作为抽象，也被放弃了；但是有限性是**自在地固定了**的否定，因此与它的肯定物顽强对立。有限物也当然要使自己流动，它本身却是注定要终结，而且只是终结；——它倒不如说是拒绝使自己肯定地走向它的肯定物，即无限物，拒绝让自己和无限物联系；所以有限物之建立，是和它的"无"不可分，它与它的他物、即肯定物的一切调和都因此被截断了。有限事物的规定，除了它们的**终结**，就再没有下一步的规定。当知性把非有造成事物的规定时，同时也就是把非有造成是**不灭而绝对**的了，于是知性就僵化住有限性的悲伤中了。事物的可消灭性只能在它们的他物中，即肯定物中消灭；假如是这样，它们的有限性就离开它们了；但是有限性又是它们的不变的质，即这种质不过渡到它们的他物中去，不过渡到它们的肯定物中去；**所以有限性是永恒的。**

这是一种很重要的观察；但是，说有限物是绝对的，当然任何哲学、观点，或知性都不愿意让自己承担这样的立场；表现任对有限物的主张中的，不如说是明明相反：即有限物是有限制的，可消灭的；有限物只是有限物，不是不灭的；这一点已经直接包括住它的规定和名词之内了。但是问题在于是否要停留在**有限性的"有"**

这种观点上而**可消灭性仍然长存**呢？或是**可消灭性和消灭**也要消灭呢？事实是恰恰在上述观点中，没有出现后一种情形，这种观点**把消灭造成有限物的最后之物了**。*它明白主张有限物与无限物不相容，也不能联合，有限物与无限物绝对对立。把有、绝对的有归于无限物；坚持有限物为无限物的否定者，仍然与无限物对立；有限物与无限物不能联合，就仍然是绝对的留在自己的方面；有限物从肯定物、无限物取得肯定，于是消灭；但是与无限物的联合却被宣布为那是不可能的东西。假如有限物不坚持与无限物对立而消灭，那么，如前所说，它的消灭正是最后的，不是肯定的，只有消灭的消灭才是肯定的。又假如有限物不在自定物中消灭，而它的终结被了解作**无**，那么我们又重回到那个最初的、抽象的无去了，而这个无的本身却是久已消灭了的。

这个无应该**只是**无，并承认它住思维、观念或言语中存在；但是在这个无那里，也出现了和上述有限物中同样的矛盾，不过在无那里只是**出现**矛盾，而在有限中矛盾却很**显明**。在前者，矛盾出现为主观的；在后者，却维持着有限物与无限物**长久**的对立，有限物自身是无的，作为自在之无的东西而**有**。这一点须要意识到；而且有限物的发展显示出有限物在它那里作为这种矛盾而一齐消融于自身之中，但是在那里，矛盾也就真正消解了；不仅有限物是可消灭的，是在消灭，而且消灭、无也不是最后的东西，也要消灭。

(二) 限制和应当

说**某物**是有限的或说是有限物，固然其中便立刻抽象地有了

---

* 参看第112页。

矛盾；但是**某物**或者"有"并不再是抽象地建立起来的，而是自身反思，发展为内在之有，这个内在之有在它那里有规定和状态，或更明确地说，某物在它那里有一界限；这个界限，作为某物的内在的东西并构成其内在之有的质，是有限性。现在看一看在有限的某物这一概念中所包含的环节是什么。

规定和状态，对于外在反思来说，出现为不同的**方面**；但是规定已经包含着属于某物**本身**的他有；他有的外在性一方面是在某物自己的内在性之中，另一方面作为外在性，它仍是与某物有区别，它本身还是外在性，只是在某物那里而已。再者，因为他有本身被规定为**界限**，被规定为否定之否定，所以某物的内在的他有被建立为这两个方面的关系。规定和状态都属于某物，某物与自身的统一，是某物转回到自身的关系，是某物自在之有的规定在某物中否定其内在界限的那种关系。这样，与自身同一的内在之有，它与自身的关系就是与它自己的非有的关系，但是作为否定之否定，它所否定的东西，同时也是在它那里保持实有的东西，因为那就是它的内在之有的质。某物自己的界限，这样由某物建立起来作为否定物，同时又是本质的东西，它就不仅仅是界限本身，而且是限制。但是限制不仅仅作为否定了的建立物；否定的锋芒是对着两面的，因为被它否定了的建立物是界限；这个界限总之就是某物和他物共同的东西，也是规定本身**自在之有**的规定性。于是这种自在之有，作为对与它有区别的界限的否定关系，作为对自身的限制的否定关系，就**是应当**。

假如在一般某物那里的界限就是限制，那么，某物必须在自身之中**同时又超出**界限，它自身**对界限的关系就是对一非有物**的关系。某物的实有似乎在它的界限**之旁**漠不相关地安静相处。但是某物只有在扬弃了界限,否定界限的自在之有时,才超出了界限。并且由于界限在规定中本身就是限制,所以,某物便从而**超出自身**了。

所以"应当"包含了双重规定,**第一**,规定与否定对立,是自在之有的规定;**其次**,这种规定作为非有,是与它相区别的限制,同时自身又是自在之有的规定。

*这样,有限物便把自身规定为它的规定对它的**界限**的关系;在这种关系中,规定便是**应当**,界限便是**限制**。于是两者都是有限物的环节;这样,应当和限制两者本身都是有限的。但是只有限制是被建立的有限物;应当还仅仅是自在的,从而对我们说求,还是被限制的。应当由于对它本身已是内在的界限之关系,是受到限制的,但是这种限制却包藏住自在之有里,因为依据它的实有,即依据它的与限制对立的规定性,它被建立为自在之有。

应当有的东西既**有**,同时又**没有**。假如它有,它就**应当**不仅仅是有。所以"应当"在本质上具有一个限制。这个限制不是外来的;仅仅应当有的东西,现在却是建立起来了的**规定**,像事实上的规定那样,即同时只是一种规定性。

所以某物的自在之有,在它的规定中,把自身贬低为**应当**,这是由于构成它的自在之有那个东西,在同一情况下也是**非有**。情况是这样的:在内在之有中,或说在否定之否定中,那个自在之有,作为一个否定(即否定者),就是与另一否定的统一,这另一否定就

---

* 参看第112页。

质而言同时也是另一界限,上面的统一通过这另一界限就是对另一否定的**关系**。有限物的限制不是外在的,它自己的规定也是它的限制;限制既是规定本身又是应当;它是两者共同的东西,或者说两者在限制中是同一的。

但是现在有限物作为应当,却又**超出**了限制;成为它的否定这一规定性也被扬弃,并且它的自在之有也是如此;它的界限也就不是它的界限了。

于是某物作为**应当**,也就**高出它的限制之上**,反过来说,某物**所具有的限制**,也只是**应当**;两者是不可分的。某物只是在规定中有否定之时,才有限制;而规定又是扬弃了的限制。

注 释

"应当"近来在哲学中,尤其关于道德,超过很大作用,并且在一般形而上学中,作为自在之有或**自身**关系与**规定性**或界限的同一性这种最后的、绝对的概念,也起过很大作用。

你能够,因为你应当,——这句含义很丰富的话已经被包括在应当概念之内。因为"应当"超越限制,界限在其中被扬弃了,所以应当的自在之有,是对自身的同一关系,因此也是"**能够**"的抽象。——但是反过来说:**你不能够,正因为你应当**:也同样正确。因为在应当中,同样也有作为限制的限制。那种关于可能性的形式主义却自己面对着可能性中的一种实在,即一种质的他有,而两者的相互关系就是矛盾,也就是不能够,或不如说不可能。

***在**应当中,开始超出有限,即无限。应当是那样的东西,即在

---

* 参看第113页。

向前发展中,按照那种不可能性,它表现自身是到无限中的进展。

关于**限制**和**应当**的形式,可以对两种成见作较详细的责难。*首先是对思维、理性等等的限制过分重视,认为这种限制**不能**超过。这种见解不知道某物在被规定为限制之时,就已经超出了限制。因为一种规定性、界限,只是在与它的一般他物,即它的**不受限制之物**对立时,才被规定为限制;一个限制的他物正是超出了限制的东西。石头、金属之所以不超出限制,因为限制**对于它**不是限制。假如有知性思维的一般命题说不能超出限制,那么,思维便是不愿意应用自身,去看看概念中所包含的东西;让这样的命题去受现实检验,就会显出它们是最不现实的东西。假如说,正因为思维比现实更高,它**应该**离开现实而停留在较高的领域里,所以它把自身规定为一种**应当**;那么,思维一方面就不会进到概念,另一方面,无论它对现实和概念的态度都会同样表现其不真。——*因为石头并不思维,连感觉也没有,它的限制性**对它**也就不是限制,它不会去否定它所没有的感觉、观念、思维等等。但是即使是石头,作为某物,也在它的规定(或自在之有)和实有中有区别,在这种情况下,石头也超出限制,它自在地是概念,这个概念就包含与它的他物的同一性。它假如是能够酸化的盐基,它就可以氧化,可以中和等等。在氧化、中和等等中,石头仅仅作为盐基而存在的限制自身扬弃了;它超出了限制,正如酸同时也扬弃了使其为酸的限制一样;无论在酸或酸基中,都有"**应当**"要超出限制,以致只有用强力才能使它们固定为——无水分的,即纯粹的、非中性的——酸和苛

---

* 参看第 113 页。

性盐基。

但是,假如一个存在物所包含的概念,不仅是抽象的自在之有,而且是自为之有的全体,是冲动、生命、感觉、想像等等,那么,在限制以外的有和超出限制的行动,都由存在物自身来完成。植物超出限制为种子,又超出限制为花、为果、为叶;种子发芽,花朵凋谢等等。* 饥渴等限制的感受,就是要超出限制的冲动,并且完成这个超出。——感受者也会感到**痛**,而且感到痛是有感觉的自然物的**特权**;感受者是在**自身**中的一个否定,而否定则在感受者的情绪中被规定为**一个限制**,这正因为感受者有**自身**的情绪,这种情绪就是超出那种规定性①的整体。假如感受者不是超出那种规定性以外,他就不会感到那是他的否定,也不会有痛苦。——但是理性和思维应该不能超越限制吧?——理性是**共相**,共相本身超出特殊,也超出**一切**特殊,理性只能是对限制的超越。——当然,并非每一个对限制的超越和限制以外的有,都是真的摆脱了限制,都是真的肯定。**应当**本身和一般的抽象,便是这样的不完全的超越,只须引证完全抽象的共相,便已经能够驳斥"共相不能超越限制"那种同样抽象的说法:或者引证一般的无限物,也足够驳斥"有限物不能超越"那种说法。

这里可以提一提* 莱布尼兹一个好像很聪明的想法:假如一颗磁针也有意识,它就会把自己的指向北方看作是自己意识的规定,是自己的自由的规律。这倒不如说,假如磁针有意识,从而有

---

① 那种规定性,指上文所说的限制。——译者
* 参看第 118 页。

意志和自由，那么，它也就会思想；这样，空间对于它，就会是一个包罗**一切**方向的**一般的**空间，因此，只是向北**一个**方向，对它的自由却是一种限制，正如固定在一个地点，对人是一种限制，但对植物却不是。

另一方面，**应当**是对限制的超越，但其本身仅仅是**有限的超越**。因此，应当是在有限性范围内有其地位和效用，在那里，它坚持自在之有与受限制的东西对立；主张自在之有是准绳和本质的东西，与虚无的东西对立。义务是这样一个**应当**，它反对个别意欲，反对自私贪欲和随心所欲的兴趣，只要意志能够在它的活动中将自身从真实的东西分离出来，这个其实的东西就会作为应当摆在意志的面前。那些把道德的应当看得这样高的人，以为假如不承认应当是最后、最真的东西，道德就会败坏；正如还有一些论客，他们的知性不断满足于对一切实有的东西，都能够提供一个应当，也就是提供一个更好的知识，因此一点也不愿让自己被剥夺去应当：这些人看不到，就他们的范围的有限性而论，**应当**是被完全承认的。——但是在现实本身中，合理性和规律并不像"仅仅应当是"那样悲惨——在那里剩下来的只是自在之有的抽象，——也不像**应当**在它自身那里是**永久**的，这与说"有限物是绝对的"，是同一回事。康德和费希特哲学标榜"应当"是解决理性矛盾的烦点，那种立场却反而仅仅是在有限性中，也就是在矛盾中僵化。

（三）有限到无限的过渡

应当本身包含限制，限制也包含应当。它们的相互关系是有限物本身，有限物把两者都包括在它的内在之有以内。它的规定的这些环节,在质上是对立的;限制被规定为应当的否定物,应当也被规定为限制的否定物。所以有限物是自身矛盾;它扬弃自身,并且消灭。但是这种结果,即一般的否定,是(一)它的规定本身;因为它是否定物的否定物。所以有限物没有在消灭中消灭;它首先只是变成了**另一**有限物,后者又同样消灭而过渡为另一有限物,如此等等以至**无限**。但是,(二)假如仔细观察这种结果,那么,有限物就在消灭中、在这种自己否定中,达到了自在之有,在那里**与自己融合**了。它的每个环节都包含了这种结果;应当超出了限制,即是说,超出了自己;但是在有限物之外的东西,或说它的他物,又恰恰是限制本身。限制也超出自身,直接指向有限物的他物,这个他物就是应当;但应当又是**自在之有**和**实有**同一的分裂为二,正如限制之是两者的同一那样;所以限制之超出自身,正是与自身合一。**这种与自身的同一**,这种否定之否定,是肯定的有;这样,有限物的他物,作为他物,须以第一个否定为它的规定性;——这个他物就是**无限物**。

丙、无限

无限物在它的简单概念中可以看作是绝对物的一个新定义;作为无规定的自身关系,它被建立为**有**和**变**。实有的形式,是不在那些可以被认为是绝对物定义的规定之列的;因为实有范围内的形式,只是作为规定性,作为一般有限的规定性,直接自为地建立起来的。但是无限物却直捷地被当作绝对,因为它被明白规定为有限物的否定,所以在无限物中就与限制性有了显明的关系,并且这样的限制性在无限物那里被否定了；限制性中的有与变，虽然自身并没有或没有显出限制性，但还是可能有的。

但是，无限物并不是这样一来就已经事实上去掉了局限性和有限性；主要的事是把无限的翼概念和坏的无限区别开，把理性的无限和知性的无限区别开。后者是**有限化了**的无限，它之出现，正是由于无限保持纯粹，远离有限，它只是有限化了。

无限物

(1)在**单纯规定**中，是作为有限物之否定那样的肯定物；

(9)于是它就在**与有限物的相互关系**之中，并且是抽象片面的无限物；

(3)这种无限物和有限物的自身扬弃，作为**一个**过程，——是**真的无限物**。

1．一般无限物

无限物是否定之否定，是肯定物，是**有**，这个有从限制性又恢复了自身。无限物**有**，而且比最初的、直接的有，有更多的内含意义，它是真的有，高出限制之上。无限这个名词就对情感和心智闪烁着光芒，因为它不是抽象地停在那里，而是高举自身到自己那里，到它的思维、共相、自由之光那里。

首先，实有在它的自在之有中，把自己规定为有限物并超出限制，这就发生了无限的概念。* 超出自身，否定其否定，变为无限，乃是有限物的本性。所以无限物并不是在有限物**之上**的一个本身

---

* 参看第 114 页。

现成的东西,以致有限物都仍然长留在、或保持在无限物之外或之下。我们即使仅仅作为主观的理性,也还是超出了有限,进入无限。假如说无限物就是理性概念,而我们通过理性也就高出有时间性的东西之上;那么,丝毫不损及有限物,也可以使这种情况发生,有限物对于在它之外那样的高翔远骛毫不相干。但是,* 假如说有限物本身升入无限,那也不是外力所致,而是有限物的本性把自身作为限制(无论是作为限制本身,还是作为应当),与自身发生关系,并超出这个限制,或者不如说,必须否定了作为自身关系的限制,并且是超出了限制。并不是扬弃了一般有限,便有了一般无限;有限物是这样的东西,它只有通过自己的本性,才成无限。

于是有限物在无限物中消失了,而只是无限物那样的东西才有。

2. 有限物与无限物的相互规定

无限物**有**;在这种直接性中,它又是一个**他物**、即有限物的否定。所以,无限物,作为**有**的东西,同时又作为一个**他物的非有**,便是回到作为一般被规定的东西、即某物的**范畴**去了,或更确切地说,——因为这个无限物是自身反思的、借扬弃一般规定性而来的实有,从而被**建立**为与其规定性有区别的实有,——所以这个无限物便回到有一个界限的某物范畴去了。有限物根据这种规定性,作为**实在的实有**而与无限物对立,所以就质的关系说,它们是**停留在彼此的外面的**;无限物的**直接的有**,又唤醒了它的否定、即有限

---

* 参看第114页。

物的**有**,这个有限物原来似乎已经在无限物中消失了。

但是,无限物和有限物不仅是在这些关系范畴之中;两方面都进一步被规定为仅仅是互为**他**物。有限就是作为限制而被建立起来的限制,这是以**规定**建立起来的实有,必须过渡为自己的**自在之有**,变成无限。无限是有限物的无,是有限物的**自在之有**和**应当**,但这又是作为自身反思的、完成了的应当,只是自身关系的、完全肯定的有。假如要一切规定性、变化,一切限制,甚至应当本身都一齐被扬弃而消失,并建立起有限物的无,那么,这在无限中都可以得到满足。因为自在之有被规定为有限物的这种否定,于是自在之有,作为否定之否定,本身是肯定的。但是这个肯定,就质而言,是**直接**的自身关系,是**有**;于是无限物就回到它以有限物作为他物而与自己对立的那个范畴去了,无限物的否定的本性,被建立为有的否定,从而是最初的、直接的否定。* 无限物以这样的方式,便带着与有限物的对立;有限物,作为他物,仍然同样是被规定的、实在的实有,尽管它在自己的自在之有中,即无限物中,被建立为扬弃了的东西;这个被扬弃了的东西,是非有限物,——一种在否定规定性中的有。与有限物对立的,与**有**的规定性、实在的领域对立的,是无限物、无规定的虚空,有限物的彼岸,实有是一个被规定的东西,而无限物的自在之有,却并不在它的实有那里。

假如*无限物在质方面,与有限物是**他**物的关系而相互对立,那么,它便可以叫做**坏的无限物**,或**知性**的无限物,知性把它当作了最高的、绝对的真理。这里必须使知性意识到:由于它以为在真

---

* 参看第114页。

理的调和中得到满足,它便处于不可调和的、无法解决的、绝对的矛盾之中,当它要应用并解释它的这些范畴时,它便在四面八方陷入必然会起作用的各种矛盾之中。

因为* 有限物作为实有,仍然与无限物对立,当前便立刻有了这种矛盾;这样便有了**两种规定性**,有两个世界,一个无限的世界,一个有限的世界,而在它们的关系中,无限物只是有限物的**界限**,因此无限物也只是一个被规定的、**自身有限的无限物**。

这种矛盾把它的内容发展为较明显的形式。——有限物是实在的实有,纵使它过渡到它的非有,过渡到无限物,它也仍然如此。——这个无限物,如前所说,只是以第一次直接的否定,为它与有限物对立的规定性;正如有限物与那个否定对立,作为被否定者,只有一个**他物**的意义,所以仍旧是某物。假如知性因此便超出了有限世界而上升到它的最高点,上升到无限物;那么,** 有限世界,对知性说来,却仍然留在一个此岸,以致无限物被建立于有限**物之上**,与有限物**分离**;正因此,有限物也同样与无限物分离,——两者**被安置到不同的地方**,——有限物是此岸的实有;无限物固然是有限物的自在,但却在朦胧的、无法到这的远方,是一个彼岸,而有限物则处于并留在那个远方以外。

它们这样分离了,但又由隔绝它们的否定使它们在本质上相互**有了关系**。它们都是自身反思的某物;这种使它们发生关系的否定,是一个某物对别的某物的相互界限,而且情况是这样的,即,它们每一个不仅**在它自己那里**有对他物的界限,而且否定就是它

---

* 参看第 112 页。
** 参看第 114 页。

们的**自在之有**；每一个与他物分离时，都在它自己那里有自为的界限。但界限是作为第一次否定，所以两者都是被界限的，是本身自在地有限的。可是，每一个作为肯定的自身关系，都是它的界限的否定；所以它把界限当作它的非有，直接从自身排斥出去，在质上与界限分离，把界限建立为在它以外的**另一个有**，于是有限物把它的非有建立为这种无限物，后者也同样建立了有限物。从有限物必然会过渡到无限物，即有限物通过它的规定，过渡到无限物，并且有限物将被提高到自在之有；这是易于得到承认的；因为有限物固然被规定为常在的实有，但就**自在**说，它又被规定为虚无的东西，即就其规定说，又是濒于消解的东西；另一方面，无限物固然被规定为带着否定和界限，但又被规定为**自在之有物**，以致这种自身关系肯定的抽象构成了它的规定，就这种规定而论，有限物是不在其内的。但是前面已经说过，无限物只有以否定为**中介**，作为否定之否定，本身才能达到肯定的有，并且它的这种肯定，假如只被当作单纯的、质的有，那就会把在无限物中包含着的否定，降低到单纯的、直接的否定，从而降低到规定性和界限，这种单纯的、质的有，与无限物的自在之有相矛盾，将从它那里排除出去，并且作为不是它的东西，而是与它的自在之有对立的东西，即有限物，被建立起来。* 因为每一个在它那里，并且由于它的规定，都要建立自己的他物，所以它们①是**不可分**的。但是它们的这种统一是**隐藏**在它们的质的他有之中的，这种统一是**内在的**，是**仅仅作根据**的。

因此，这种统一的表现方式便被规定了；它在**实有**中被建立为

---

① 它们，指有限物和无限物。——译者

* 参看第114页

有限物到无限物的转化或过渡，以及无限物到有限物的转化或过渡；所以，无限物只在有限物那里出现，有限物只在无限物那里出现，他物只在另一他物那里**出现**，这就是说，每一个都是在他物那里自己**直接**发生的，并且它们的关系只是外在的。

它们的过渡过程有如下较详细的形态。那就是，超出有限物，进入无限物。这种超出表现为一种外在的行动。在这个有限物的彼岸的虚空中，将发生什么呢？其中什么是肯定的呢？由于无限物与有限物之不可分离（或者说，因为站在自己方面的无限物，本身也被限制），便发生了界限；无限物消失了，它的他物、即有限物，出现了。有限物这样出现，对于无限物说来，好像是一桩外在的事件，而新的界限，既不是从无限物自身发生的，便像是临时找到的。这样便是又回到以前徒然扬弃过的规定去了。但是这个新界限，本身也只是一个有待于扬弃，或者说，有待于超出的东西。于是又发生了空虚、无，在其中也同样可以遇到那种规定性，即一个新的界限，——**如此等等以至无限**。

这里呈现了**有限物和无限物的相互规定**。有限物只是对应当或无限物的关系说，才是有限的；无限物也只是对有限物的关系而言，才是无限的。它们不可分离，同时又绝对互为他物；每一个都在它自身那里有它的他物；所以每一个都是它自己和它的他物的统一，是在它的规定性中的实有，而这个实有却并非既是它本身又是它的他物那样的东西。

这个既否定自身、又否定其否定的相互规定，出现为**到无限中的进展**，它在许多形态和应用中，都被认为是最后的东西，再没有什么可以超出它之上，而是一旦到了那个"**如此等等**以至无限"，思想也便往往到了尽头。——假如说，**相对**的规定一直被推进到对立。以致它们都在不可分的统一之中，而每一规定与其他规定相比，又都被赋与一个独立的实有，那么，哪里有这种情形，哪里便会出现上面所说的进展。因此，这个进展是未解决的**矛盾**，而且总是显示出当前有矛盾。

当前现在的，只是一个抽象的超越，它仍然是不完全的，因为**这个超越**自身不曾被**超越**。当前的是无限物，当然它要被超过，因为一个新的界限将要建立起来，但这样恰恰反而是转回到有限物去。这种坏的无限性，本身就与那种长久的应当是同一的东西；它诚然是有限物的否定，但是它不能够真正从有限物那里解放自己；有限物又**在无限本身那里**出现为无限的他物，因为这个无限物只是在与它的他物，即有限物的**关系**中。到无限的进展因此只是重复的单调，是有限物与无限物使人厌倦的，老一套的**交替**。

无限进展的无限性仍然带着有限物本身，因而是被界限的，并且本身也是**有限的**。这样，它事实上就被建立为有限物和无限物的统一。但是人们对于这种统一，将不会加以思索。它不过是在有限物中唤起无限物，在无限物中唤起有限物，可以说是开动无限进展的发条而已。这个进展是那个统一的外在的东西，表象就停留在那里；在同一交替的那个长久重复里，在超越界限前进到无限那种空虚的不平静里，前进在这个无限物中又**发现**了新的界限，不论在这个新界限或在无限物中，前进都无法停止。这个无限物有一个彼岸的固定规定，那个彼岸是不能达到的，因为那个彼岸是不**应该**达到的，因为那个彼岸脱离不了彼岸的规定性，脱离不了**有的**否定。依据这种规定，无限物与作为**此岸**的有限物是对立的，此岸也同样不能上升到无限物里去，因为这个此岸有着一个**他物**的这种规定，这就是那一个长久在彼岸中重复产生的、而又当然与彼岸不同的**实有**。

3. 肯定的无限

在上述有限物与无限物反覆交替规定之中，当前已经呈现了它们自身的真理，只是需要接受当前现有的东西而已。这种反复构成概念的外在的实在化；在这种实在化中所**建立**的，就是概念所包含东西，但只是**外在的**，各自分离的。只须比较这些不同的环节，其中就自然有了统一，这个统一又产生概念；无限物与有限物的这个统一，——这已经常常提到过，这里尤其要记住，——对于那种自身是真正的统一说来，是歪曲的表现；但是在当前的概念表现中一定也呈现了这种歪曲规定之消除。

就这个统一的最初的、仅仅是直接的规定来看，那么，无限物只是对**有限物**的**超越**，无限物依据这一规定，就是有限物的否定；所以有限物只是必须要被超越的东西，是在它自身那里的否定，而这否定就是无限。这样，就在**每一个中都包含着他物的规定性**，依据无限进展的含义，它们应当互相排除，只是互相交替地赓续出现；没有他物，便什么也不能建立和把握，没有有限物便没有无限物，没有有限物也没有无限物。假如要**说**什么是无限物，说它即**有限物**的否定，那也就是要把有限物本身一起**说出来**；有限物对无限物的规定是**不能缺少的**。要在无限物中找到有限物的规定，人们只要**知道所说的是什么**。从有限物方面，立刻就会承认有限物是虚无的；但是它的虚无正是无限性，它与这种无限性正是不能分离。在这种观点之中，它们好像是就它们**与他物的关系来看的**。假如因此它们被认为**没有关系**，那么它们只是用"与"联结起来的，那么，它们便是独立的，彼此对立，每一个都是在它自身那里才有的。必须看到它们在这样的方式下是什么状态，这样提出来的无限物是**两者之一**；但是**仅仅**作为两者之一，它本身就是有限的，它不是整体，而仅仅是**一个**方面；它在对立物那里有它的界限；所以它是**有限的无限物**。这里当前只有**两个有限物**。正是由于无限物这样从有限物**分离出来**，从而被提出来作为**一个方面的东西**，这其中便有了有限性，即是它与有限物的统一。——在有限物方面，因为自身离开了无限物被提出来，它就是**自身关系**，在这种关系中，它的相对性、依赖性、可消灭性都被去掉了；这就是它自己的同一的独立性和肯定，而这就应当是无限物。

一种观察方式认为无限物和有限物只是相互**关系**，只是每一个对他物的关系，另一种观察方式认为它们完全相互分离，这两种观察方式起初似乎以不同的规定性作出发点，但是所得结果是相同的；无限物和有限物，就两者相互关系说，那种**关系**对于它们是外在的，又是本质的，没有那种关系它们便不成其为它们，所以它们都在自己的规定中包含着自己的他物，同样，就每一个**自身**而论，**在它本身那里**来观察，每一个也都以它的他物包括在它之内作为自己的环节。

这样便有了那个——声名很坏的——有限物与无限物之统一，——那个统一，本身是无限物，无限物把自身和有限物包括在自身之内，——此起有限物与它脱离，被列在另一方面而言，这是另一意义的无限物。既然现在必须区别这两种无限物，而如前面所说,每一个本身又都是两者的统一,所以就有了两种统一。两种规定性的统一,那个共同体,作为统一,先是把它们建立为被否定了的东西,因为每一个都应当是在区别之中才是它之所以为它;正统一中,它们就失去了质的本性;——这是一种重要的思考,它反对那种坚持着质不愿撒手的观念,这种观念认为无限物与有限物在统一中,就质而论,应当仍然各自分离,因此,在那个统一中,它所看到的无非是矛盾,而不是由否定两种质的规定性来解决矛盾;所以无限物和有限物最初的简单的、一般的统一就被歪曲了。

还有一层,既然它们现在被认为是有区别的,那么,无限物的统一就是这些环节的每一个本身,这个统一在每一个环节中都是以不同方式规定的。无限物依它的规定,在它那里是有与它不同的有限性的,无限物是这个统一中的"**自在**",有限性只是在它那里的规定性、界限;但是这个界限是无限物的绝对的他物,是无限物的对立面;无限物的规定,是自在之有本身,由于添加了这样的质,也就败坏了;无限物这样便成了**有限化的无限物**。用同样的方式,有限物也可以超出它的价值,可以说是无限提高,因为有限物本身固然只是非自在之有,但是就那种统一而论,同样在它那里也有它的对立面;它就将被建立为无限化了的有限物。

和以前的单纯的统一一样,无限物和有限物的双重统一,也还是被知性歪曲了。这种情况的出现正是由于在这两种统一之一中,无限物没有被认为是否定了的,反而被认为是自在之有,于是在自在之有那里不应当建立规定性和限制;因为规定性和限制将要降低和败坏自在之有。反过来说,有限物尽管本身是虚无的,也同样被固定为不曾被否定的东西,于是它在与无限物联合之中,提高到它所不是的东西,并且由于与它的不消失的,或不如说久长的规定对立,它就无限化了。

知性把无限物和有限物彼此的关系固定为质的不同,认为它们在规定中是分离的,并且是绝对分离的,这样歪曲的缘因,在于知性忘记了对知性本身说来,这些环节的概念是什么。*依据概念说来,有限物和无限物的统一,并不是两者外表上在一起,也不是各不相属,与其规定背道而驰的联结,在其中各自分离、对立、各自独立存在的东西,亦即互不相容的东西联系到一起;恰恰相反,每一个在自己本身那里都是统一,并且每一个都只是自身的**扬弃**,在扬弃中,对于内在之有和肯定的实有,它们① 没有一个可以比另一个钉优先之处。如以前所说,有限性只是对自身的超越;所以有限性中也包含无限性,包含自身的他物。同样,无限性也只是对有限性的超越;所以它本质上也包含它的他物,这样,它在它那里就是它自身的他物。无限物扬弃有限物,不是作为有限物以外现成的力量,而是有限物自己的无限性扬弃自身。

所以这种扬弃不是一般的变化或他有,不是某物的扬弃。有限物在其中扬弃自身的那个东西,就是否定有限性的那个无限物;但是有限性自身早已仅仅是那个被规定为**非有**的实有。所以有限物只是在**否定**中**扬弃**自己的**否定**。这样,无限性就它的一方面说,它是被规定为有限性,亦即一般规定性的否定物,被规定为空洞的彼岸;无限物在有限物中扬弃自己,就是逃出虚空的回归,是彼岸的否定,那个彼岸就是在无限物本身那里的一个**否定物**。

---

① 它们,指有限物和无限物。——译者
* 参看第114—115页。

所以当前的东西就是在两者中同一的否定之否定。但是这一否定之否定本身就是**自身**关系，是肯定，但却是作为回归到自身，即通过中介，这中介就是否定之否定。这些都是须要重视的规定；其次要注意这些规定在无限进展中也建立了，并且是怎样在无限进展中建立的，——即还没有在最后真理①之中。

在这里首先是无论无限物或有限物，两者都将被否定，——两者都以同样的方式被超越；其次是它们也作为有区别的，每一个都在另一个之后把自身建立为肯定的。我们于是把这两种规定拿出来比较，就像我们在比较中，在外表的比较中把两种观察方式——一种就有限物和无限物的关系看，一种就它们每一个自身看——分开那样。* 但是无限进展所表示的要更多一些；在无限进展中，即使是有区别者也建立了**联系**，不过这种联系首先还只是过渡和交替；我们只须稍想一想，便可以看到这里面事实上是什么。

首先，有限物和无限物的否定，是在无限进展中建立的，这种否定可以看作是单纯的否定，所以两者也可以看作是彼此分开的，仅仅是前后相随的。假如从有限物开始，那么，有限物就将超越界限而被否定。于是当前现有的就是有限物的彼岸，即无限物，但是在无限物中又发生了界限，于是当前现有的，就是对无限物的超越。但是这个双重的扬弃，一方面总只是被建立为环节的外在显现和交替，另一方面还没有建立成为**一个统一体**；每一个超越是：个开端，一个新的行动，所以它们彼此分寓。——但是在无限进展

---

① 这个"最后真理"不是指一般形而上学所谓的最后真理，而是指知性的抽象的无限和有限被辩证地扬弃而言。——译者

* 参看第115页。

中也还呈现着它们的关系。**最初**是有限物;**然后**超越有限物,这个有限物的否定物或彼岸就是无限物;第三是又超越了这个否定,发生新的界限,又是一个**有限物**。——这里是完全的、自身封闭的运动,运动达到了原来构成开始的东西,这里产生了与曾经是**出发点的同样的东西**,即有限物又恢复了;于是这个同一的东西是和它自己消融在一起的,不过是在它的彼岸**又找到自己**罢了。

关于无限物也有同样的情形。在无限物中,在界限的彼岸,又有了一个新的界限,这个新界限,也和有限物的命运一样,即必须被否定。这样,当前呈现的东西又是方才在新界限中消失了的**同样的无限物**;所以通过扬弃,通过新的界限,无限物并不因而被推得更远,既不曾离开有限物,——因为有限物只是过渡到无限物的东西,——也不曾离开自己,因为它**到了自身那里**。

所以有限物和无限物两者都是由否定而转回到自身的**运动**;它们自身只是**中介**,两者的肯定都包含着两者的否定,并且是否定的否定。——所以它们是**结果**,因而也就不是它们在**开始**时的规定中所是的东西;——有限物并不是在它自己那一方面的**实有**,无限物也不是在实有(即规定为有限物)彼岸的**实有**或自在之有。知性之所以如此顽强反对有限物与无限物的统一,那只是因为知性把限制和有限以及自在之有假定为**永久的**,它因此忽视了在无限进展中实际呈现着两者的否定,以及它们在无限进展中只出现一个整体的环节,并且只有借它们的对立物,而主要是借它们的对立物之扬弃,它们才会出现。

假如把这种回归到自己,既看作是有限物回归到自己,又看作是无限物回归到自己,那么,这种结果本身就显出不正确,这种不正确与前面所指责的歪曲有关;假如一次以有限物作**出发点**,另一次以无限物作**出发点**,只有这样才会发生**两种**结果,但是不论用哪一个开始,完全都是一样的;这样便取销了引起双重结果的区别。这种情形在两端都没有界限的无限进展的直线中也是同样的,其中每一个环节都同样交替出现,至于在哪一点上抓住环节和拿哪一个环节开始,那是完全表面的,不要紧的。——环节在无限进展中是有区别的,但每一个都同样仅仅是另一个的环节。由于有限物和无限物两者自身都是进展的环节,它们便**同是有限物**;由于它们同在进展中和结果中被否定,所以这个结果是两者的有限性的否定,真正可以叫作无限物。所以它们的区别是两者都具有的**双重意义**。有限物的双重意义是:第一,有限物仅仅就与它对立的无限物而言,是有限物,第二,它既是有限物,**同时**又是与它对立的无限物。无限物也有双重意义,一是无限物为那两个环节的一个,——这样就是坏的无限物,——再就是这样的无限物,在其中无限物自身和它的他物两者都只是环节。正如无限物事实上是当前现有的,它也同样是过程,在过程中,无限物把自己降低为只是自己的规定之一,与有限物对立,从而本身也只是有限物之一,并且又将与它自己的这种区别自行扬弃而达到肯定,由于这种中介便成了**真的无限物**。

这种真的无限物的规定,不能用已经指责过的那种有限物和无限物的**统一公式**来概括;那种统一是抽象的,不动的自身等同,环节也同样是不动的**有的**东西。但是无限物,正如它的两个环节一样,本质上倒不如说只是**变**,不过这是在环节中有**进一步**规定的变。这种变起初以抽象的有与无为它的规定;作为实有物的变化,便以某物和他物为它的规定;现在作为无限物,便以有限物和无限物为它的规定。这两者本身都是正在变的东西。

这种无限物,作为转回到自身的有,作为自身关系,是**有**,但不是无规定的、抽象的有,因为它被建立为否定,正在进行否定;所以它也是**实有**,因为它包含了一般否定,也就包含了规定性。它**有**,并且**实有**,现在**有**,当前**有**。坏的无限物只是**彼岸**,因为它**只**是作为**实在地**建立起求的有限物之否定,所以它是抽象的,第一次的否定;它只是被否定地规定了,**其中没有实有**的肯定;它被固定为只是否定物,甚至就**不应当实有**,——而应当是不可能达到的。不可能达到,并不是它的高超之处,而是缺,这种缺的最后根据在于固执**有限物**本身是**有**的。不可能达到的东西便是不真;必须懂得这样的无限物是不真的。到无限的进展,共形象是一条**直线**,在直线的两端界限下只是无限物,而且永远是在直线——直线是一个实有——所不在的地方,直线超越了,到了它的非实有,即是到了不被规定的东西之中,至于返回到自身的真的**无**限,其形象是一个**圆**,它是一条达到了自身的线,是封闭的,完全现在的,没有**起点和终点**。

所以真的无限,一般说来,作为实有,作为与抽象否定对立的**肯定的**实有,此以前单纯规定的**实在**,是较高意义的实在;这里它包含着具体的内容。有限物不是实在的,无限物才是实在的。实在以后还要被规定为本质、概念、理念等等。不过,在较具体的事物那里,重复像实在那样较原始、较抽象的范畴,并且把这样的范畴用于比那些是自在的东西更具体的规定,那却是多余的。譬如说本质或理念是实在的,作这样重复的原因,在于有、实行、实在、有限等最抽象的范畴对于无修养的思维最为流行。

这里有更确定的理由要取消实在范畴，因为实在与否定相对立，是肯定的东西，而这里的否定是否定之否定，于是这样的否定自身与那个是有限的实有的实在对立。——这样，否定便被规定为观念性(Idealitat)；观念的东西(das Ideelle)①就是有限物，正如它是在真的无限物中的有限物那样，——虽然是规定、是内容、是有区别的，但是并非**独立有的**，只是**环节**。观念性有更具体的意义，这种意义通过有限的实有之否定，并没有充分表现出来。——有限物和无限物的对立，就共与实在性和观念性的关系来看，可以这样理解，即：有限物是被当作实在物，无限物被当作观念物，与此同样，以后概念也被看成是观念物，而且**仅仅**是观念物，反之，一般实有则被看成是实在物。用这样的方式丝毫不能帮助上述关于否定的具体规定，可以具有观念物的特殊表现；在那种对立中，我们又将回到适合于坏的无限物的那种抽象否定物的片面性，僵化在有限物的肯定实有之中。

过 渡

观念性可以叫做无限性的质；但是它主要是变的过程，因此，现在所要指出的，正如实有中的变一样，是过渡作为有限性的扬弃，即有限性本身以及仅仅与有限性对立、仅仅是否定的无限性之

---

① **理想的**(das Ideale)比观念的(das Ideelle)有更确定的意义(如美的理想及与其有关的东西)；这里还不涉及那种意义，所以用"观念的"这个名词。至于实在，当然言语上并没有这样的分别；真实的(das Reelle)与实在的(das Reale)说起来差不多是同一意义；这两个名词彼此间的色彩浓淡是无关宏旨的。——黑格尔原注

扬弃，这就是转回到自身，是**自身关系**，是**有**。既然在这个有之中有否定，这个有就是**实有**；而且既然这里的否定在本质上就是否定之否定，即是自身关系的否定，那么，它也就是实有，而这个实有可以叫做**自为之有**。

注 释 一

无限物——按坏的无限的普通意义说——和**到无限中的进展**，正如应当一样，都是一个**矛盾**的表现，却自命为矛盾的解决和最后的东西。这个无限性是感性的表象第一次超出有限物而提高到思维，但是只有**无**的内容，**明显地**把内容建立为非有的东西，——这是一种对限制的逃避，既不知道聚集自身，也不知道把否定引回到肯定。这种**不完全的反思**却有了真的无限物的两种规定：即有限物与无限物的对立和有限物与无限物的**统一**，这**两种思想**完全都在这种反思的面前，但是反思却**不能使它们融合**一起，一个规定不可分离地要引出另一个，但只是**交替的**。这两种规定的统一和对立之矛盾停滞在哪里，哪里也就有了这种交替的表现，即无限的进展。有限物是自身的扬弃，它把它的否定，即无限，包括在自身之中，——这是两者的**统一**；它将**超越**有限物到它的彼岸，即到无限物，——这又是两者的**分离**；但是超出无限物之外的是另一个有限物，——超出，无限物，就包含着有限性，——这是两者的**统一**；但是这个有限物也是无限物的否定者——这又是两者的**分离**，如此等等；一个原因，假如没有结果就不是原因，正如结果没有原因就再不是结果一样。这种关系因此也有了**因果**的无限进展；某物被规定为原因，但是它作为一个有限物（它之所以是有限，正是因为与结果脱离），本身也有原因，就是说它也是结果，于是同一东西被规定为原因，也被规定为结果，——这是因果的**统一**；——现在被规定为结果的，也还是有原因，就是说原因必须与结果分开，被建立为一个不同的某物；——这个新的原因本身又只是一个结果，——这又是因果的统一；——这个新的原因又以一个他物为原因，——这又是两种规定的分离，如此等等以至**无限**。

进展还可以有更特殊的形式。有这样的主张，说：有限物与无限物是一个统一；这种错误的主张必须用相反的主张来纠正：说它们是绝对不同并且是对立的；这种主张又被纠正，说它们是不可分离的，由于肯定它们的统一，在一个规定中就包含着另一个规定，如此等等以至无穷。——为了懂得无限物的本性，要意识到无限的进展，这种发展了的知性无限物，其状态是两种规定的交替，两种环节**统一**和**分离**的交替，然后更意识到这种统一和这种分离本身也是不可分离的：这些都是很容易有的要求。

这个矛盾的解决不在于承认两种主张都**同样正确**或**同样不正确**，——这只是矛盾长存的另一形态，——而在于两者的观念性，因为就观念性而言，它们在区别中作为相互的否定，便只是环节；那种单调的交替，事实上既是它们的**统一**之否定，又是它们的**分离**之否定。住这个交替里事实上也同样呈现看上面所指出的东西，即：有限物超出自身而到了无限物之中，但是超出以后又发现自身同样又重新产生了；所以它在无限物中只是和自己融合在一起，无限物的情形也是一样，——于是同样的否定之否定，结果自身成了**肯定**，这样的结果证明了自身是它们的**真理**和**本原**。所以矛盾在这种**有**中，即在有区别者的**观念性**中，不是抽象地消失了，而是解决了,调和了;思想不仅是完全的,而且也是**融化在一起的**了。*思辨的思维本性在这个方才引过的例子里,也用它的确定方式显示自己,它完全在于从对立的环节的统一中去把握那些环节。既然每一环节都事实上自己显示出在本身中有它的对立面,并且在对立面中与自己融合在一起;所以肯定的真理是这种自己运动的统一,是两种思想的总括,是它们的无限性,——是自身关系,但不是直接的,而是无限的自身关系。

 * 那些习惯于思维的人,常常会对哲学的本质提出**"无限物怎样会超出自身而到有限去呢?"**这样的问题要求回答。——人们以为这是**不可思议的**事。无限物,就我们已达到的概念而言,在这种表述的进行中,自身还将有**更多的规定**,而且在它那里将以各种各样的形式来表现所问的东西,假如愿意这样说,那就是无限物怎么成了有限呢。此处我们只就与这个问题直接有关的方面和与以前观察无限物所具有的意义有关的方面,来考察这个问题。

是否还有一个哲学,一般要依靠对上述问题的回答。既然人们装作还是愿意达到哲学,同时也就是相信在这个问题里有一种使人困惑的东西,有不可克服的神奇力量,似乎能够借以十拿九稳地反对问题的答案,从而反对哲学和达到哲学。—— * 在其他的对象,为了懂得提问题也须要一定的修养为前提,至于哲学的对象,为了取得不同于问题无价值那样的答案,尤其须要一定的修养为前提。

在这样问题中,常常要求公道,说问题不在于词句,而在于用

---

 * 参看第 115 页。

这一种或另一种说法都可以了解。感性表象的名词,如在这问题中所用的**超越**之类,会引起怀疑,以为它是从通常表象范围发生的,于是对于回答,也期待有通行于日常生活的表象和相同于感性的形象。

假如不采用无限物而用一般的有,那么,**对有加以规定**,即在有那里的否定或有限性,是较容易理解的。有本身固然是不曾被规定的;但是在它那里并没有直接表示出它是被规定者的对立物。反之,无限物却明白表示出包含着对立面,它是非有限的。这样,有限物与无限物的统一似乎直接被排除了;因此,不完全的反思便最顽固地反对这种统一。

但是前面已经指出过,不须详细研究有限物和无限物的规定,就会立刻明白无限物在那种反思小所采用的意义——即与有限物对立,——正因为它与有限物对立,在它那里有它的他物,所以它是已经有了界限,本身是有限的,是坏的无限物。所以,**无限物怎样变成了有限的**这一问题的回答是:并没有一个无限物,原先是无限,尔后又必须变成有限,超越到有限性;它乃是本身既有限,又无限。由于这个问题假定了无限物自身在一边,而有限物从无限物那里分离出来,——或无论从那里出来而与无限物分离,这个有限物是真正实在的,——所以不如说这种分离倒是**不可理解的**。这样的有限物和这样的无限物都没有真理;而不真便是不可理解的。但是我们不得不又说它们是可以理解的,观察一下它们,它们即使在表象中,这一个也包含着另一个的规定,对它们的这种不可分离性有简单的察觉,就是理解了它们;**这种不可分离性**就是**它们的概念**。——反之,在那种无限物和有限物的独立性中,这个问题却提出了一个不真的内容,并且在问题本身已经包含着内容的一个不真的关系。所以不是要对这个问题作回答,而倒是要否定它所包含的错误前提,也就是要否定问题本身。由于追问那个无限物和有限物的真理问题,观点便起了变化,这种变化把前一个问题①所引起的困境归还给问题自己了。我们的问题,对于产生前一个问题的反思说来,是新奇的,因为这样的反思没有思辨的兴趣。思辨的兴趣,就其自身说,就它涉及规定以前说,都要认识这些规定是否如它们被假定的那样,是某种真的东西。只要认识到那种抽象的无限物和那应该同样留在自己一边的有限物之不真,那么,关于"有限物从无限物出来,"也就可以说"无限物**出来**,到了有限,"因为既然把它看作抽象的统一,在它那里便是既无真理又无永久存在;反过来说,有限物也以同样的理由,即以它的虚无性而**进入**无限物。或者不如说,无限物永远出来,走到有限,因为无限物是绝对没有的,正如纯粹的**有**一样,就只为自身,**在它本身那里**并没有他物。

　　无限物怎样出来走到有限物,那个问题还可以包含进一步的假定,即:**自在的**无限物把它的他物包括住自身之内,所以它本身就是自身与他物的统一;这样,困难就主要关系到**分离**,因为这种分离与假定两者统一是相对立的。这种假定只是用另一种形态来坚持对立;**统一**与**区别**将彼此分离而孤立。假如那种统一不被认为是抽象的、不曾规定的统一,而在那种假定中已经被认为是**有限物**与**无限物**的规定了的统一,那么其中也就呈现着两者的区别,——这种区别不是放任它们各自分离而独立,而是使它们在统

---

① 指"无限物怎样会变成有限物"的问题。——译者

一中作为**观念物**。这种无限物与有限物的**统一**及其**区别**，与有限和无限一样，都同样是不可分离的。

注释二

有限物是观念的这一命题构成**观念论**①。哲学的观念论无非是不承认有限物是真的**有的东西**。每一种忻学本质上都是观念论，或至少以观念论为原则，问题只是这种原则真的贯彻了多少而已。哲学如此，宗教也如此；因为宗教也同样不承认有限性是真的**有**，是一个最后的、绝对的，或者是一个不曾建立起来的、不曾创造出来的、永恒的东西。因此观念论与实在论哲学的对立并无意义。一种哲学，假如把有限的实有本身也算作真的、最后的、绝对的有，就不配承当哲学这个名字；古代或近代哲学的本原，如水或物质或原子，都是**思想**、共相和观念物，而不是直接当前的、感性中的个别事物，甚至那个泰列士的水也不是；因为它虽然也是经验的水，但是除此而外，它又同时是一切其他事物的**自在**或**本质**，这些事物并不是独立的，以自身为基础的，而是从一个他物，即从水建立起来的，也就是观念的。由于前面称本原、共相为**观念的**，那么，概念、理念、精神，就更加必须称为观念的了；而感性的个别事物，在本原、概念中，尤其是在精神中，是作为观念的，作为被扬弃了的；这里可以注意一下在无限物那里所表现的双重性，即一方面观念物是具体的、**真有的**，另一方面观念物的环节也同样是观念的，环节

---

① 观念论即唯心论，马克思主义以唯物论与唯心论对立，唯心论者不喜欢唯物论这一名词而习用实在论，所以我们这里译作观念论，以便与实在论对照，而与这里所用"观念的"一词较为连贯。——译者

在观念物中被扬弃了,事实上只有**一**个具体的整体,环节与整体不能分离。

"观念物"首先是指**表象**的形式,而在我的一般表象中,或概念、理念、想像等等中的东西,也叫做**观念的**,以致观念物一般也适用于想像,——表象不仅与实在物有区别,而且本质上**不**应当是**实在的**。事实上,精神总是道地的观念论者:在精神中,内容不是所谓**实在的实有**,在精神有感觉、有表象时已经是如此,在它思维和理解时尤其是如此;在自我的单纯中,这样的外在的**有**①只有被扬弃,它是**为我的**,是以**观念的**方式在我之中的。这种主观的观念论,不论是一般意识中不自觉的观念论或是自觉地表现或提出来作为原则,都只涉及表象的**形式**。根据这种形式,内容便是我的内容。在主观的有系统的观念论中,这种形式被认为是唯一真的形式,它排除了客观或实在,排除了内容的**外在实有**的形式。这样的观念论是形式的,因为它不重视表象或思维的**内容**,而在表象和思维中的内容也就仍然完全停留在它的有限性之中。用这样的观念论,什么也不会失去,既因为实在仍然保持这样的有限的内容,即充满着有限性的实有,又因为即使抽出实在,也丝毫加不到内容**本身**上去。同样,用这样的观念论,什么也不会得到,正因为什么也没有失去,也因为我、表象、精神都仍然充满着同一有限性的内容。主观和客观形式的对立当然是有限性之一种;但是内容,如它在感觉、直观中,甚至在表象、思维较抽象的因素中之被吸收那样,仍是充满着有限性,虽然排除了一种有限性,即主观与客观形式的有限性,但是别的有限性并没有丢掉,更没有自己消失。

---

① 这样的外在的有,即上文所说的实在的实有。——译者

第三章 自为之有

* **质的有在自为之有中完成**；它是无限的有。开始的**有**是无规定的。实有是扬弃了的有，但只是直接扬弃了的有。所以实有起初只包含第一次的、直接的自身否定；有当然也保持下来，在实有中，两者① 在单纯的统一中联合为一；但是正因此，它们自身彼此**还不相等**，它们的统一还**没有建立**。实有因此是差别，二元的范围，是有限性的场所。规定性是这样的规定性，即是相对地被规定，不是绝对地被规定。在自为之有中，有与规定性或否定之间的区别，便建立了，并且均等了；质、他有、界限以及实在、自在之有、应当等等——都是在有中的否定的不完全的意象，它们还是以两者在有中的差别为基础。但是，由于在有限中的否定过渡到无限，过渡到**建立**起来的否定之否定，这样，否定便是自身关系，在它本身那里也就与有均等了，——即**绝对被规定了**。

自为之有首先是直接的自为之有物，是一。

其次、一过渡为**诸一的多**，——即**排斥**；一的这种他有，在它的观念性中扬弃了自身，——即**吸引**。

第三、是排斥和吸引的相互规定，它们在其中一齐融人力的平衡，而** 质在自为之有中达到顶点，便过渡**为量**。

---

① 两者，指有及直接的否定。——译者
* 参看第 115 页。
** 参看第 115—116 页。

甲、自为之有自身

既然有了自为之有的一般概念，现在的问题，就只是要证明我们用**自为之有**这一名词所联结的表象符合那个概念，以便有理由对那个概念使用这一名词。事情也诚然好像是如此；假如某物把他有，把它与他物的关系和共同点扬弃了，排除了它们，将它们抽掉了，那么，我们就说某物是自为的。他物对这个某物说来，只是一个扬弃了的东西，只是**它的一个环节**；自为之有就在于这样超越限制，超越它的他有，因为它作为这样的否定，就是无限地**回归到自身**。——意识本身已经自在地包含着自为之有的规定，因为意识对它所感觉、所直观等等的一个对象**加以表象**，即是**在意识中**有了对象的内容，内容由于这样的方式就是**观念的**；意识在它的直观本身中，一般说来，在它与自己的否定物，即与他物的纠缠中，仍然是**在自己那里**。自为之有对于进行划界限的他物是争论的、否定的态度，并且由于否定他物，它便是自身反思的，尽管如此，在意识回归到自身和对象的观念性**之外**，对象的**实在也还**仍然保持，因为对象同时是作为一个**外在的**实有而被认识的。意识是这样的**现象**，或说是二元性，一方面必须知道与它不同的外在的对象，另一方面必须是自为的，在自身中以**观念的**方式包含着对象，意识不仅是在这样的他物里，而且即使在他物那里也仍然是在自身里。**自我意识**则与此相反，是**完成和建立起来了的自为之有**；与他物、与外在对象的关系的那个方面已经去掉了。所以自我意识就是无限性当前现在最切近的例子；——这当然总是一个抽象的无限，但同时又是与一般自为之有完全不同的具体规定,自为之有的无限性还完全只有质的规定性。

1. 实有与自为之有

如前面已经提过的,自为之有是融合到单纯的有中的无限性;无限的否定性是否定之否定,在现在建立起来的**有**的**直接**形式中,却只是一般否定,是单纯的质的规定性,在这样情形下,自为之有就是**实有**。在这样的规定性中的有是实有,这种有同时又与自为之有本身相区别,后者的规定性是那种无限的规定性,于是它就只是自为之有;但是实有同时又是自为之有本身的环节,因为自为之有当然也包含带着否定的有。规定性在这样的实有那里是**他物**和**为他之有**,所以规定性又回到自为之有的无限统一中去,而且实有这个环节在自为主有中是作为**为一之有**(Sein-für-Eines)而呈现的。

2. 为一之有

这个环节表现得和有限物在它与无限物的统一中一样,或说是观念的。自为之有,**在它那里**,没有作为规定性或界限那样的否定,所以也没有作为对一个与它不同的实有的关系那样的否定。既然这个环节被称为**为一之有**,当前还没有这个环节可以为之而是的什么东西,——这个环节可以是一的环节,但是还没有**一**。事实上,像这一类的东西还没有在自为之有中固定下来;——那个为了自为之有而可以是某物(而这里还没有某物)的东西,那个一般应当是另一方面的东西,同样是环节,本身只是为一之有,还不是一。——这样,可能在自为之有中飘浮着的两个方面,当前还不曾有区别;——只有一个为他之有,并且因为它只是**一个**为他之有,这个为他之有也就只是为一之有;一个东西,为了它或在其中,一个规定应该是环节,另一个东西则本身就应该是在它之中的环节,两者却只有**一种**观念性。所以**为一之有**和**自为之有**彼此不能构成真的规定性。假定暂时有区别,并且在这里来谈自为之有物,那么,自为之有物,扬弃了他有,它本身与自己的关系和与扬弃了的他物的关系是一样的,即是**为一的**;它在它的他物之中只是与自身有关系。观念的必然是**为一的**;但不是**为一个他物**;它为一而有,但那个一却只是它自己。——所以自我,一般精神,或上帝都是观念的,因为它们是无限的;但是它们作为门为之有物,在观念上,与那个为一而有的东西并没有不同。于是它们便只是直接的,或更确切地说,是实有或一个为他之有,因为假如那个**为一**而有的环节不适合于它们,那么为它们而有的东西就会不是它们本身而是一个他物。上帝之所以是**自为的**,因为上帝本身就是那个**为上帝**而有的东西。

这样,**自为之有**和**为一之有**并没有观念性的不同意义,而是观念性的本质的、不可分的环节。

注 释

对于质的问题,**什么是为一个事物而有的**[①],我们德文的说话乍一看似乎很奇怪,而在对于这里所观察的环节却很突出了它自

---

① 德文 was für ein Ding etwas sei,直译为"什么是为一个事物而有的",中文一般说"是什么样的事物",因本编一切为一、自为等中词,都与这种说法密切相关,故从直译。——译者

身反思的性质。这个说法的根源是观念论的，因为它不问这个事物甲为另一**事物乙是什么**，不问这个人为另一个人是什么；——而问这为**一个东西而有的**是什么，**为一个人而有的**是什么。于是这个为一之有便立刻回到这个东西、这个人本身之中了，因为那个**是这个事物**的东西与**为这个事物而有的**东西，是同一的，——这个同一性必须看作是观念性。

观念性首先适合于扬弃了的规定，与规定**在其中被扬弃的那个东西**有区别；那个东西正与观念性相反，可以被认为是实在的乙这样，观念的东西又是环节之一，而实在的东西则是另一个环节；但观念性又是这样的东西，即：这两个规定同样都只是**为一的**，并且只当作**一**，所以这样一个观念性就是不曾有区别的实在性。在这种意义下，自我意识、精神、上帝都是观念的，是无限的纯粹自身关系，——自我即是为自我，两者是同一的，自我说了两次，但是这两个中每一个都只是为一的、观念的；精神只是为精神的，上帝只是为上帝的，而且只有这种统一体是上帝，即作为精神的上帝。——但是自我意识，作为意识，便出现了**它**与**一个他物**的区别，或说它的观念性与它的实在性的区别；在观念性中意识进行表象活动；至于实在性，则是因为意识的表象有规定了的内容，这个内容还有一个方面，一个被人所知的不曾扬弃的否定方面，即实有。但是思想、精神、上帝等假如只被称为观念的，这就假定了一种立场，即认为有限的实有是实在的，而观念的或**为一之有**也只有片面的意义。

在前一个注释（第 156 页）里曾指出观念论的原则，并说过在一种哲学中其次有关的事就是贯彻这种原则到什么程度。关于这种贯彻的方式,可以就我们现在所谈到的范畴关系,再作一点解释。这种贯彻首先要依靠在自为之有以外是否还有独立并存的有限的实有,此外,还要依靠在无限物本身中是否已经建立了**为一的**环节,即一种观念物作为观念物的自身关系。所以埃利亚派的有或斯宾诺莎的实体都只是一切规定性的抽象否定,并没有在这否定中建立起观念性;——在斯宾诺莎看来(我们在下面还将要提到这点),无限只是一个事物的绝对**肯定**,也就只是不动的统一体;因此实体连自为之有的规定都到不了,更不用说主体和精神的规定了。高贵的马勒伯朗士(Malebranthe)的观念论,本身是比较开展的,它包含以下的基本思想:既然上帝把一切事物的永恒真理、理念和圆满性都包括在自身之内,以致它们都只是**上帝的**,所以我们只是在上帝中才看到它们;上帝用一种丝毫不是感性的行动,在我们中唤醒我们对对象的感觉;于是我们想像我们从对象所得的,不仅是代表对象本质的理念,而且也有对象的实有的感觉(《真理的探索,关于理念本性的说明》[①]等)。所以事物的实有,也正如它们的永恒真理和理念(本质性)一样,是在上帝中的观念的东西,而不是一个现实的实有;尽管它们是我们的对象,但只是**为一的**。这里呈现着斯宾诺莎所缺少的开展的、具体的观念论的一个环节,因为绝对观念性被规定为知。虽然这种观念论是那样纯粹而深刻,但是,这种观念论的情况,一方面包含着很多思想上不曾规定的东西,另一方面,其内容却又立刻就是完全具体的(罪孽和超度等等都立刻出现了);无限性的逻辑规定,本来应该作这种观念论的基

---

① 马勒伯朗士所著书名及副题。——译者

础,但是没有自为地实现;所以这种崇高而充实的观念论,虽然是纯思辨精神的产物,但还不是一个纯思辨的、唯一真有根据的思维均产物。

莱布尼兹的观念论比较是处于抽象概念界限以内。——莱布尼兹所**想像的东西,单子**,本质上是观念的。想像是一个自为之有,规定性往想像中不是界限,因此也就不是实有,而仅仅是环节。想像固然也同样是较具体的规定,但在这里并没有此观念性更多的意义;因为在莱布尼兹看求,一般无意识的东西也是有想像、知觉的。所以在这个体系中,他有被取消了,精神与肉体或一般单子都不是彼此互为他物,它们不彼此设立界限,彼此互不影响;总之,一个实有以之为基础的一切关系都消失了。多样性只是观念的,内在的,单子在这里只是与自身有关系,变化只在单子以内发展,没有单子与其他的事物的关系。就实在的规定看来是单子彼此间的实有关系的那种东西,这里却是独立的,仅仅是**同时的变**,被关闭在每一个单子的自为之有以内。——即使有**更多单子**,即使那些单子因此也被规定为他物,这都与单子本身不相干;那只是一个第三者在它们以外的反思;它们**在它们自身那里**并不是彼此对立的他物;自为之有仍然保持纯粹,没有实有与它**并列**。——这也就是这个体系不完备的地方。单子只有**自在地**,或说在作为单子的单子——**上帝**——中,或说**在体系**中,才是这样想像的东西。"他有"也同样呈现着;他有或是在它所要在的地方,即在想像本身中,或是被规定为像第三者那样,把单子看作他物,看作多。他物的实有那种多,只不过是被排除了,当然只是暂时的,单子只有由抽象才建立成这样的单子,即是**非他物**。假如有一第三者建立了单子的他有，那么也就有一第三者来扬弃它们的他有；但是这个**使**单子**成为观念的**整个**运动**，是在单子之外的。假如这里可以提醒说，这种思想运动毕竟只是在一个想像的单子之内，那么同样也可以提醒说，这样的思维**内容本身**正是**在它自己之外的**。这是从绝对观念性的统一体（单子的单子）直接地、非概念地（——由创造的想像）过渡到实有的抽象的（无关系的）**多**这一范畴，从这个多又同样抽象地回到那个统一体。观念性，一般的想像，仍然是某种形式的东西，正如提高到意识的想像一样，后者也是形式的。前面提到过莱布尼兹关于磁针的想法，假如磁针有意识，它就会认为它的向北是自由的规定；这样的意识乃是被设想为片面的形式，与磁针的规定和内容都不相干；单子中的观念性，也和这一样，是一个在多之外的形式。观念性对于单子，应该是内在的，想像应该是它们的本性；但是一方面，它们的行为是它们的和谐，而和谐又不在它们的实有之中，——因此和谐是先天建立的；另一方面，它们的这种实有既不是当作为他之有来把握，以后也不是当作观念来把握，而只是被规定为抽象的多；"多"的观念性及其以后达到和谐的各种规定，对于这个多本身说来，并不是内在的，也不属于它。

* 其他的观念论，例如康德的、费希特的，都没有超出**应当**或**无限进展**，仍然停留在实有和自为之有的二元论里。在这些体系中，自在之物，或无限的推动固然直接进入到自我之中，但只是变成一个**为同一事物**的东西；不过这种观念论是从一个自由的他有出发的，这个他有作为否定的自在之有而长在。自我固然因此而被规

---

* 参看第116页。

定为观念的东西、即自为之有物,是无限的自身关系;但是为一之有(Für-Eines-sein)并没有完成,没有达到消灭彼岸的东西或消灭到彼岸的倾向。

3. 一

自为之有是它自身与它的环节,即为一之有的单纯统一体。它当前只有**一个**规定,即进行扬弃的自身规定。自为之有的环节在**无区别**中一齐融合了,这种无区别性就是直接性或有,但是这一个**直接性**是以进行否定为基础的,而这种否定被建立为直接性的规定。* 所以自为之有是**自为之有物**;并且由于它的内在意义在这种直接性中消失了,所以它就是它自身的完全抽象的界限,即**一**。

对于以下表述**一的发展**所包含的困难,并且正是为了这种困难的原故,可以预先提起注意。构成作为自为之有的**一**的**概念**的**环节**,在这里**彼此分离**了。它们是:1. 一般否定,2. 两个否定;3. 于是两项中的否定是**同一的**;4. 它们又是完全对立的:5. **自身关系**,即同一性本身;6. **否定的**关系,然而又是**自身的**关系。这些环节之所以**彼此分离**,是因为这里**直接性**形式,即**有**的形式进入(作为自为之有物的)自为之有;每一环节都由于这种直接性而**建立为一个自己的、有的规定**;但它们又同样是不可分离的。所以关于每一规定都必须谈到它的对立面;在**环节的抽象状态**中,就是这种矛盾造成了困难。

---

* 参看第 116 页。

乙、一与多

"一"就是自为之有对自身的单纯关系,它的环节在这种关系中消融了,因此它在这种关系中有了直接性的形式,因此它的环节变成了**实有的**。

"一"作为否定物的自身关系,是在进行规定,——而且作为**自身**关系,它又是无限的进行**自身**规定。但是这些**区别**因为现有的直接性的缘故,就不再仅仅被建立为一个并且是同一个自身规定的环节,而是同时被建立**为有的物**。* 于是自为之有的**观念性**,作为总体,首先转化为**实在**,而且转化为最牢固的、最抽象的实在,即一。自为之有是在一中建立起来的有与实有的统一体,是对他物的关系和自身关系的绝对联合;但是以后也出现了"有"的规定性与**无限否定**的规定对立,即与自身规定对立;这样一来,那个**自在**地是一的东西,现在却只是**在一**那里的东西,从而否定物成了与那个东西不同的他物。那个表示自身与它**当前**相区别的东西,就是它自己的自身规定;它与自身的统一,于是作为与自身相区别,便降低为**关系**;并且作为**否定**的统一,就是把自身当作一个他物的否定,就是把一当作**他物**从自身**排除**出去,即从**一**排除出去。

1. 在自身那里的一

在自身那里的,是一般的一;它的这个有不是实有,不是作为

---

* 参看第116—117页。

对他物的关系的规定性，不是状态，——它是这样的东西，即范畴的那个圆圈①被否定了。所以这个一不能够变为他物，它是**不变化的**。

它是不曾规定的，然而又不再像"有"那样；它的不曾规定即是规定性，这就是自身关系，是绝对被规定了的，是**建立起来的**内在之有。作为依照其概念而自身相关的否定，它住它之中便有了区别，——这是超出自身而到他物的趋向，但又是直接转回去的趋向，因为根据自身规定的这一环节，这种趋向并没有他物可去，于是它便转回到自身去了。

在这种单纯直接性之中，实有和观念性的中介都消失了，从而一切差异和多样性也消失了。其中什么也**没有**，而这个无，即自身关系的抽象本身，在这里与内在之有本身相区别；它是一个**建立起来的东西**，因为这个内在之有，不再是某物的单纯的东西，而是有了规定，即作为中介，是具体的了；当然，这个无作为抽象，就与一是同一的，但是仍与一的规定不同。所以这个无是作为**在一之中**建立起来的，是作为空的无。——所以空是一在直接性中的**质**。

2. 一与空

"一"是作为否定的抽象自身关系的那种空。空，作为无，它与单纯直接性，即使是**一**的肯定的有，都绝对不同；而且它们既然都在一个关系中，即在**一**本身中，它们的差异也就**建立起来了**；但是，无作为空，既然与**有的事物**不同，也就是在**有的一**以外了。

---

① 前面曾说过"真的无限"，是观念的圆圈运动。见"肯定的无限"节。——译者

自为之有，由于它用这种方式，将自己规定为一与空，便又得到了一种**实有**。一与空都以否定的自身关系，作为它们的共同的、单纯的基础。自为之有的环节退出这种统一，变成互相**外在的东西**；因为，**有**的规定是由环节的**单纯**统一而来，所以这种规定便把自身降低为**一个方面**，即降低为实有，并且在实有中使它的另一规定，即一般的否定，也同样作为无的实有，作为空，而与它自身对立起来。

注 释

在这种实有形式中的一，便到了这样一个范畴的阶段，[*] 即在古代，那是作为原子论的本原而出现的，就这种本原说来，事物的本质是原子和**虚空**(τὸ ατομου，原子；或 τὰ ατομα καὶ τὸ κευόυ，原子与虚空)。以这种形式繁荣起来的抽象，所得的规定性，比巴门尼德的**有**和赫拉克利特的变要大一些。这种抽象把自己提得**那样高**，竟至使一和空这些简单规定性都成了一切事物的本原，把世界的无限多样性都归结为这种简单的对立，并且居然敢于就从这一对立来认识世界的多样性；对于想像的反思说来，要想像**这里**的原子和**旁边**的虚空，也同样是很容易的。因此，每一时代都保留着原子论的本原，也就不足为奇了。为了要得到一个具体而多彩的外貌，便一定还要加添上同等琐屑而表面的关系的**凑合**，这也和原子本身及虚空间样很流行。一和空是自为之有，这种最高的、质的内在之有下降到完全的**外在性**去了；直接性或说一的有，是建立起来

---

[*] 参看第116页。

了,因为它是一切他物的否定,也就不再是可以规定,可以变化的了;因为它绝对冶漠,所以一切规定、多样性、联系等都仍旧是绝对外在的关系。

可是最早的原子论的思想家,并不曾使原子论的本原就停留在这样的外在性里,除了它的抽象而外,其中还有一个思辨的规定,即认识到**虚空是运动的泉源**。原子和虚空的这种关系,和这两种规定的仅仅并列而各不相关,是大不相同了。* 说虚空是运动的源泉,其意义并不像下面所说的那样无聊,即某物能动,只是在虚空中,而不是在一个已经充满了的空间中,因为在这样的空间,某物再也找不到空出来的地方了,——在这样的了解之下,虚空只是运动的前提或条件,而不是**根据**,并且这样也就把运动本身假定为现成的,而把它的本质的东西,即根据,忘掉了。说虚空构成运动的根据,这种观点包含着更深刻的思想,即在一般否定物中包含着变的根据,自身运动不静止的根据,——但是在这样的意义之下,必须要把否定物看作是无限物的真正否定性。——虚空只有作为**一**对它的**否定物**,即对一的否定关系,亦即对它自身的**否定**关系,才是运动的根据,而这个一却是被建立为实有的东西。

除此而外,古人关于原子的形状、位置、以及运动方向等所作的其他规定,却是很够随意而肤浅的,并且这些规定还与原子的基本规定处于直接矛盾之中。这种原子,这种极其肤浅的,也就是极其无概念的本原,使分子和微粒的物理学以及从个人的个别意志出发的政治科学,都深受其害。

---

* 参看第 116 页。

5. 多个的一　排斥

一与空构成在其最早的实有中的自为之有。这两个环节，每一个都以否定作它的规定，同时又被建立为实有。依照这种规定，一和空就是否定对否定的关系，也就像是一个他物对它的他物的关系；一是有的规定中之否定，空是非有的规定中之否定。但是一本质上只有在与否定相关时，才是自身关系，这就是说它本身是空应在其外的那个东西。两者又都被建立为一个肯定的**实有**，一个是自为之有本身，另一个则是不曾规定的一般实有，两者的相互关系和与**别一个实有**的关系一样。然而一的自为之有却在本质上是实有和他物的观念性；它的自身关系并不是对他物，而只是**对自己**。但是自为之有既然作为一，作为自为之有物，作为**直接**当前的东西固定下来，它的否定的自身关系，也就同时是对一个**有的事物**的关系；这种关系既然也同样是否定的，那么一与自身相关所依靠的那个东西，也就仍然被规定为一个**实有**和一个**他物**；这个他物，作为本质上的**自身**关系，便不是不曾规定的否定，即**空**，而也同样是**一**。一于是就**变为多个的一**。

但是这究竟不是真正的**变**，因为变是**从有**过渡到无；而**一**则相反地只是变成**一**。一，这个发生关系者包含着作为关系的否定物，所以在它本身那里，有同一的否定物。于是，第一，当前的不是变，而是**一**的特有的、内在的关系；第二，既然这种关系是否定的，而一同时又是有的事物，那么，一便是自己排斥自己。一的否定的自身关系就是**排斥**。

这种排斥，作为**多个的一**的建立（但是这种建立是由于一本身），是一自己超出自己之外，但是它在自己以外所达到的东西，仍然只是一。这就是依据概念的排斥，或者说是**自在地有**的排斥。另一种排斥则与此不同，它首先是浮现于外在反思的想像中的排斥，不是作为多个的一的产生，而仅仅作为事先建立的、已经**当前**的一之互相抗拒。现在要看一看那种**自在地有**的排斥如何把自己规定为另一个外在的排斥。

首先要确定多个的一本身都有些什么规定。多的变或多的产生，一旦建立起来便立刻消失了；产生出的东西是一，不是为了他物，而是无限的自身关系。一只是由自己来排斥自己，所以不是将要有，而是**已经有**；那个被设想为受到排斥的东西，也同样是一个一，是一个**有的事物**；排斥与被排斥对两者都是一样适合，并无区别。

所以诸一，在彼此相对说来，都是**事先建立的**；——所谓**建立**，是由于一被自身所排斥；所谓**事先**建立，则是犹如不建立；①它们的建立起来的有被扬弃了，它们彼此相对都是**有的事物**，作为只对自身有关系的东西。

所以多并不出现为**他有**，而是完全在一以外的规定。一，由于它排斥自身，也和那个原先被当作遭到排斥的东西一样，仍然是自身关系。因为诸一彼此相对都是**他物**而综括在"多"这一规定性之中，所以这里没有什么东西与诸一相关。多若是诸一本身的互相关系，那么诸一便会互为界限，在它们那里也就肯定地会有一个为他之有了。它们的关系——它们之有这种关系，是由于它们的自

---

① 事先建立犹如不建立，是指一被自身排斥以后，仍是一，和以前同样，并不因建立（即否定）而有质的变化，也就是"建立起来的有被扬弃了"。——译者

有的统一，——正如这里**建立的**关系，被规定为不是什么关系；这种关系又是以前所建立的**空**。空是它们的界限，但是在它们以外的界限，它们彼此都不应是在这界限之中。界限是这样一个东西，其中既**有**、又**没有被界限者**；但是虚空被规定为纯非有，并且只是这个非有，才构成诸一的界限。

一被自身所排斥，就是那个自在地是一的东西的展开；这里彼此分离的无限性，是**到了自身以外的无限性**；它由于无限物的直接性，即由于一，到了自身以外。它是一与一的单纯相关，也是，或者不如说，更是一的绝对无关系性；前一个一是就一的单纯肯定的自身关系而言，后一个一是就同一关系作为否定的关系而言。或者说，一的多是一的自己建立；这个一不是别的，只是一的**否定的**自身关系，而这种关系就是一本身，是那个多的一。但是多对于一又是绝对外在的；因为一正是他有的扬弃，排斥就是一的自身关系和与自身单纯的等同。诸一的多是无拘无束自行发生的矛盾那样的无限性。

注　　释

前面提到过莱布尼兹的观念论。这里还可以说* 这种观念论从被规定为自为之有物那样的**想像的单子**出发，只继续进行到方才考察过的排斥为止，并且诚然只进行到**多本身**为止，诸一在多中每一个都是旧为的，对他物的实有和自为之有漠不相关，或者说，他物丝毫也不是为一而有的。各单子是自为的、完全封闭的世界；

---

* 参看第 117 页。

那一个也不需要任何其他的单子。但是单子在观念中所具有的这种内在的多样性，丝毫不改变它是自为的那种规定。莱布尼兹的观念论把**多**直接当作**现成的**多来接受，而不把多理解为单子的排斥；因此他所看见的多，只是就多的抽象外在性那一方面而言。原子论没有观念性的概念；原子论不把一看作是这样的东西，即**在它本身**中兼有自为之有和为他之有两个环节，也就是观念的东西，而只把一看作是简单枯燥的自为之有物。但是原子论仍然超出了单纯的漠不相关的多；尽管很不彻底，原子还是有了进一步的相互规定。*反之，因为在单子的那种漠不相关独立自在之中，多也就仍然是僵硬的**基本规定**，以致单子的关系只是在单子的单子①之中，或说在哲学家的头脑中。

丙、排斥与吸引

1. 一的排除

多个的一是有的事物；它们的实有或关系是非关系，这个非关系是在它们之外的——即抽象的空。它们本身是这种对自身的否定关系，但现在则作为对**有的他物**② 的否定关系了，——这种表现出来的矛盾，无限性，是在"有"的直接性中建立的。于是在排斥**面前**，便直接**找到了**它所排斥的东西。排斥在这种规定中，就是**排除**（ausschließen）。一只从自身排斥那些不由它产生的，不由它建立的

---

① 单子的单子，指上帝。——译者
② 有的他物，即指虚空。——译者
* 参看第 117 页。

多个的一。这种排斥,无论是双方的或是全面的,都是相对的,受到**一**的**有**的限制。

多首先是没有建立起来的他有,界限只是空,只是诸一**没有**在其中的那种东西。但是诸一又是在界限中;它们是在空之中,或者说它们的排斥就是它们的**共同关系**。

相互的排斥是多个的一建立起来的**实有**,这个排斥不是它们的自为之有,而是它们自己的,保持它们自身的区别;就自为之有而论,它们只是在一个第三者中,作为多,才有区别。——它们互相否定,彼此建立成仅仅是**为一而有**的东西。但是它们又同样否定了仅仅**为一而有**这一点;它们**排斥**了它们的这种**观念性**而且**有**。——所以在观念性中绝对联合起来了的环节,又分开了。一在它的自为之有中,也是**为一的**;但是这个为一而有的一,就是一本身;它与自身的区别直接扬弃了。但是被区别的一在多中有一个有;因此为一之有,正如它在排除中被规定的那样,是一个为他物之有。所以每一个都将被一个他物所排斥、所扬弃,被造成是一个这样的东西,即不是自为的,而是为一的东西,并且是另一个**一**。

多个的一的自为之有,由于相互排斥的中介,表现为自身的保持,在自身保持中它们互相扬弃,把诸他物建立为一个仅仅是为他之有;但是这个自身保持同时又在于排斥这种观念性,建立不是为一他物的诸一。诸一的这种保持自身,由于它们互相的否定关系,反倒是它们的消解。

诸一不仅**有**,而且由于它们的互相排除,便保持了自身。第一,现在诸一借以坚持其差异而与其被否定相对立的那个东西,便是它们的**有**,而且是与他物的关系对立的**自在之有**。这个自在之有就是它们之所以是一的那个东西。**它们全都是这个自在之有**；在自在之有中，它们都是**同一**的，在那里并没有固定的差异之点。第二，它们的实有及其相互的行为(即将**它们自身建立成为一**)，是相互进行否定，但这种进行否定又是一切的一的**一个和同一的规定**，由于这种规定，它们倒是将自己建立为同一的，——与此一样，它们既然是自在地同一的，那么，它们由他物而建立的观念性也就是**它们自己的**，所以它们也同样不排斥这种观念性。——于是就它们的有和建立而言，它们只是**一个肯定的统一体**。

对一的这种观察，即：因为他们有，又因为它们彼此有关系，就这两种规定而言，它们都只是一个东西而且是同一的东西，并且表现了它们的无从区别——这种观察就是我们的比较。但是也须看看在它们的相互**关系**中所建立的东西，在它们那里是什么。——它们**有**，这一点在这种关系中是事先建立了的，——它们之所以**有**，只是因为它们互相否定，并且同时由它们自身排斥它们的这种观念性，即它们的被否定之有，这就是说否定那种互相的否定。但是在它们否定的时候，它们才有，——既然它们的否定将被否定，所以它们的有也将被否定了。诚然，由于它们**有**，它们将不会被这一否定否定掉，这一否定对于它们只是外在的东西；这种他物的否定在它们那里碰回来了，只接触到它们的表面。但是它们只有由于否定他物，才回归到自身。它们之所以有，只是因为这种中介。它们的这种回归，就是它们的自身保持和它们的自为之有。因为它们的否定丝毫没有发生影响(这是由于**有的事物**自身或进行否定的**有的事物**所作的抵抗)，所以它们就不回归到自身，不保持自身，也不是有。

前面已经考察过,诸一都是同一的,其中每一个都和另一个一样。这不仅是我们的连系,不仅是一个外表的凑合;而是排斥本身就是关系;排除诸一的那个一,自己就与诸一相关,即是与自身相关。所以诸一彼此的否定态度也只是**自身的消融**。它们的排斥过渡到同一性之中,这个同一性就扬弃了它们的差异和外在性,或者不如说,差异和外在性维持诸——成为相互排除的东西。

多个的一这样把自身建立为一个**一**,就是**吸引**。

注　释

自立性被推到自为之有的一那样的极端,便是抽象的、形式的自立性,它摧毁自己,——它在较具体的形式中,表现为抽象的自由,为纯粹的自我,然后又表现为恶:这是最大、最顽固的错误,还自命是最高的真理。这是曲解了自由,把自由的本质建立在这种抽象之中,还自夸是在自由本身那里获得了纯粹的自由。把那个是自立性自己的本质的东西,看作是否定的,并且对它抱否定的态度,这种自立性一定更是错误。这样,自立性便是对它自身的否定态度,它由于想要获得自己的**有**,便毁掉了这个有,它的行为也只表现出没有行为。补救之道是承认与否定态度相对立的东西倒是它的本质,并且只有**放弃它**的自为之有的否定性,而不是固执在自为之有那里。

* 有一句古话:**一即多**,尤其是多即一。这里须反复申明,这些话所说的一,多的真理,其所表现的形式并不恰当,这种真理只应

---

* 参看第117页。

该作为变，作为过程，即排斥与吸引，而不应该作为有，像在那句话中有被当作一个静止的统一体那样来把握，来表示。前面曾经提到过柏拉图在巴门尼德篇中的辩证法：关于从"一"，即从"有一"这个命题推演出多。概念的内在辩证法是被揭示出来了；"多即一"这句话的辩证法，最容易被当作外在的反思来把握；由于对象**多**是相互外在的，所以辩证法在这里也可以是外在的。将"多。相互比较，立刻可以看到一正是被规定得绝对和他物一样；每个都是一，是多的一，是他物的排除；——所以它们只是绝对同一的，当前绝对只有**一个**规定。这是**事实**，因此要作的事也只是去了解这个简单的事实。知性之所以顽固地拒绝这种了解，只是因为在它的心目中还悬有区别，这诚然也是有道理的；但是区别不因这种事实而取消，也正如这种事实的确不理会区别而存在一样。对于区别的事实作这样素朴的了解，人们似乎因此可以安慰知性说：区别将会再来的。

2．吸引的一个一

排斥是一自身分散为多，排斥的否定态度是无力的，因为多彼此都事先建立为有的事物；排斥只是观念性的**应当**；而观念性则将在吸引中实在化。排斥过渡为吸引，多个的一过渡为**一个一**。排斥与吸引两者，首先是有区别的，前者是诸一的实在性，后者是诸一建立起来的观念性。吸引用这种方式与排斥发生关系，因为它以排斥为**前提**。排斥为吸引供给物质材料。假如没有诸一，也就没有什么可以吸引了。连续吸引或消耗诸一的观念，是以同样连续产生诸一为前提的。空间吸引的感性表象使受吸引的诸一的奔流连续;各原子在吸引点中消失了,代之而起的是来自虚空的另一种数量,也可以说是到了无限。假如吸引完成了,即想像多已经达到了一个一之点,那么,这只是一个呆滞无生气的一,当前再也没有什么吸引了。在吸引中实有的观念性,在它那里也还有自身否定的规定,即还有多个的一,观念性就是与多个的一的关系,而且吸引与排斥是分不开的。

吸引首先对**直接**当前的多个的一中每一个,都一视同仁;没有一个比另一个优先;这样,吸引便呈现了平衡,或者说,这本来是吸引和排斥自身呈现了平衡,即一个没有实有的观念性的惰性平静。但是这里谈不到一个这样的一此另一个一优先,优先是以它们间有一定的区别为前提,不如说吸引建立了诸一的当前的无区别性。只有吸引本身才**建立了**与其他的一相区别的一个一;那些其他的一只是直接的、应当由排斥而保持自身的诸一,但是吸引的一却由它们所建立的否定而出现了,因此这个一被规定为有了中介的,作为**一而建立起来的一**。那些作为直接的一,并不在观念性中回归到自身,而是在另一个一那里有了观念性。

但是这一个一又是实在化了的,在一那里建立起来的观念性;这一个一是由排斥的中介来进行吸引的;它在自身之中包含着这个中介作为**它的规定**。它并不是像在一点那样把被吸引的诸一吞噬在自身之内,也就是说,它并不是抽象地取消诸一。既然一个一在它的规定性中包含着排斥,排斥也就同时在这一个一里面包含了这些作为多的诸一;这一个一可以说是由于它的吸引而在它的面前带来了某种东西,获得了广袤和充实。所以在这一个一之中,一般地有了排斥和吸引的统一。

5. 排斥和吸引的关系

*一与多的区别把自身规定为两者相互关系的区别,而关系又分为两种,排斥和吸引,每一个关系原来都是自立于另一个关系之外的,可是本质上它们仍然是联系着的。它们的还不曾规定的统一须要更明确地出现。

排斥作为一的基本规定,最先出现,和它的诸一同样是**直接的**;诸一虽然是由排斥产生的,但是同时又被当作是直接建立起来的,所以和吸引漠不相关,吸引对这样事先建立起来的诸一,是外加的。另一方面,吸引又不是由排斥事先建立的,所以对排斥的建立和有,吸引都不应该有份,即是说排斥并不是在自己那里已经是自身的否定,诸一也不是在诸一那里已经被否定。这样一来,我们就有了抽象自为的排斥;和这一样,吸引对于作为**有的事物**的诸一,也有了直接实有的一个方面,离开自己作为一个他物来到诸一那里。

假如我们依此来看待单纯自为的排斥,那么,它就是多个的一分散为不曾规定的东西,在排斥自身的范围以外;因为排斥就是要否定"多"的相互关系,抽象看来,无关系性就是排斥的规定。但是,排斥不仅是虚空;无关系的诸一并不排斥、也不排除那种构成其规定的东西。排斥虽然是否定的关系,本质上却仍然是**关系**;相互的排斥和逃避并不就是摆脱了它所排斥和逃避的东西,排除**仍然**和它所排除的东西有**联系**。但是关系的这一环节是吸引,从而

---

* 参看第117页。

也是在排斥本身之中;吸引是那种抽象排斥本身的否定,根据这样的排斥,诸一只是自身关系的,非排除的**有的事物**。

但是既然从实有的诸一的排斥出发,于是吸引也就在诸一那里外在地出现而建立起来,所以这两者于不可分离之中,仍然作为有差异的规定而彼此分开。但是很显然,不仅排斥是吸引的前提,而且排斥对吸引也同样有相反的关系,排斥同样也以吸引为它的前提。

依照这种规定看来,它们是不可分的,同时每一个又都被规定为与另一个对立的应当和限制。它们的"应当"是它们作为**自在之有**的抽象规定性,因此这种规定性绝对要指向自身以外,和**另一规定性**发生关系,这样,每一个都是以**作为他物的另一个**为中介而有的;它们的自立性就在于:它们在这种中介之内,被建立为彼此都是**另一规定**,——排斥是多的建立,吸引是一的建立,后者同时是多的否定,而前者则是在一中多的观念性之否定,——它们的自在性也在于:吸引只有以排斥为中介才是吸引,正如排斥以吸引为中介才是排斥一样。在这里,因为事实上,中介倒是由于和它在一起的**他物**而被否定了,并且这些规定每一个都是以自身为中介,对它们详细观察便可明了这一点,并将它们归结到概念的统一。

首先,每一规定都是**自身**事先建立的,在事先建立中只与自身相关,当排斥和吸引还在最初的相对状态时,这一点就已经呈现出来了。

相对的排斥是**已有的**多个的一的相互排斥,多个的一应该是直接现有的。但是,因为有多个的一,才有排斥本身,排斥若是有事先的建立,那就是它自己的建立。再者,诸一除了是建立的而外，还适合于**有**的规定，由于这种规定，诸一**事先**就有了，——这种有的规定同样也属于排斥。排斥是诸一所以表现并保持为诸一的东西，也是诸一本身所以有的东西。诸一的**有**就是排斥本身；排斥不是一个相对于别的实有的实有，而完全只是相对于自己。

吸引是一本身的建立，是实在的一的建立，与这种一相对，在其实有中的多被规定为只是观念的，而且正在消失。所以吸引同样也是自身事先建立的，——即是在其他诸一的规定中，吸引是观念的；那些其他诸一在别的场所都应当是进行排斥的、自为之有的和**为他物**的，也就是为任何进行吸引的东西①的。诸一与这种排斥规定相对立，并不是由于与吸引的关系才获得了观念性，而是吸引是事先建立的，是诸一**自在**之有的观念性，因为它们作为一——被想像为吸引的一也包括在内，——彼此不曾区别，是一个并且是同一个的东西。

这两种规定每一个本身都是事先建立的，**每一个都是自为的**，这又意谓着每一个都以另一规定作为环节而将它包括在自身之内。**自身事先建立**一般是把自己在一中建立为自己的否定物——即排斥；那个在这里被事先建立起来的东西，与进行事先建立的东西是**同一**的，——即吸引。因为每一个就其**自在**而论都只是环节，所以，这就是每一个规定都要从自身过渡为另一个规定，在自身那里否定自身，并将自身建立为自己的他物。由于一本身就是超出自己，所以它只是将自己建立为它的他物，建立为多；同样，多也只是自己消融，将自己建立为它们的他物，建立为一，正是在一之内，

---

① 进行吸引的东西，就是排斥的"他物"——译者

它们才是自身相关,每一个都在自己的他物之内继续是自身,——所以在这里就已经呈现本来不曾分离的超出自己(排斥)和自己的建立为一(吸引)。但是,上述情况是在相对的排斥和吸引那里**建立的**,这就是说,那些直接实有的诸一是事先建立的,因为每一个规定都是在它自身那里的否定,从而也是在它的另一规定中的继续。实有的诸一的**排斥**,是由于其他诸一的互相排斥而保持自身,所以:1,其他诸一**在一那里**被否定了,这是这个一的实有成为他之有的方面;这个方面作为诸一的观念性,即是吸引;——2,这个一是**自在的**,与其他诸一没有关系;但是这个"自在,不仅是一般久已过渡到自为之有,而且就它的规定而论,这个一就是那个到多的变。实有的诸一的**吸引**,是诸一的观念性和"一"的建立,所以吸引在观念性中,作为一的否定和产生,便扬弃自身,作为一的建立,便是在它自己那里的否定物,即排斥。

自为之有的发展,这样便完成了,并且达到了发展的结果。这个一,作为**无限的**(即作为建立起来的否定之否定的)**自身相关**,就是中介,因为这个一把自己作为它的绝对(即抽象的)**他有**(即多),从自己那里排斥出去,并且由于它与它的这个非有的关系,是否定的,是扬弃这个非有的,所以它在那里也恰好只是对自身的关系。因为一在**开始**时就被**建立**为直接的、有的事物,同时作为结果,它又恢复为一,即同样直接的、进行排除的一,所以一就是这样的变,在这个变中,规定消失了。"一"就是这样的过程,这个过程所建立的一,所包括的一,到处都仅仅作为已经扬弃了的东西。这种扬弃最初只被规定为相对的扬弃,是对别的实有物的**关系**,这种关系因此本身是不同的排斥和吸引。这种扬弃同样又表现出由于否定了直接物和实有物的外在关系而过渡到中介的无限关系,其结果是变,这种变由于它的环节不安定而沉没到、或不如说是自身融合到单纯的直接性之中,这种有,根据它现在**所获得的**规定,就是**量**。

假如我们对这种从**质到量的过渡**的各环节作一简短的检察,那么,质的基本规定是"**有**"和直接性,在那种直接性里,界限和规定性与某物的有是这样的同一,以致某物随界限等的变化而消失。这样建立起来的某物就被规定为有限物。**区别**由于这个统一体的直接性的缘故,便在其中消失了,尽管区别在**有与无**的统一中是自在地呈现着的,却作为一般的他有而落在那种统一**之外**了。这种对他物的关系,与直接性是矛盾的,在直接性中,质的规定性是自身关系。这个他有在自为之有的无限性中扬弃了自己。在否定之否定中,自为之有在它那里和在它本身中,有了区别,并且将区别实在化为一与多及其关系,将质的东西提高到真的统一,即不再是直接的统一,而是与自身一致的、建立起来的统一。

所以这种统一是:(1),**有**,仅仅是**肯定的有**,即由于否定之否定而以自身为中介的**直接性**;有被建立为**通过**"**有**"的规定性、界限等的统一,规定性、界限等在"有"中都被建立为扬弃了的东西;——(3),**实有**;依据这样的规定,它是否定,或说是作为肯定的有的环节那种规定性,但是那种规定性已不再是直接的,而是自身反思的,不是对他物的,而是对自身的关系;它是绝对地、**自在**地被规定的有,是一;这样的他有就是自为之有本身;——(3),* **自为之有**,作为那种通过规定性而自身仍然继续的有;在那种有中,一

---

* 参看第118页。

和自在地规定了的有本身,都作为扬弃了的东西而建立起来了。一同时被规定为对自身的超越和**单位**;因此,一被建立为绝对确定了的界限;这个界限,作为界限而论,并不是界限,它在"有"那里,而又与有漠不相关。

注 释

大家知道排斥和吸引常被认为是**力**。它们的这种规定和相连的关系,须要与为它们而自行发生的概念来比较。在那样的观念中①,它们被看作是自立的,所以它们不是由于本性而彼此相关,即是说它们每一个不应该是仅仅过渡到它们的对立面的环节,而是僵化在与另一方的对立之中。然后它们又被想像为在一个**第三者**之中,即在**物质**中会合了;所以这种**变而为一**并不被当作是它们的真理,每一个倒都是第一性的、自在和自为之有的东西,而物质或物质的规定,却是由它们建立并发生的。假如说物质**自身具有力**,那么,力的这种统一便是意味着一种联系,同时这些力也在那里被假定为各自独立而有的。

大家知道,康德用**斥力**和**引力构造了物质**,或如他自己所说,至少提出了这种构造的形而上学的原素。——仔细考察一下这个构造,不会是没有趣味的。一个对象,不仅自身,而且它的规定,好像都只是属于**经验**,对这个对象作形而上学的表述之所以很可注意,一方面是因为这种表述作为概念的一种尝试,至少推动了近代自然哲学,——哲学并不是把自然当作对知觉的感性的所与材料

---

① 那样的观念,指排斥和吸引通常被认为力的那种观念。——译者

来造成科学的基础，而是从绝对概念来认识自然的规定，——另一方面也因为哲学还常常停留在康德的构造那里，认为那是哲学的开始和物理的基础。

像感性物质这样的存在，固然不是逻辑的对象，空间和空间的规定也同样不是逻辑的对象。但是，只要引力和斥力被看作是威性物质的力时，它们也就是以这里所考察的一与多的纯粹规定及共相互关系为基础，我称这些规定为排斥和吸引，因为这两个名词最为贴切。

康德称他从这些力推演出物质的办法为一种**构造**。仔细考察一下，假如不是每一种别的反思，甚至是分析的反思，都被叫做构造；以及近来的自然哲学家把任意的想像和无头脑的反思所作的最平庸的推理和最无根据的捏造——尤其是所谓引力、斥力因素之使用，到处风行——都称为构造；那么，康德的这种力、法，是不配叫这个名称的。

康德的办法根本是**分析的**，不是构造的。他先**假定了物质观念**，然后追问为了维持其已经作为前提的规定需要些什么力。一方面，他之所以要求引力，是因**为单有排斥而无吸引，物质就根本不能实有**(《自然科学原理》第53页以下)。另一方面，他又把排斥从物质推演出来，并且说它是物质的根据，**因为我们想像物质是不可入的**，这是由于物质就是在排斥这种规定之下，呈现于**触觉感官**的，通过这种威官，物质就展示于我们之前了。

再者，我们之所以在物质**概念**中立刻想到排斥，是因为物质是由排斥直接给与的；反之，吸引则是由**推论**附加给物质的。但是那些推论也是以方才所说的为基础，因为一种只有排斥的物质，并不足以穷尽我们所设想为物质的那种东西。——* 这显然是对经验进行反思的认识办法,它先在现象中感知某些规定,然后以这些规定为基础,并且为了这些规定的所谓**说明**而假定了应当产生这些现象规定的相应的**基本质料或力**。

关于认识在物质中所发现的像上述斥力和引力的区别,康德又说,**引力尽管并不包括在物质概念之内,却仍然属于这一概念**。康德特别着重上面这种说法。我们看不出这里面究竟有什么区别;因为一个规定既然属于一件事情的**概念**,也就一定真的包括在它之内。

造成困难和导致空洞遁词的东西,在于康德对物质概念一开始便片面地只是估计了不可入性的规定,我们由**触觉**而**感知**不可入性,所以斥力,作为自身对他物的排斥,是直接给与的。但是物质假如没有吸引便不能**实有**,所以一种由知觉取得的物质观念就为这种主张作了基础;于是在知觉中,也同样一定会遇到吸引的规定。很容易感知这一点,即:物质除了扬弃为他之有(或说施行阻力)的自为之有而外,也还有**自为之有物的相互关系**,空间的**广延**和**内聚力**,而且在僵硬、固定之中,有一种很强固的内聚力。从事说明的物理学,为了打碎一个物体等等,要求有一种比这个物体各部分相互吸引更强的力。反思同样可以从这样的知觉中直接推演出引力,或假定引力是**已给与**的,正如它对斥力所作的那样。假如仔细考察一下康德演绎吸力所用的推论(物质的可能性,要求有引力作第二种基本的力:这一定理的证明见所引前书),那么,这些推

---

* 参看第118页。

论无非是说，物质不会仅仅由于斥力就成为**空间**的而已。由于假定物质是充填空间的，连续性也就归属于物质。而吸力又被假定为连续性的基础。

假如说这样的所谓物质构造，至多只有分析的功效，而且不纯净的表述又削弱了这种功效；尽管如此，对于这样的基本思想——即由物质的基本的力，这两种相反的规定，来认识物质——总之也还须要很加重视。康德主要关心的事，是要驱逐那种庸俗的、机械的想法。这种想法停留在一种规定上，即不可入性、**自为之有的严密的点的性质**，把相反的规定、即物质自身关系或多种物质（这些物质又被当作各别的一）的相互关系，造成某种外在的东西。——这种想法，如康德所说，仅仅只愿意容纳由于压力和碰撞，即由于外来作用而运动的力。这种认识仅仅涉及外在性，它假定了运动在物质外面已经呈现，并不想把运动当作某种内在的东西来把握，在物质中去理解运动，于是物质也就被看作是自身不动的、呆滞的了。在这种观点的心目中，只有普通机械力学，没有内在的、自由的运动。——当康德将吸引（即被当作彼此分离的各种物质之相互关系，或一般物质超出自身的关系）造成是**物质本身的**一种力之时，他固然扬弃了那种外在性，但是另一方面，他的两种力在物质中却彼此仍然是外在的，**各自独立的**。

假如由这种认识的观点给这两种力所附加的独立的区别，是虚无的，那么，假如它们的内容规定被当做是某种应当**固定**的东西，这样作出来的任何其他区别，也一定会表现出是同样虚无的；因为正如在前面就它们的真理来观察它们那样，它们只是相互过渡的环节。——康德所指出的这些进一步的区别规定，我也将加以观察。

他把引力规定为**贯穿**的力,一种物质可以由于这种力对另一种物质的各部分**直接**起作用,甚至超出接触面直接起作用;反之,斥力则是一种**表面的**力,物质由于这种力,只有在共同的接触面上才能互相起作用。对于后者只应该是一种表面的力,所举的理由如下:"相互**接触**的部分互相限制了作用范围,而斥力假如不借助处在中间的部分就不能使较远的部分运动;一种物质由于张力(这里即是斥力)直截通过这些中间部分而对另一物质直接起作用,是不可能的。"(参看前书第 67 页的说明与附释信)

这里须要提一提,既然假定物质有了**较近**或**较远**的部分,**就吸引看来**,也便产生了**区别**,即:一个原子固然对**另一个**原子起作用,但是**第三个较远**的原子(在它与第一个吸引的原子之间,还有**别的**原子),也随即进入处在中间的与它较近的原子的吸引范围里,于是第一个原子对第三个原子所起的作用,不是**直接的**、简单的,无论就引力或就斥力说,从那里都发生了间接的作用;其次,引力的**真正贯穿**,必定唯有在于物质的一切部分都**自在而自为地**是吸引的,而不是某些原子被动,只有一个原子能动。——对前面所引证的一段,须注意在**接触的部分**都直接地(或对斥力本身说),出现了**现成的**物质的**坚实性**和**连续性**,不让排斥穿过。在物质的坚实性之中彼此接触的部分,不再是由虚空隔开,而这种坚实性已经是以**斥力的扬弃**为前提;依照在此处占统治地位的斥力的感性观念,就必须认为彼此接触的部分是不相排斥的这样的部分。所以这种结论完全是同语反复,即:那里既然被假定是排斥的非有,那里也就不能有排斥。对于斥力的规定,由此也得不到更多的结果。——

但是假如思索一下，说接触部分只有在还是**互相**分开之时，才会彼此接触，那么斥力也正因此不仅仅是在物质的表面上，也是在那个只应该是吸引的范围之内了。

康德以后又假定了这种规定，即"物质由于引力只**是占据空间，而不填塞空间，**"（同上书）"因为物质并不由于引力来填塞空间，由于插入其间的物质并未为引力立下界限，所以引力能够通过虚空的空间而起作用。"——这种区别也和前面所说的那种区别，情况差不多，那里说一种规定属于一件事情的概念，但又不被包括在内；这里说物质只是占据空间而不填塞空间。假如我们停留在斥力的最初规定里，那么这就是斥力使诸一彼此排斥，并且只是否定地彼此相关的，在这里，这就是说**通过虚空的空间而彼此相关**。但是这里使空间保持空虚的又是**引力**；引力并不以它的原子的关系来**填塞**空间，即是说它**维持着原子**间相互的**否定关系**。——我们看到康德在这里不知不觉碰到了藏在事物本性中的东西，因为他恰恰把依据最初的规定归到相反的力上面去的东西，又归到引力上面去了。正当从事确定两种力的区别之时，竟出现了一个到另一个的过渡。——于是恰恰相反，物质也应该由于排斥而**填塞**空间，从而引力留下来的虚空的空间，也由排斥而消失了。排斥在扬弃虚空的空间之时，事实上也一并扬弃了原子或诸一的否定关系，即扬弃了原子或诸一的排斥；也就是排斥被规定为自己的对立物。

对区别这样的抹煞，还又添上了混乱，如在开始时所说过的，康德对这些对立的力的表述是分析的，应该由其原素引导出来的物质，在全部论说中，却出现为现成的、组成的了。在表面的力和贯穿的力的定义中，两者都被假定为运动的力，各种**物质**由于它们可以这样那样地起作用。——所以它们在这里被表述为这样的力，即不是物质由于它们而成，而是已经现成的物质仅仅由于它们而运动。既然这里所说的力，使各种物质互相起作用和运动，那么，这与作为物质的环节所应有的规定和关系，就完全不是一回事了。

在以后的规定中，**向心力和离心力**构成与引力和斥力同样的对立。这些力像是保持着本质的区别，因为在它们的范围中屹立着一个一，一个中心，其他的诸一对这个一的所作所为似乎是非自为之有的，所以这些力的区别，可以联系到一个中心的一和对这个一并不固定的其他诸一之间的假定的区别上。但是在使用这些力来作说明之时（它们为此目的，也和斥力与引力一样，被认为在量上是成反比例的，以致一个若是增加，则另一个便要减少），为了运动现象之说明而**假定了它们**，所以运动现象及其不相等性也就应当是由这些力而生。但是只要从这些力的对立中采取对一现象近来的最佳表述，例如一颗行星在它围绕中心物体的轨道中所具有的不等速，就立刻会看到那里正充满着混乱，并且不可能把这些力的大小各自分开，以致一个被认为在增加的力，在说明中也很可以同样被认为在减少，反过来亦是如此；要使这样的事明白易晓，需要作一个比此处所能提供的更冗长的阐释；但是必要的东西，以后将在**反比率**中谈到。

第二部分 大小(量)

我们曾经指出过量与质的区别。质是最初的、直接的规定性，量是对"有"漠不相关的规定性，是一个不是界限的界限，是绝对与为他之有同一的自为之有，——是多个的一的排斥，而这个排斥又直接是多个的一的非排斥，是多个的一的连续。

因为自为之有物现在是这样建立的，不排除它的他物，反倒是在他物中肯定地继续自身，这样它便是他有，由于**实有**在这种连续中重又出现，同时这个实有的规定性也不再像在单纯的自身关系中那样，不再是实有的某物的直接规定性，而是建立起来的自身排斥自身，它所具有的自身关系倒不如说是在另一实有(一个自为之有物)中的规定性；而且由于这些实有同时又是漠不相关的、反思自身的，无关系的界限，所以规定性一般也是**在自身之外**，是一个对自身绝对**外在的东西**，也是一个同样外在的某物；这样的界限以及它对自身和某物对它之漠不相关，就构成某物的**量**的规定性。

首先要区别**纯量**和被规定的量，即**定量**。量最初作为纯量，是回归到自身的、实在的自为主有，这个自为之有在那里还没有规定性，是牢固的，在自身中继续自己的无限的统一体。

其次，这个统一体进到了在它那里建立的规定性，就其本身说，这个规定性同时又不是规定性，或说是外在的规定性。它变为**定量**。定量是漠不相关的规定性，即超出并否定自身的规定性；作为这种他有之他有，定量就陷入**无限**进展中去了。无限的定量又是扬弃了的、漠不相关的规定性，它是质的恢复。

第三，定量在质的形式中就是量的**比率**。定量一般只是超出自己，但是在比率中，它却超出自己而进入他有，以致它在他有中便有了规定；同时他有也被建立，是另一定量；于是当前呈现的，便是定量回归到自身和在他有中的自身关系。

这种比率还以定量的外在性为基础，彼此相比的定量，是**漠不相关的**定量，即是说它们是这样在自身以外具有自身关系的；——因此比率只是质与量形式的统一。比率的辩证法是比率过渡为辩证的绝对的统一，过渡为**尺度**。

注　释

在某物那里的界限，作为质，本质上就是某物的规定性。但是假如我们所谓界限，是指量的界限，譬如田亩变更了界限，那么，它在变更以前和以后都仍然是田亩。反之，假如它的质的界限有了变化，那么，它之所以为田亩的规定性，也将有变化，它将变为草地、森林等等。——一种较强或较弱的红色，总还是红色；但是假如它的质变了，它也就不再红了，它将变为蓝等等。——大小的规定，作为定量，如以上所显示的，在任何其他例子也都会出现，因为有一个作为常在不变的东西作基础，这个常在不变的东西**对它所具有的规定性是漠不相关的**。

正如在以上所举例子中那样，大小这一名词所指的将是**定量**（Quantum），不是量（Quantität），主要就是为了这个缘故，才必须从外国语文采用这个名词。

在数学中对**大小**所给的定义，同样也是指定量。一个大小通常被定义为可**增**可**减**的东西。所谓增是使其较大一些,所谓减是使其较小一些。在这里包含着一般大小和它自身的**区别**,所以大小便好像是那种可以改变其大小的东西。由于定义中使用了本身该下定义的规定,所以这个定义表现得并不高明。既然定义中必须不用这一规定,那么**较多**也就必须分解为一种作为肯定的添加,而**较少**则分解为一种去掉,同样是一种外在的否定。在定量那里的变化本性,一般都用实在和否定的这种**外在**方式来规定自身。因此在那种不完善的说法里,必须不要误解主要环节所在,即变化的漠不相关;所以,变化本身的较多较少,以及它对自己的漠不相关,就都包含在它的概念本身之内了。

第一章 量

甲、纯 量

量是扬弃了的自为之有；进行排斥的一，对被排除的一只是取否定态度，过渡为与被排除的一的关系，自身与他物同一，因而失去了它的规定；自为之有便过渡为吸引。进行排斥的一之绝对冷漠，在这种**统一**中消融了。但是这种统一，既包含了这种排斥的一，同时又被内在的排斥所规定，它作为**自己之外的统一**，就是**和它自身的统一**。吸引也就是以这样的方式作为量中的**连续性**环节。

所以**连续性**就是单纯的、与自身同一的自身关系，这种关系不以界限和排除而中断，但是它并**非直接**的统一，而是自为之有的诸一的统一。那里还包含着**彼此相外的多**，但同时又是一个不曾区别的、**不曾中断的东西**。多在连续中建立起来，正如它是自在的那样；多个与那些为他物的东西都是一，每一个都与另一个相等，因此多就是单纯的、无区别的相等。连续就是互相外在的**自身相等**的这个环节，是有区别的诸一在与它们有区别的东西中的自身继续。

因此，大小在连续中就直接具有**分立性**，——即排斥，正如它现在是量中的环节那样。——持续性是自身相等，但又是多的自身相等，这个多却不变为进行排除的东西；只有排斥才将自身相等扩张为连续。分立性因此在它那一方面是融合的分立性，其诸一不以虚空或否定物为它们的关系，而以自己的持续性为关系，而且这种自身相等在多中并不间断。

量就是连续与分立这两个环节的统一，但是，量之是这一点，首先是以两个环节之一、**即连续的形式**，作为自为之有的辩证的结果，这种结果消融为自身相等的直接性。量本身就是这种单纯的结果，因为这种结果还没有发展它的环节，也没有在它那里建立起环节。**量之包含**这些环节，首先它们是作为真正是自为之有那样而建立的，这个自为之有就其规定而论，曾经是那种扬弃自己的自身相关，永久走出自身之外。但是被排斥的又正是那个自为之有自己，因此排斥就是那个自为之有生产自身的向前奔流。由于被排斥者的同一性的缘故，这种分立就是不间断的连续；由于走出自身之外的缘故，这种连续不须间断，同时也是多，多仍然是直接在和自身相等之中。

注 释 一

纯量还没有界限，或说还不是定量；纵然它成了定量，也不由界限而受限制；它倒不如说是就在于不由界限而受限制，它所具有的自为之有是扬弃了的。因为分立是在纯量中的环节，所以可以说，在纯量中，量到处都绝对是一的**实在可能性**，但是也可以倒过来说一也绝对同样是连续的。

无概念的**观念**很容易使连续成为**联合**，即诸一相互**外在的**关系，**一**在这种关系中仍然保持它的冷漠和排他性。但是在一那里又表现出一自在而自为地自己过渡到吸引，过渡到它的观念性，因此连续性对一不是外在的，而是属于一的，在一的本质中有了基础。对于诸一说来，连续的**外在性**就是这个一般的一，原子论仍然依附于这种外在性,而离开这种外在性便为表象造成困难。——另一方面,假如一种形而上学要想使时间由时间点**构成**,一般空间,或首先是线由空间的点构成,面是由线构成,全部空间是由面构成,那么,数学是会抛弃这种形而上学的;数学不让这样不连续的诸一有效。纵然数学也这样规定例如一个面的大小,即这个大小被想像为无限多的线的**总和**,这种分立也只是当作暂时的表象,在线的无限多之中已经包含其分立之扬弃,因为这些线所要构成的空间毕竟是一个有限制的空间。

当斯宾诺莎用下列方式谈到量的时候,他所指的意思是与单纯表象对立的纯量概念,这对他说来,是问题主要所在:

"我们对于量有两种理解,一是抽象的或表面的量,乃是我们想像的产物;一是作为实体的量,是仅仅从理智中产生的。如果就出于想像之量而言,则我们将可见到,量是有限的、可分的,并且是部分所构成的,这是我们所常常做而且容易做的事;反之,如果就出于理智之量而言,而且就量之被理解为实体而言(但这样做却很难),则有如我在上面所详细证明的那样,我们将会见到,量是无限的、唯一的和不可分的。凡是能辨别想像与理智之不同的人,对于这种说法将会甚为明了。"(《伦理学》第一部分,第十五命题的附释信)[①]

假如要求更明确的纯量的例子,那么,空间和时间,以及一般物质、光等等,甚至自我都是;只要如前面说过的,所指的量不是定量。空间、时间等是广延,是多,它们都是超出自身之外,是奔流,

---

① 见贺麟译本,商务印书馆版,第17页。黑格尔所引系拉丁文。——译者

但是又不过渡到对立物去,不过渡到质或一去而作为到了自身以外,是它们的统一体永久的**自身生产**。

空间就是这种绝对的**自身以外的有**,它同样是绝对不间断的,一个他有,又一个他有,而又与自身同一。时间是绝对**到了自身以外**,是一、时间点、或**现在**之产生,那直接是这种现在的消逝,而又永远重复这种过去的消逝;所以这种非有的自己产生又同样是与它自身的单纯相等和同一。——关于作为量的物质,留传下来的莱布尼兹第一篇论文中的七条命题,就有一条,即第二条,是谈论这个问题的(莱布尼兹集第一部分左页),这条命题说:Non omni-noimprobabile est,materiam et quantitatem esse realiter idem〔物质的和量的东西都是同样的实在,这完全没有什么不可能之处〕。——事实上,这些概念除了说量是纯粹的思维规定,而物质则是在外住存在中的纯思维规定而外,也并没有更不同的地方。——纯量的规定,对**自我**也是合适的,因为自我是一个绝对要变成他物的东西,是无限远离或全面排斥走向自为之有的否定的自由,而又仍然不失为绝对的单纯连续性,——即普遍的或在自身那里的连续,这种连续不会由于无限多样的界限,即由于感觉、直观的内容等等而中断。关于多的概念,是指多个中的每一个都与那个是他物的东西同一,即多个的一,——因为这里不谈更进一步规定的多,如绿色、红色等,而是在考察自在和自为的多,——有些人顽强反对将**多**当作**单纯的单位**来把握,并且在以上的**概念**之外还要求这个单位的表象,他们在那些持续性的东西中,是可以找到足够的单位之类的表象的;在简单的直观中,那些持续性的东西就把演绎出来的量的概念作为当前现有的东西提供出来了。

注释二

量是分立与连续两者的单纯统一,关于空间、时间、物质等**无限可分性**的争辩或**二律背反**都可以归到量的这种性质里去。

这种二律背反完全在于分立和连续都同样必须坚持。片面坚持分立,就是以无限的或绝对的**已分之物**,从而是以一个**不可分之物**为根本;反之,片面坚持连续,则是以无限**可分性**为根本。

康德的《纯粹理性批判》提出了著名的四种(宇宙论的)**二律背反**,其中**第二种**所涉及的**对立**,就是由**量**的环节构成的。

康德的这些二律背反,仍然是批判哲学的重要部分;首先是它们使以前的形而上学垮了台,并且可以看作是到近代哲学的主要过渡,因为它们特别帮助了一种确信的产生,那就是从**内容**方面看,有限性的范畴是空洞无谓的,——这是一种此主观观念论形式的方法更正确的方法,就这种方法看来,那些二律背反的缺憾,应该只在于它们是主观的这一点,而不在于它们本身所是的东西。它们的功绩虽然很大,但是这种表达却很不完善,一方面自设障石碍,纠缠不清,另一方面就结果看来也是很偏的,它们的结果假定认识除了有限的范畴而外,就没有别的思维形式。——在这两方面,这些二律背反都值得较严密的批评,既要详细搞清楚它们的立场和方法,也要把问题所在的主要之点,从强加于它的无用的形式之下解脱出来。

首先,* 我注意到康德想用他从范畴图式所取来的分类原则,

---

* 参看第119页。

使他的四种宇宙论的二律背反有一个完备的外貌。但是只要对理性的二律背反的性质，或者更正确地说，辩证的性质，深入观察一下，就会看出**每一个**概念一股都是对立环节的统一，所以这些环节都可以有主张二律背反的形式。——变，实有等等以及每一个其他的概念，都能够这样来提供共特殊的二律背反，所以，有多少概念发生，就可以提出多少二律背反。——古代怀疑论曾不厌其烦地对它在科学中所遇到的一切概念，都指出过这种矛盾或二律背反。

其次，康德对这些二律背反不是从概念本身去把握，而是从宇宙论规定的已经**具体的形式**去把握。为了使二律背反纯粹，并用它们的单纯概念加以讨论，所采用的思维规定，就必须不是从应用方面去看，也不混杂着世界、空间、时间、物质等表象，必须除去这些具体质料，纯粹就共自身去考察，而这些具体质料对此是无能为力的，因为唯有这些思维规定才构成二律背反的本质和根据。

康德对二律背反，给了这样的概念，即它"不是诡辩的把戏，而是理性——定会必然**碰到**（用康德的字眼）的矛盾"。这是一种很重要的看法。——"理性一旦看透了二律背反天然假象的根抵，固然不再会受到这种假象的欺骗，但是总还会受到迷惑。"[1]——用知觉世界的所谓先验观念性所作的批判的解决，除了把所谓争辩造成某种**主观的东西而外**，不会有别的结果，争辩在这种主观的东西中当然仍旧总是同样的假象，也就是说和以前一样没有解决。二

---

[1] 以上引号中的文字，是黑格尔对原文作了概括增损，并非逐字征引。参看康德：《纯粹理性批判》，蓝公武译本，第 328 页，厄尔德曼（Erdmann）德文本第六版，第 257—358 页。——译者

律背反的真正解决，只能在于两种规定在各自的片面性都不能有效，而只是在它们被扬弃了，在它们的概念的统一中才有真理，因为它们是对立的，并且对一个而且是同一个的概念，都是必要的。

仔细考察一下，康德的二律背反所包含的，不过是这样极简单的直言主张而已，即：一个规定的两个对立环节中的**每一个**都把自己从其他环节孤立起来。但是在那里还把简单直言的、或本来是实言的主张，掩盖在一套牵强附会的歪道理之中，从而带来证明的假象，掩蔽了主张中单纯实言的东西，使其变得不可认识，而这一点在细一观察那些证明时便可了然的。

这里所说的二律背反，涉及所谓**物质的无限可分性**，它所依靠的是量的概念本身中所包含的连续和分立这两个环节的对立。

它的**正题**，据康德的表述，是这样的：

"世界上每一复合的实体都由单纯的部分构成：一切地方所有在的，无非是单纯的东西，或是由单纯的东西复合而成的。"①

这里复合的东西与单纯的东西对立，或说与原子对立；这和持续的或连续的东西相比，是很落后的规定。——这里作为这些抽象的基质的，即作为世界中实体的基质的，不过是感性可知的事物，对于二律背反并无影响；这种基质既可以被认为是空间，也可以被认为是时间，既然正题所说的只是**复合**而非**连续**，那么，它本来就是一个分析的，或**同语反复**的命题。因为复合物并不是自在而自为的**一**，而只是一个外面连结起来的东西，并且是**由他物构成的**；这就是复合物的直接规定。但是复合物的他物也是单纯的。

---

① 参看康德：《纯粹理性批判》，蓝公武译本，第334页，厄尔德曼德文本，第366页。——译者

因此说复合物由单纯的东西构成，是同语反复。——假如追问某物由**什么构成**，那么，这就是要求举出**一个他物来**，其**联结**便构成那个某物。假如说墨水仍旧由墨水构成，那么，追问由他物构成的问题，就缺少意义了，问题并没有得到回答，只是重复问题本身。另外还有一个问题，就是：那里所说的东西，是否应该由**某物构成**。但是复合物又绝对是这样的东西，即应该是联结起来的，由他物构成的。——假如说单纯物作为复合物的他物，只应该被当作是一个**相对的单纯物**，它本身也又是复合的，那么，问题在这以前和以后都仍然是一样。浮在想像中的，好像只是这个、那个复合物，而这个、那个某物就自身说本是复合的，却又被指为**前者**的单纯物。但是这里所说的，却是**复合物本身**。

至于康德对这一正题的证明，和康德其余的二律背反命题的证明一样，也采取了反证法的**弯路**，这种弯路表现得是很多余的。

"假定，（他开头说，）复合的实体不由单纯的部分构成，那么，假如在思想中**取消了**一切复合，便没有复合的部分，而且因为（根据方才所作的假定）没有单纯部分，也就没有单纯部分存留下来，亦即什么也没有存留下来，结论是没有实体。"①

这个结论是完全对的：假如只有复合物，而又设想去掉一切复合物，那么就什么都没有留下了；——人们可以承认这个说法，但是这种同语反复的累赘尽可省掉，证明可以立刻用下列的话开始，即：

---

① 参看康德：《纯粹理性批判》，蓝公武译本，第334—335页；厄尔德曼德文本，第336页。括弧内的文字是黑格尔添注的话，但是。因为没有单纯部分。这句话，康德本来加了括弧，而黑格尔却把它去掉了。重点（改排黑体字，下同）是黑格尔加的。——译者

"或是在思想中不可能取消一切复合,或是在取消复合之后一定还有某种无复合而长存的东西,即单纯的东西存留下来。"

"但是在第一种情况下,复合物便会又不是由实体构成(**因为在后者那里,复合只是实体**①**的一种偶然的关系,后者没有这种关系也必须作为本身牢固的东西而长存**)。——因为这种情况现在又与假定相矛盾,所以只剩下第二种情况:即世界中实体复合物是由单纯部分构成。"②

那个被放进括弧去的附带的理由,是最主要之点,以前所说的一切,与它相比,都是完全多余的。这个两难论是这样的:或者复合物是长存的,或者不是,而是单纯物是长存的。假如是前者,即复合物是长存的,那么长存物就不是实体,因为**复合对于实体说来,只是偶然的关系**;但实体又是长存物,所以长存的东西是单纯物。

显然,不用这种反证法的弯路,那种作为证明的理由,也可以和"复合的实体由单纯部分构成"一正题直接联系起来,因为复合只是实体的一种**偶然**的关系,所以这种关系对实体是外在的,与实体本身毫不相干。——假如说复合的偶然性是对的,那么,本质当然就是单纯的了。但是这里唯一有关之点,即偶然性,却并没有得到证明,恰恰被顺便纳入括弧,好像那是不言而喻的,无关宏旨的。说复合是偶然和外在的规定,这当然是不言而喻的;但是假如这仅

---

① 除证明本身的累赘而外,这里还添上语言的累赘,——如:因为在**后者**(即**实体**)那里,复合只是**实体**的一种偶然的关系。——黑格尔原注

② 参看康德:《纯粹理性批判》,蓝译本第334—335页,德文本第366—368页。括弧是康德原有的。重点是黑格尔加的。——译者

仅是关于一个偶然在一起的东西而不是关于连续性,那就不值得费气力对它提出二律背反,或者不如说不可能提出;如已经说过的,主张部分的单纯性,那只是同语反复。

于是我们看到这种主张应当是反证法这条弯路的结果,而在弯路中就已经出现。因此这个证明可以简捷叙述如下:

假定实体不是由单纯部分构成,只是复合的。但是现在可以在思想中取消一切复合(因为复合只是一种偶然的关系);于是假如实体不是由单纯部分构成,在取消复合之后,那就没有实体留下了。但是我们又必须有实体,因为我们假定了它;对我们说来,不应当一切都消失了,而是总要剩下某物;因为我们假定了一种我们称为实体的牢固的东西;所以这个某物必须是单纯的。

为了完全,还须考察下列的结论;

"**由此**直接得出结论,即:世界上的事物全都是单纯的东西,**复合只是它们的外在状态**,理性必须把基本实体设想为单纯的东西。"①

这里我们看到复合的外在性即偶然性被引为**结论**,而这又是在先将它以括弧引入证明并在那证明中使用之后。

康德尽力声辩,说他不是在二律背反的争辩命题中玩把戏,以便搞出(如人们常说的)讼师的证明。上述的证明该受责备,倒不是玩把戏,而是无谓地辛苦兜圈子,那只是用来搞出一个证明的外貌,而不使人看穿*   那个应该作为结论出现的东西,却在括弧中

---

① 参看康德:《纯粹理性批判》,蓝译本第335页,德文本第368页,中有省略,重点是黑格尔加的。——译者

* 参看第119页。

成了证明的枢纽,当前出现的,根本不是证明,而只是一种假定。

反题说:

"世界上并没有由单纯部分构成的复合物,世界上任何地方都不存在单纯的东西。"①

证明同样是反证法的曲折,不过是以另一种方式,和前一个证明一样该受责难。

它说,"假定一个作为实体的复合物由单纯部分构成。因为一切**外在关系**,以及实体的一切复合,只有在**空间**中才是可能的,所以复合物由多少部分构成,它所占据的空间也一定由同样的多少部分构成。但是空间并非由单纯部分而成,乃是由种种空间所成。所以复合物的每一部分必须占据一空间。"

"但是一切复合物的绝对元始部分都是单纯的。"

"所以单纯的东西也占据一个空间。"

"现在既然一切占据空间的实在物自身中就包括了互相外在的杂多,从而也就是复合的,并且是由实体复合的,所以单纯的东西就会成了实体的复合物。这是自相矛盾的。"②

这个证明可以叫做错误办法的整个**巢穴**(用康德在别处所说的名词)。

首先,这种反证法的曲折是无根据的假象。因为说**一切实体的东西都是空间的,但空间又不是由单纯的部组成**:这个假定是一种直接的主张,成了待证明的东西的直接根据,有了它,就得到全

---

① 参看康德:《纯粹理性批判》,蓝译本第334页;德文本第367页。重点是黑格尔加的。——译者

② 参看康德:《纯粹理性批判》,蓝译本第334—335页,德文本第367页。最后一段稍有省略。——译者

部证明了。

其次,这种反证法的证明开始用了这一句话:"即一切实体的复合都是一种**外在**的关系,"但是够奇怪的,立刻又把这句话忘记了。于是又进而推论到复合只有在**空间**中才可能,但空间又不是由单纯部分组成,占据空间的实在物因此是复合的。假如复合一旦被认为是外在的关系,那么空间性本身正是因为复合唯有在空间中才可能,所以对于实体是一种外在的关系,和其余还可以从空间性演绎出来的规定一样,既与实体不相干,也不触及它的本性。实体正是由于这个理由而不应该放到空间里去。

此外,又假定了实体在这里被错放进去的空间,不是由单纯部分而成;因为空间是一种直观,依康德的规定,即是一种表象,只能由一个单一的对象提供,而不是所谓推论的概念。——大家知道,由于康德对直观和概念这样的区分,直观发展得很糟糕,为了省略概念的理解,便把直观的价值和领域扩张到一切的认识。这里有关的事,只是:假如想有一点概念的理解,那么,对空间以及直观本身都必须同样有**概念的理解**。这样便发生了问题:即使空间作为直观,是单纯的连续性,而就其概念说,空间是否也必须不当作是由单纯部分组成那样来把握呢?或是空间也陷入了只有实体才会被放进去的同样的二律背反呢?事实上,假如抽象地去把握二律背反,那就正如以前所说,一般的量以及空间,时间都同样会遇到二律背反的。

但是,因为在证明中假定了空间不由单纯部分组成,这就应该是不把单纯物错放到这种原素[①]中去的根据,这种原素对单纯物的

[①] 原素,指空间。——译者

规定是不适合的。——空间的连续性在这里与复合起了冲突；这两者混淆起来，前者被偷换成了后者(这在推论中便有了 Quaternio terminorum[四名词]。康德对空间明白规定它"是一个**唯一的**空间，其部分只依赖各种限制；所以部分不会是在包括一切的统一空间之先，好像它的复合由于其组成部分而可能那样"。(《纯粹理性批判》第二版，第 39 页。)① 这里所说的空间连续性与组成部分的复合**对立**，是很对的，很明确的。另一方面，在论证中，实体之移入空间，便连同自身一起导致了"互相**外在**的杂多"，从而"导致了复合物"。可是如上面所引证的，又与此相反，杂多在空间中所具有的方式，却明明应当排除复合以及在空间统一性之先的组成部分。

在反题证明的注释中，又明白地导引出批判哲学其他的基本观念，即我们关于物体只是作为**现象**，才有概念；作为这样的物体，它们必须以空间为前提，这是一切现象所以可能的条件。假如这里实体所指的只是物体，像我们所看到、感到、嗅到的等等那样，那么，本来就谈不到它们在概念中是什么；所讨论的不过是感性所知觉的东西。所以反题的证明，简括起来，就是：我们的视见、触觉等全部经验，对我们所展示的，只是复合物；即使最好的显微镜和最精细的测量器，也还丝毫不能让我们**碰到**单纯的东西。所以理性也不应该想要碰到什么单纯的东西。

假如我们在这里仔细考虑一下这种正题和反题的对立，并且把它的证明从无用的累赘和矫揉造作里解脱出来，那末，反题的证

---

① 参看康德：《纯粹理性批判》，蓝译本第 50 页，厄尔德曼德文本第 69—70 页。这里黑格尔的引文，也是前后加以概括，并非逐字征引。——译者

明，由于把实体移入空间，便包含了**连续性**的实然的(assertorisch)假定；正题的证明也是如此，它由于假定了复合是实体物关系的方式，便包含了**这种关系的偶然性**这一实然的假定，从而也包含了实体是**绝对的一**的假定。* 于是整个二律背反便归结为最的两个环节之分离及其直接断言，而且环节的分离是绝对的。按照这种纯**分立性**看来，实体、物体、空间、时间等都已绝对分割；**一**是它们的根本。按照**连续性**说来，这个一只是扬弃了的；分割仍然有可分性，仍然是分割的**可能性**，作为可能性，就是没有真的达到原子那里。即使我们现在仍旧停留在前面所说的对立的规定里，原子这个环节也依然潜藏在连续性本身之中，因为连续性绝对是分割的可能性，正如已完成的分割或说分立性那样，也扬弃了诸一的一切区别（因为此一即彼一那样的东西，就是单纯的诸一，所以也同样包含诸一的相等，从而也包含诸一的连续性。既然两个对立面每一个都在自身那里包含着另一个，没有这一方也就不可能设想另一方，那末，其结果就是：这些规定，单独看来都没有真理，唯有它们的统一才有真理。这是对它们的真正的、辩证的看法，也是它们的真正的结果。

　　古代埃利亚学派辩证法的例子，尤其是关于**运动**的，比起方才看到的康德二律背反，意义是无此地丰富得多，深刻得多，它们也同样以量的概念为基础，并且在这个概念中有了解决。这里还要来考察那些例子，那未免跑得太远了，它们是关于空间和时间的概念，可以在那些概念和哲学史里去讨论——它们对它们的发明者

---

* 参看第 119 页。

的理理智造成了最高的荣誉；它们有巴门尼德的纯有为**结果**，因为它们指出一切规定的有都在自身中消融了，于是在它们自身那里也有丫赫拉克利特的"**流**"。所以这些例子值得彻底考察，而不是像通常的宣称那样，说那只是诡辩。这种断言只是攀附经验的知觉，追随着常识看来如此明白的第欧根尼的先例，当一个辩证论者指出运动包含着矛盾之时，第欧根尼不更去多费脑筋，只是无言地走来走去，用眼前很明白的事来反驳。这样的断言和驳斥，当然此自身用思想并抓住纠纷（被引入纠纷中的思想，不是从远处拿来的，而是在普通意识本身中自己形成的），通过思想本身来解决纠纷，要容易得多。

亚里士多德对这些辩证形态所作的解决，应当得到很高的赞扬，这些解决就包含在他的空间、时间、运动等真正思辨的概念之中。他将作为那些最著名的证明之依据的无限可分性（因为它被设想为好像已经完成了的，这就和已被无限分割的东西，原子，是同一的东西），与无论是关于时间的或空间的连续性对立起来，以致无限的多，即抽象的多，就可能性说，只是自在地包括在连续性之中。与抽象的多以及与抽象的连续性对立的现实之物，就是连续性的具体的东西，即时间和空间本身，这二者又同样与运动和物质对立。见有自在地，或只就可能性说，才有**抽象的东西**；那只是一个实在物的环节。只尔（Bayle）在他的哲学词典中的芝诺一条，以为亚里士多德对芝诺的辩证法所作的解决是"pitoyable"〔可怜的〕他不懂得那是说：物质只有就**可能性**而言才是可以分割到无限的；他反驳道，假如物质可以分割到无限，那么它就**真**的包含着无限多的部分，所以这不是一个 en puissance[潜在的]无限物，而是一个实在地、现实地存在着的无限物。——可分性本身不如说只是**诸部分**的一种可能性,不是**诸部分**已经**存在**,而多在连续性中也只被建立为环节,被建立为扬弃了的环节。——亚里士多德就知性的敏锐说,诚然是无限的,可是敏锐的知性并不足以把握和判断亚里士多德的思辨的概念;①用前面引证过的粗劣的感性表象来反驳芝诺的论证也同样不行。那种理解的错误,在于把这样的思想物、抽象物,如无限多的部分,当作某种真的、现实的东西;但是这种感性的意识却不会超出经验而达到思想的。

康德对二律背反的解决,同样只在于:理性不应该**飞越到感性的知觉之上**,应当如实地看待现象。这种解决把二律背反本身的内容搁在一边,没有到达二律背反的规定的**概念**的本性;这些规定,假如每一个都自身孤立起来,便都是虚无的,并且在它本身那里,只有到它的他物的过渡,而量则是它们的统一,它们的真理也就在这种统一之中。

乙、连续的和分立的大小

1. 量包含连续性和分立性两个环节。它要在作为它的规定的这两个环节里建立起来。——它已经立刻是两者的**直接**统一,这就是说它首先只是在它的一种规定中,即连续性中建立起来,所以是**连续的大小**。

或者说连续性固然是量的环节之一,它却要有另一环节,即分

---

① 这是指贝尔对亚里士多德的责难,虽聪敏而不辩证。——译者

立性,才会完成。但是量只有当它是**有区别**环节的统一之时,才是具体的统一。因此要把这些环节也当作有区别的,但是并不重又分解为吸引与排斥,而是要就它们的真理去看,每一个都在与另一个的统一之中,仍然是**整体**。连续性只有作为分立物的统一,才是联系的、结实的统一;这样建立起来,它就不再仅仅是环节,而是整个的量,即**连续的大小**。

2. **直接的**量就是连续的大小。但是量本来不是直接的！直接性是一种规定性,量本身就是规定性的扬弃。所以量就是要在它的内在的规定性中建立起来,这种规定性就是一。量是**分立的大小**。

*分立性和连续性一样,都是量的环节,但是本身又是整个的量,正因为它是在量中、在整体中的环节,所以作为有区别的环节,并不退出整体,不退出它与另一环节的统一。——量是自在的彼此外在,连续的大小是这种彼此作为无否定的自身继续,作为自身相等的联系。分立的大小则是这种彼此外在的不连续或中断。有了这许多的一,却并不就是当前重又有了这许多的原子,和虚空或一般的排斥。因为分立的大小是量,所以它的分立本身就是连续的。这种在分立物那里的连续性,就在于诸一是彼此相等的东西,或说有同一的**单位**。这样,分立的大小是多个的一作为**相等物**的彼此外在,不是一般的多个的一,而是被建立为**一个单位**的**多**。

注 释

连续的和分立的大小的通常观念,忽视了这些大小**每一个**都

---

* 参看第119页。

在自己那里有两个环节,连续性和分立性,并且它们的区别之所以构成,只是由于两环节中一个是**建立起来**的规定性,另一个只是自在之有的规定性。空间、时间、物质等都是持续的大小,是对自身的排斥,是超出到自身以外的奔流,同时这个"到自身以外"又不是到一个质的他物的过渡或关系。它们有绝对可能性,以致在它们那里到处建立起一,——不是像一个仅仅是他有的空洞可能性(比如人们说,一颗树可能代替这块石头的位置),而是在它们自身那里包含着"一"这个根本,这是它们所以构成的规定之一。

反过来,在分立的大小那里,也不可以忽视连续性;这个环节,如已经指出过的,是作为单位的一。

只要大小不是在任何外在规定性之下建立的,而是在**自己的环节**的规定性之下建立的,那么连续的和分立的大小就可以看作是量的**类**。从种(Ganung)到类(Art)的普通过渡,可以依照任何**外在**的分类基础,使**外在**的规定适用于那些大小。连续的和分立的大小还并不由此而就是定量;它们只是这两种形式之一的量本身。它们之所以被称为大小,是因为它们与定量一般有这样的共同之处,即是在量那里的一种规定性。

丙、量的界限

分立的大小第一是以"一"为根本,其次是诸一的多,第三本质上是持续的;它是一,同时又是作为扬弃了的,作为**单位**的一,是在诸一分立中的自身连续。因此它被建立为**一个大小**,而这个大小的规定性就是一,这个一在这个建立的有和实有那里是**进行排除**

的一，是在单位那里的界限。分立的大小本身不应当直接有界限；但是作为与连续的大小不同，它就是一个实有和某物；这个实有和某物的规定性是一，并且在一个实有中，又是第一次的否定和界限。

这种界限，除了它与单位相关并且在**单位**那里是否定以外，作为一，又与**自身相关**，所以它**是**包容统括的界限。界限在这里并不是与共实有的某物先就有区别，而是作为一，它直接就是这个否定点本身。但是这种有了界限的"有"，本质上是连续性，它借这种连续性便可以超出界限和这个一，并且对界限和这个一都漠不相关。所以实在的、分立的量是**一个量**或定量，——是作为一个实有和某物的量。

既然这个一是界限，它把分立的量的多个的一都统括于自身之内，那么，界限就是既建立了多个的一而又在是界限的一中扬弃了它们；这是在一般连续性本身那里的界限，所以连续的和分立的大小之区别，在这里就漠不相关了，或者更确切地说，这个界限是**在连续的大小和分立的大小**两者的连续性那里的界限，**两者**都是在这种连续性中过渡为定量。

第二章 定量

*首先，定量是具有规定性或一般界限的量，——它在具有完全的规定性时就是数。

第二，定量先区别自身为**外延**的定量，界限在那种定量里就是实有的**多**的限制；——随后由于这种实有过渡为自为之有，定量又区别自身为**内涵**的定量，即**度数**(Grad)，这种内涵的定量，作为自为的，并且在自为中作为漠不相关的界限，都同样是直接在一个**自身以外**的他物那里有自己的规定性。作为这样建立起来的矛盾，定量既是单纯的自身规定，又在自身以外有其规定性，并且为这规定性而指向自身以外，所以

第三，定量作为自己在自身以外建立起来的东西，便过渡为**量的无限**。

甲、数

量是定量，或者说，不论作为连续的或分立的大小，它都有一个界限。这两类的区别，在此处并没有什么意义。

量作为扬弃了的自为之有，自身本来已经对它的界限漠不相关。但是界限(或说成为定量)，对量说来，却又并不因此而不相关；因为量自身中包含着一，这个绝对被规定了的东西，作为量自

---

* 参看第120页。

己的环节；这个绝对被规定了的东西，在量的连续性或单位那里，就被建立为它的界限，但界限仍然又是一般的量所变成的一。

所以这个一是定量的根本，但它又是作为**量**的一。因此，一**首先**是连续的，它是单位；**其次**，它是分立的，是内在之有的(如在连续的大小小)或建立起来的(如在分立的大小中)诸——的多，诸一彼此相等，都具有那种连续性，即同一的单位。**第三**，这个一作为单纯的界限，又是多个的一的否定，把他有排除于自身之外，是它与别的**定量**相对立的规定。所以一是(1)**自身关系的界限**,(2)**统括的界限**,(3)**排除他物的界限**。

在这些规定中完全建立起来了的定量，就是**数**。这个完全建立起来了的东西就在作为**多**的界限的实有之小，因而也就是在多与单位的区别之中。因此，数好像是分立的大小，但数在单位那里也同样有连续性。所以数也是有了完全**规定性**的定量；因为在数中，界限就是被规定了的**多**，而多则以一，这个绝对被规定了的东西为根本。一在连续性中，仅仅是**自在的**，是被扬弃了的，而连续性被建立为单位，则只有不曾规定的形式。

定量只是就本身说，才一般有了界限；它的界限就是定量的抽象的、单纯的规定性。但是定量既然又是数，这个界限便**在自身中**建立为**杂多**。这个界限包含着那些构成其实有的多个的一，但并不是以不曾规定的方式去包含它们，而是界限的规定性就在界限之内；界限排除别的实有，即排除别的多；而界限所统括的诸一则是一定的数量，即**数目**(Anzahl)。数目正数中是分立性，而它的他物则是数的**单位**，是数的连续性。* **数目**和**单位**构成数的环节。

---

* 参看第120页。

关于数目,还必须仔细看看**构成**数目的多个的一,在界限中是怎样的;说数目由多**而成**,这种关于数目的说法是对的,因为诸一在数目中并未被扬弃,而只**是**在数目之内,和排他的界限一同被建立起来,诸一对这个界限是漠不相关的。但是界限对诸一却不是漠不相关的。在实有那里,界限和实有的关系首先是这样树立的,即实有作为肯定的东西仍然留在实有界限的里边,而界限,否定却处在实有的外边,在实有的边沿;同样,多个的一的中断,出现在多个的一那里,而其他诸一的排除,作为一种规定,则是落在被统括的诸一之外。但是那里已经发生这种情形,即:界限贯穿实有,与实有同范围,并且某物因此依据其规定有了界限,即它是有限的。比如对量中的一百这样一个数,可以设想唯有第一百的一才成了多的界限,使其为一百。一方面这是对的,一方面在这一百个一之中,又并无一个有特权,因为它们都是相等的;每一个都同样可以是第一百个;它们全都属于所以为一百之数的界限;这个数为了它的规定性,任何一个也不能缺少;从而与第一百个一相对立的其他诸一,并不构成界限以外的实有,或仅仅在界限之内而又与界限不同的实有。因此,数目**对**进行统括和进行界划的那个一来说,并不是多,而是自身构成了为一个规定了的定量的界限,多构成一个数,如**一个二,一个十,一个一百**等等。

进行界划的一,现在就是与他物相对的、被规定了的东西,是一个数与另一个数的区别。但是这种区别不会变成质的规定性,而仍然是量的区别,仅仅归属于进行此较的、**外在**的反思。数仍然是回复到自身的一,并且与其他的数漠不相关。数对其他的数这种**漠不相关**,乃是数的基本规定;它构成数的**自在的、被规定的有**,

同时又构成**数自己的外在性**。这样,数就是一个**计数**的一,作为被绝对规定的东西,它又具有单纯直接性的形式,所以与他物的关系,对这样的一说来,完全是外在的。作为一,它就是**数**,因为规定性是**对他物的关系**,一就从自身中的环节,即从它的**单位和数目的区别**中,有了规定性,而数目本身又是一的多,这就是说这种绝对外在性又是在"一"本身之内的。数或一般定量这种自身矛盾,就是定量的质;这种矛盾在定量的质进一步的规定中发展了。

注 释 一

空间大小和数的大小,时常被认为同是很确定的两类大小,其区别只是由于连续性和分立性规定之不同,但是作为定量,它们都处在同一阶段。几何学在空间大小方面,一般以连续的大小为对象;而算术则在数的大小方面,以分立的大小为对象。但是这两者以对象之不同,它们之被界限和被规定,也就没有相同的方式和完满性。空间大小只有一般的界限;在它应当被认为是绝对的规定的定量时,它才需要数。几何学本身并不**测量**空间的形象,它不是测量术,而只是比较那些形象。即使在几何的定义那里,一部分规定也是由**等边**、**等角**、**等距离**取来的。因为圆只依靠圆周上一切可能之点都对圆心有**同等**的距离,所以圆的规定并不需要数。这些基于相等或不相等的规定,是道地几何的规定。但是这些规定还不够;对其他的东西,例如三角形、四边形,数仍然是需要的;这个数在它的根本中、即在一中,包含着自为的、规定的东西,不包含借助于他物,即借比较而被规定的东西。空间的大小,就点而言,固然具有与一相应的规定性;但是当点超出到自身以外时,点就变为一个他物,变成线;因为点本质上只是**空间**的一,所以点在**关系**中,就变成连续性,在连续性中,点的性质,那个自为的规定的东西,那个"一",便被扬弃了。既然那个自为的规定的东西应当在自身以外的东西中保持自身,那么,线就必须被设想为诸一的一个数量,而**界限**也必然在自身中获得**多个**的一的规定,这就是说线的大小也必须和其他空间规定的大小一样,被认为是数。

算术考察数及其符号,或者不如说算术并不考察它们,而是用它们来运算。因为数是漠不相关的规定性,是漠然不动的;必须从外面使它活动并发生关系。关系的方式也就是**算法**。算法在算术中将逐一出现,而它们的相互依赖,也是很明显的。但是引导它们前进的线索,却并没有在算术里提出来。另一方面,从数的定义本身,也很容易得到系统的排列,教科书中中对这些事物的讲说,正要求有这样的排列。我们将在这里简略地指出这些主要的规定。

数的根本是一,因为这个缘故,一般说来,它是一个外面凑合起来的东西,是一个纯粹分析的符号,并没有内在的联系。因为数只是外在的产物,所以一切计算都是数的产生,即**计数,或更确切地说,综计**。这种外在的产生永远只是作同样的事,它的差异唯有在于应当被综计的诸数互有区别;这样的区别一定是从别的地方和外在规定得来的。

我们已经看到,构成数的规定性那种质的区别,就是单位和数目的区别;因此,一切可以在各种算法中出现的概念规定性,都归结到这种区别。作为定量的数,也有其适宜的区别,选种区别就是外在的同一和外在的区别,即**相等和不相等**;这些反思的环节[①],要

---

① 反思的环节,指同一与区别。——译者

在后面本质规定中区别那一章里加以讨论。

此外还须预先提一下的，就是数一般可以用两种方式产生，或是统括，或是分开已经统括了的东西——因为两者的发生都用了以同一方式来规定的计数法，所以相当于数的统括的东西，人们可以称之为**正面**算法；而数的分开，人们可以称之为**反面**算法；算法本身的规定却并不依赖这种对立。

1. 在这些解释之后，我们在这里随着举出计算的方式。数的**最初**产生，是多个本身的统括，即其中每个都被当作一——这就是**计数**。因为诸一彼此都是外在的，所以它们以感性的形象来表现自己，数由之而产生的运算，便是数指头、数点等等。什么是四、五等等，那是只能够**指陈**的。由于界限是外在的，所以这个连续过程中断的地方，毕竟是某种偶然的、随意的东西。在各种算法的进程中，出现了数目与单位的区别，这种区别为二进位、十进位等数的**系统**奠立基础。大体说来，一个这样的系统依靠采用什么数目作为经常反复的单位的那种随意性。

由计数而生的**数**，又将再被计数。数既然是这样被直接建立起来的，所以它们彼此间还没有任何关系，就被规定了；它们对相等和不相等是漠不相关的；它们相互间的大小是偶然的，因而一般是**不相等的**——这就是**加法**。人之所以体会到7与5构成12，那是由于用指头或别的东西对7再加上5个一；以后，人们就要把这种结果死背牢记，因为那里没有任何内在的东西。7×5＝35，也是如此，人们由于用指头等等来计数而知道对一个七再加一个七，如此五次就成功了，而其结果也同样要死背牢记。现成的一数加一数，或一数乘一数，都只有硬记才能学会，由此便可以省掉去找出总和或乘积的计数之劳了。

　　康德曾在《纯粹理性批判》的导言第五节中把 7+5=12 这一命题看作是一个综合的命题。他说："人们起初固然会设想（确是如此！）这个命题仅仅是一个分析命题，它根据矛盾律由七与五之**和这一概念**来的。"和的概念不过是抽象的规定，即：这两个数应当统括起来，而且作为数，就应当是用外在的、即无概念的方式加以统括——那就是从七再数下去，直到数完须要加上的共数目被规定为五的那些个一为止；结果就带来了人们从别处知道的名词，即12。康德按着说道："但是假如仔细考察一下，就会发现7与5之和这一概念所包涵的东西，不过是**联合**这两个数为一个单一的数，丝毫不因此而**想到**达统括两数的唯一之数是**什么**；"——他又说，"我对这样可能的总和概念，尽管分析，也在其中遇不着十二。"但是那种课题之获有结果，却与**总和的思维**，概念的分析毫不相干；"必须超出概念，用五个指头等等帮助来取得直观，于是便将在**直观中给与**的五的单位加到七的**概念**上去。"①五诚然是在直观中给与的，即是在思想中随意重复的一完全**外在地**联结起来了；但是七也同样不是概念；当前并没有人们所要超出的概念。5与7之和就是指两个数无概念的联结；这样无概念地从七继续数起，直到把五数尽为止，正如从一数起一样，都可以叫做一种联结，一种综合，——但这种综合完全是分析性质的，因为这种联系完全是造作出来的；本来在其中或引入其中的，都没有不是外在的东西。7加上5这一设准与一般计数设准的关系，也正如延长一直线的设准与画一直线的

---

① "必须……概念上去。一句，黑格尔说得较为简括，并非逐字征引。参看蓝译本第36页。——译者

第二章 定量

设准关系一样。

综合这一名词既是如此空洞,综合**先天**出现——这一规定也是同样的空洞。计数当然不是感觉的规定,根据康德对直观的规定,只有感觉规定留下求给**后天的**东西。计数当然是基于抽象直观的活动,这就是说它是由一的范畴来规定的,并且在那里,一切其他感觉规定以及概念都被抽去了。这样的**先天**,总之是模糊不清的东西;作为冲动、意向等等的情绪规定里面有同样先天性的环节,正如空间和时间被规定为存在物,而时间的东西和空间的东西被**后天**地规定那样。

与此有关的,还可以再说康德关于纯几何基本命题的综合性质的主张,同样很少根本的东西。出于康德以为较多的基本命题都真的是分析的,所以对那种综合观念,单单举了两点间最短者为直线这一基本命题。"我对于直的**概念**,并不包含大小,而只包含一种质;最短的这个**概念**是完全添加上的,并不能从**直线概念**的分析得出来;所以这里必须用**直观**帮忙,综合只有借助于直观才可能。"①但是这里所涉及的,也不是一般的直的概念,乃是直线的概念,而直线却已经是空间的,有了直观的东西。直线的规定(假如人们愿意的话,也可以说是直线的概念),当然不外是绝对单纯的线,就是在超出自身以外之中的(所谓点的运动)绝对的自身关系,在这种线的延伸中,并没有建立任何规定的差异,任何在它以外的点或点的关系,——这是**绝对在它自身中的单纯方向**。这种单纯性诚然是它的性质,假如说直线似乎很难分析地下定义,那么,这

---

① 参看蓝译本第36页,重点是黑格尔加的。——译者

也仅仅是为了单纯性规定或自身关系的缘故，并且仅仅因为反思在规定时，面前首先便有了多，或说由另外的多而进行规定；但是，干脆就自身说，要把握延伸自身中的单纯性这种规定，或延伸由他物并无规定的这种规定，却并不难；——欧几里得的定义所包含的，也不外是这种单纯性。但是现在这种由质到量的规定（最短）的过渡，这种应该构成综合的东西的过渡，却全然只是分析的。线，既然是空间的，就是一般的量；最单纯的东西，从定量来说，那就是**最少的**；从线来说，那就是**最短的**。几何可以接受这些规定作为定义的附款；但是**阿基米得**在他关于圆球体和圆柱体的书籍[参看豪伯尔〔Hauber〕译本第4页]里，作了最适宜的事情，把直线的那种规定树立为原理，这与**欧几里得**将关于平行线的规定列入原理之内同样是正确的，因为这种规定的发展，要成为定义，同样不是直接属于空间性，而是属于抽象的质的规定，和上面的单纯性一样，要求方向之类东西的等同。这些古人对他们的科学，给了突出的特性，其表述严格限于材料的特征以内，因此，与这些材料性质相异的东西就被排除了。

康德所提出的**先天综合**判断这一概念，是他的哲学中伟大和不朽之处。这个概念表示**区别**与**同一不可分离**，同一在自身那里也就是**不曾分离的区别**。因为这个概念就是概念本身，并且一切自在的东西都是概念，所以这种概念当然也在直观中同样呈现，但是在那些例子中所得到的规定，却并不表现概念；数和计数倒不如说是一种同一性或同一的发生，它绝对仅仅只是外在的，是仅仅表面的综合，是这样一些**一**的统一，即这些一并不被当作是彼此同一的，而是外在的、各自分离的。至于直线为两点间最短之线的规定,倒不如说只以抽象同一物这个环节为基础,在抽象同一物那里并没有区别。

我由这段插话再回到加法本身。与加法相应的反面算法,即**减法**,是数的分离,它也同样完全是分析的。和在加法里一样,数在减法中,也一般被规定为彼此**不相等的**。

2. 第二种规定是须要计数的数**相等**。那些数由于这种相等而是**统一体**,于是在数那里便出现了**单位**与**数目**的区别。**乘法**的课题是总计单位的数目,而单位本身也是一个数目。至于两数中,哪一个被当作单位,哪一个被当作数目,如说四乘三,即以四为数目,三为单位,或倒过来说三乘四,那都是一样的。——前面已经说过乘积的原始发现,是用简单的计数,即用指头等等数得来的;后来依靠那些乘积的累积,即九九表,及对九九表的熟记,便可以**直接**说出乘积了。

除法是依据同样的区别规定的反面算法。两个因素、除数与商数中哪一个被规定为单位,哪一个被定为数目,同样是无所谓的。假如将除法的问题表述为要看在一个已知数中包含**一个数**(单位)的**多少倍**(数目),那么,除数就被规定为单位,而商数便被规定为数目;反之,假如说要把一个数分成一定数目的等分并找出这些等分(单位)的大小,那么,除数就将被当作数目,而商数则被当作单位。

3. 相互规定为单位和数目的两个数,仍然还是彼此对立的数,因而完全是**不相等的**数。相等是以后得到的,它是单位和数目本身的相等;这样,在数的规定中的诸规定,共趋于相等的过程便完成了。根据这种完全相等的计数,就是**乘方**(反面的算法就是求方根），——当然，首先就是把一个数提高到**平方**，——这种计数，完全是自身规定的，在那里，(1)要相加的许多数是同一的，(2)这些数的多，或说这些数的数目，与那要被乘多少倍的数，即单位，是同一的。此外，在数的概念中，既没有能够提供区别的规定，也不能把数中所含有的区别求得进一步的一致。提高到比平方更高的幂方，那只是一种**形式的**继续；——一方面，幂数为偶数时，那就只是平方的**重复**；——另一方面，方幂为奇数时，不相等又出现了；因为新的因数虽然对于数目和单位二者在形式上仍是相等的（例如首先在立方那里），但是这个因数，作为单位，却数目是不相等的（平方，3对3）；(3)至于四的立方，那就更加不相等了，那里的数目3，与应该根据这个数目自乘的单位之数本身就不同。数目和单位这两个规定，本身就构成了概念的本质区别，以致凡走出自身以外的都可以完全回复到门身上来，它们是必须变为相等的。上面所说，也含有更进一步的理由，即：一方面，为什么解较高的方程式，一定要归到平方的二次方程式；另一方面，为什么有奇数幂的方程式只能有形式的规定，而恰恰在方程式之根是有理数时，可以找到的只不过是虚数的表示，这正是根所以为根及其表现的反面。——根据以上所说，似乎只有算术的平方才包含绝对的自身规定的东西，因此具有其他形式的方幂的方程式必须归回到平方；正如几何中的直角三角形，包含着毕达哥拉斯定理所指出的绝对的自身规定性，所以一切其他几何形体的全部规定也都必须还原到直角三角形那里去。

根据逻辑地构成的判断而进行的课程，要在讲比例学说之先，讲方幂的学说。比例诚然与单位和数目的区别相关联，这种区别就成第二种算法的规定,但是单位和数目又是超出了**直接**定量的**一以外**,而在直接定量中,它们却只是环节;根据定量而来的进一步的规定,对于那个定量本身仍然是外在的。在比例中,数不再是**直接的**定量;定量有了规定性作为中介。质的比率,我们将在以后加以考察。

关于所谓算法进一步的规定,可以说这种规定并没有关于算法的哲学,也没有指明其内在意义,因为事实上,它并不是概念的内在发展。哲学必须知道区别一种自身是外在的质料,按其本性说是什么;因为概念的进腿,在这样的东西那里,只以外往的方式来表现,而其环节也只能是特殊的外在形式,如此处的相等和不相等。要对实在的对象进行哲学思考,使外在的、偶然的东西的特殊性不致被观念扰乱,而这些观念也不致由于质料的不适当而受到歪曲和流于形式;那么,区别概念的一定形式(或说概念作为当前的存在)所属的范围,便是进行这种哲学思考的基本要求。在外在的质料那里,比如说在数那里,概念环节是在外在性中出现的,但是那种外在性在那里却是适当的形式;因为那些环节是用知性表现对象,并不包含思辨的要求,所以显得容易,值得在初级教科书中应用。

注 释 二

* 大家都知道毕达哥拉斯曾用数来表示**理性关系**或**哲学问题**;即使在近代,为了根据数来整理思想或用数来表现思想,哲学中也

---

* 参看第120页。

曾使用数及其关系的形式如因次等。——就教育的观点而言,数被认为是内在直观的最适宜的对象,对数的关系的运算也被认为是精神的活动,精神在这种活动中就把它最特有的关系,一般地说,本质的根本关系,显现给直观。数的这样高的价值,能达到多少程度,是由数的概念产生的,正如概念自身所发生的那样。

我们曾经看到数是量的绝对规定性,而数的原素则是变成了漠不相关的区别——即自在的规定性,它同时又完全只是外在地建立起来的。算术是分析的科学,因为在它的对象中出现的一切关联和区别,都不是在对象本身之中,而完全是从外面加之于对象的。它并没有具体的对象;具体对象有自在的内在关系,起初隐藏着不被知道,不是在有关对象的直接观念中就呈现出来,而是要由认识的努力才可以获致。算术不仅并没有包含概念以及由概念而来的概念思维的课题,而且是概念思维的反面。因为有关联的东西对这种缺少必然性的关联漠不相关的缘故,思维在这里的活动也就是思维自身的一种极端的外在化;这种活动强使思维在**无思想性之中运行**,它把毫不能够有必然性的东画联系起来。这种对象是**外在性**本身的抽象思想。

既然是这种外在性的**思想**,同时也就抽掉了感性的丰富多彩;它从感性的东西所保留下来的,不过是外在性本身的抽象规定;成性的东西由此而在数中最近于思想;数是思想自己外在化的**纯思想**。

精神是超出感性世界并认识自己的本质的,由于精神要为它的纯**观念**、为它的**本质表现**寻找一种原素,它可以因此而在将思想本身当作这种因素来把握,并为这种思想的陈述获得纯精神的表现之前,就陷于这样的情况,即选择了**数**,这种内在的、抽象的外在性。所以我们在科学史中,看到很早便用数来表示哲学问题。数构成用带着感性的东西来把握共相这种不完善的情况的最后阶段。数是处于感性的东西和思想的中间,古人对于这一点也曾经有过明确的意识。亚里士多德引证柏拉图(《形而上学》I,5)说:在感性的东西和理念以外,其间还有事物的数学规定;它与感性的东西有区别,因为它是不可见(永恒的)、不动的;它与理念不同,因为它是一个杂多的东西并具有相似性,而理念则绝对只与自身同一并且自身是一。卡地斯的莫德拉图(Moderatus aus Cadix)[①]关于这个问题更详细而透彻的想法,曾在马尔可的《论毕达哥拉斯的生活》(Malchi Vita Pythagorae,里特胡斯版[ed.Ritterhus]第 30 页以下)中有过引证,他认为毕达哥拉斯派抓住了数,他们还**不能够明白地用理性**来把握根本理念和第一原理,闵为这些原理是难于思维的,也是难于说出的;数在授课时,供口讲指画之用却很好。毕达哥拉斯派在这里和别的地方,都摹仿几何学家,后者不能以思想来表现具形体的东西,便使用图形,说这是一个三角形,但在这样说的时候,他们却不是要把眼前看到的图画就当作三角形,而只是用以设想一个三角形的思想。毕达哥拉斯派把统一、同一和相等的思想,把一致、联系、一切事物的保持和与身同一的事物等等的根据,都说成是一,也是如此。——这里用不着再说毕达哥拉斯派也曾从数的表示过渡到思想的表示,即过渡到相等和不相等、界限和无限等显著的范畴;至于这些数的表示,也已经有

---

① 莫德拉图,新毕达哥拉斯派,尼罗王时代人。——原编者注

过引证(见同上书第 311 页左边的注释,摘自辐千[Photius]所编毕达哥拉斯的传第 722 页),即:毕达哥拉斯派曾区别一元(Monas)和一;他们认为一元是思想,而一则是数;同样,二是算术的东西,而二元(Dyas)(达好像应该如此说法)则是不确定之物的思想。——这些古人很正确地首先查觉到数的形式对于思维规定的不足之处,他们也同样正确地更为思想要求特有的表现,来代替这种应急解法。今天有些人又用数的本身和数的规定,如方幂,然后用无限大和无限小,一被无限来除,以及诸如此类本身常常是颠倒错乱的数学的形式主义的规定,来代替思想的规定,并且以为退回到那种奄奄无力的儿戏是某种值得赞美的,甚至是根本的、深刻的东西,古人的思考比起这些人来,前进了该有多远啊。

上面引过这种说法,即数是处于**感性的东西**和思想之间,由于数又从感性有了**多**,那个正数那里相互外在的东西,所以要注意到多本身,那个被纳入思想中的感性的东西,就是在多那里的外在物的属于多的范畴。进一步的、具体的真思想,这种最有生气的、最活动的、只能**在关系中去理解**的东西,移植到那种自身外在的原素里,就变成了僵死不动的规定。* 思想愈是富于规定性,也就是愈富于关系,那么,用数这样的形式来表述它,也就愈是一方面含糊混乱,另一方面则任意独断而意义空洞。一、二、三、四与元(或一元)、二元、三元、四元还与完全**简单的抽象**概念接近;但是当数应该过渡到具体关系时,还要使数仍然与概念接近,那便是徒劳的。

假如思维规定通过一、二、三、四便被称为概念的运动,好像概

---

* 参看第 120 页。

念只有通过这些数才成其为概念,那么,这将是对思维所要求的最困难的东西。思维将在它的对立物中,即在无关系中活动;它的事业将是一种发疯胡闹的工作。譬如要理解一就是三,三就是一,其所以是困难的要求,因为一是无关系的东西,这就是说它在自己本身那里并不表现出规定,不由规定而过渡到它的对立物,反倒是绝对排除并拒绝这样的关系。恰恰相反,知性却利用这点来反对思辨的真理(例如反对在被称为三位一体说中所立下的真理),并且用数字来**计数**那些构成一个统一体的思辨真理的规定,以便指出它们的明显荒谬,——就是说知性本身陷入了荒谬,它把绝对是关系的东西造成无关系的东西了。在用三位一体这个名词的时候,当然料想不到一和数会被知性看成内容的**本质**规定性。这个名词就表现了对知性的轻视,而知性执着于一和数本身,还坚持它的虚妄,并用这种虚妄来与理性对立。

数、几何形状,如圆、三角形等,常常被当作是单纯的**象征**(例如圆是永恒的象征,三角形是三位一体的象征),一方面这是某种天真无邪的东西,另一方面,假如以为因此就此**思想**所能够**把握**和**表现**的还表现得更多,那却是发了疯。这样的象征和其他在各民族的神话和一般诗歌艺术中由**幻想**产生的象征,无幻想的几何形状与它们相比,是绝对贫乏的;假如说在那些象征之中,**含有**深刻的智慧、深刻的**意义**,那么,与思维唯一有关的事,就正是要把在那里还不过是隐含的智慧发掘出来,并且不仅要把在象征中的,也要把在自然和精神中的这种隐藏着的智慧发掘出来;在象征中,真理还是被感性的因素搅昏了,**遮蔽了**;它只有在思想形式里才对意识是完全开朗的;**意义**只是思想自身。

数学公式如其有思想和概念区别的意义，那也不如说这种意义首先须要在哲学中加以指出，加以规定和加以论证，所以采取数字的范畴，想从而为哲学的科学的方法或内容规定什么东西，这根本是糊涂的事情。哲学在它的具体科学中，是从逻辑、不是从数学，采取逻辑的东西；为了取得哲学中逻辑的东西而采取逻辑的东西在其他科学中所采取的形态，那只能是哲学软弱无力时一种应急的办法，这些形态许多只是对逻辑的东西朦胧的预感，另一些则是它的退化。简单应用这样借来的公式，无论如何都是一种肤浅的态度；在应用这些公式以前，必须先意识到它们的价值和意义；但是这样的意识只有由思考产生，而不是出于数学给与这些公式的威信。对这些公式这样的意识乃是逻辑本身，这种意识刚除掉它们的特殊形式，使这些形式成为多余无用的东西，并纠正这些公式。唯有这种意识才能对它们提供校正、意义和价值。

使用数和计算应当构成**教育**的主要基础，在这种情况下，它的重要性，从以上所说就很显然了。数是一个非感性的对象，研究数及其联系是一件非感性的作业；于是精神便停留在自身的反思和内在的抽象工作上，这也有很大的，但却是片面的重要性。因为另一方面，数既然只是以外在的、无思想的区别为基础，那样的作业便只是无思想的、机械的作业。它用力之处，主要在于坚持无概念的东西，无概念地把它们联系起来。内容是空洞的**一**；而伦理的，精神的生活及其个别形态的丰富价值，这正是教育应该用来作为最高贵的营养培养青年心灵的，就会被这无内容的**一**挤掉了。假如那样的练习成了主要的宗旨和主要的业务，其结果除了使精神在形式和内容上变得空虚而迟钝以外，不可能有别的东西。因为计算是这样外在的,然而也就是机械的作业,以至可以制造出机器来极其圆满地完成算术的运算。假如人们关于计算的性质只知道这种情况,那么不管他对一件事所设想的是什么,其中就会包含这样的决定,即把计算造成对精神的主要教育手段,对精神加以桎梏,把精神十全十美地变为一架机器。

乙、外延的和内涵的定量

1. 这两种定量的区别

1. 如前所说,定量以数目中的界限为规定性。定量自身就是分立的,是一个多,它不具有和它的界限不同而界限在其外面那样的东西。所以定量连同界限(这个界限在它自己那里就是一个杂多的东西)就是**外延的大小**。

必须把**外延的大小**和**连续的大小**区别开;外延的大小并不直接与分立的大小对立,而是和**内涵的**大小对立。外延和内涵的大小都是量的**界限**本身的规定性,但是定量则与它的界限是同一的;另一方面,连续和分立的大小是**自在的大小**的规定,即量本身的规定,因为在定量那里,界限抽掉了。由于外延大小的**多**,一般就是连续的,所以它在本身及其界限都有连续性这个环节;这样,作为否定的界限便在多的**这种相等**中,出现为统一体的划界。连续的大小是不管界限而自己连续下去的量;假如要想像它有一界限,那么,这种界限也只是一般的划界,**在那里并未建立起分立**。定量若只是连续的大小,它就还不是真正自身有了规定,因为它缺少一(在一中就含有自身规定的东西),也缺少数。同样,分立的大小只是一般直接地有区别的多,既然多本身应该有一界限,那么,这个多只是一堆或一些,即是一个不曾规定界限的东西;它若要成为规定的定量,就需要把多总括为一,从而使这些多与界限同一。使定量完全规定并成为**数**,有两个方面;连续和分立的大小,作为一般定量,都各自只建立了一个方面。数是直接的**外延的**定量,——是**单纯的**规定性,主要作为**数目**,但却是作为一个并同一的**单位**的数目;外延定量与数的区别,唯在于规定性在数中明白地被建立为多。

2.可是,某物由数而有多大那样的规定性,却不需要与有其他大小的某物相区别;因为一般的大小是自为规定的、无分别的、单纯自身相关的界限,所以这样大小的事物本身和其他大小的事物都属于那个规定性。在数中,规定性被当作封闭在自为之有的一以内,并且具有外在性,即**在自身中**有与他物的关系。界限本身的这个多,和一般的多一样,不是自身不相等的,而是连续的。多中的每一个都是他物之所以为他物那样的东西;因此,它们每一个作为多的相互外在或分立,并没有构成规定性本身。于是这个多便自为地消融为它的连续性,变成单纯的统一体。数目只是数的环节,它作为**一堆可计数的一,并不构成数**的规定;而这些一作为漠不相关的、外在于自身的东西,却在数返回到自身时被扬弃了。外在性构成多中的诸一,它在作为数的自身关系的那样的一中便消失了。

定量若是外延的,它便以自身外在的数目为它的实有的规定性,于是它的界限便过渡为**单纯的规定性**。在界限的这种单纯的规定中,定量便成了**内涵的大小**,于是与定量同一的界限或规定性,现在便被建立为单纯的东西,——即**度数**(Grad)。

这样,度数便是一个规定的大小或说定量,但在**自身以内**又不是数量(Menge)或多数(Mehreres)①,它只是一种**多数性**(Mehrheit),**多数性**是把多数统括为一个**单纯的**规定,是回到自为之有的实有。它的规定性固然必须用数来表现,作为定量完全规定了的规定性,但又不是作为**数目**,而是单纯的,只是一个度数。假如我们说10度数,20度数,那么,有这样多度数的定量只是第十度数、第二十度数,而不是这些度数的数目与总和;假如是那样,它便会成了外延的定量;所以它只是一个度数,即第十度数、第二十度数。这个度数所包含的规定性,是在十、二十数目之中的,但并不是把这种规定性作为多数来包含它,而是度数作为**扬弃了数目的**数,作为**单纯的**规定性。

3. 在数中,定量是以完全的规定性建立起来的;但是作为内涵定量,它却是在数的自为之有中建立起来的,无论就它的概念说,或就它的自在说,都是如此。这就是说,定量在度数中所具有的自身关系的形式,同时也是**度数自身的外在的东西**。数,作为外延定量,是可计数的多,所以在数自身之内具有外在性。这种外在性,作为一般的多,便消融于无区别之中,并且在数的一之中,即在数的自身关系中扬弃了自身。但是定量又具有作为数目的规定性,如上面所指出的,它之包括数目,就好像数目在它那里并不再建立起来似的。所以度数,作为单纯的自身,**其中**并不再有这个**外在的**

---

① 前面的多(Vieles),是定量以前的环节,与一相对;这里所说多数(Mehrexes),是定量已经规定为数以后的坏节。黑格尔在抽象概念发展中,往往用寻常的字眼而又附加一些独特的意义,因而更增加了晦涩。——译者

他物[1]，度数是在**自己之外**，具有这个他物，并且以和这个他物的关系作为与自己的规定性的关系。一个外在于度数的多，构成单纯的界限的规定性，这个界限是度数所以为自为的。由于数中的数目应该是处在外延限量之内，数目就在那里扬弃自身，从而因为在数之外被建立起来，便规定了自身。由于数作为一，就是建立了反思自身的自身关系，所以数把数目的漠不相关和外在性排除于自身之外；并且是作为**通过自身与外物的关系那样的自身关系**。

在这里，定量便有了与它的概念相适应的实在。规定性的**漠不相关**，构成定量的质，即是说这种规定性在它本身那里是自身外在的规定性。因此，度数就是在**许多**这样的内含之下的一个单纯的大小规定性，这些内含每一个只是单纯的自身关系，它们互不相同而又彼此有重要的关系，所以每一个内含都是与其他内含一起在这种连续中有共规定性。度数这种由自身而有与他物的关系，使度数表中的升降，成为一种持续的进行，一种流动，这种流动就是不断的、不可分割的变化。在变化中有了区别的多数，其中每一个都不与其他多数脱离，而只是在其他多数中才有规定。作为自身关系的大小规定，每一度数对其他的度数都是漠不相关的，但是它又自在地与这种外在性相关，只有借助于这种外在性，它才是它之所以为它；它的自身关系，是在一个度数中与外物并非漠不相关的关系，在这种关系中，度数便有了它的质。

2. 外延的和内涵的大小之同一

度数不是一个在度数以内而外在于自身的东西。不过，它不

---

[1] 他物，指数目。——译者

是**不曾规定的一**，一般数的根本；这种一不是数目，只是否定的数目，所以并非数目。内涵的大小首先是**多数**的一个单纯的**一**，这个一是多数的度数，但是这些度数却既不被规定为单纯的一，也不被规定为多数，而只是被规定为在**这种自身外在的关系中**，即在一与多数性的同一中。所以，假如多数本身诚然是在单一的度数以外，那么，这个单一度数的规定性就在于它与那些多数的关系；于是度数包含数目。正如作为外延大小的二十，——自身便包含着二十个分立的一那样，被规定了的度数也包含这些一作为连续性，这种连续性就是单一地规定了的多数；这个被规定了的度数便是**第二十度**，并且只有借助于这个数目才成为第二十度，而这个数目本身又在度数之外。

因此必须从两方面来考察内涵大小的规定性。它是中其他内涵定量来规定的，并且是与它的他物一起在连续性中，所以它的规定性在于这种与他物的关系。第一，现在这种规定性既然是**单纯的**规定性，它就是**相对于**其他度数而被规定的；它把其他度数排除于自身之外，并且以这种排除为它的规定性。第二，它又是在自己本身那里被规定的，它之在数目中被规定，是在**它自己的**数目中，不是在它的已被排除的数目中，或说不是在其他度数的数目中。第一二十度在它本身那里包含着二十；它之被规定，不仅区别于第十九度数、第二十一度数等等，而且它的规定性就是**它的**数目。但是数目既然是它的数目，——同时规定性在本质上也就是数目，——所以度数也是外延的定量。

这样，外延和内涵大小就是定量的一个并且是同一的规定性；它们之所以有区别，只是因为一个所具有的数目是在它自身以内，而另一个所具有的同一的东西,即数目,则是在它自身以外。外延大小过渡为内涵大小,因为它的多自在而自为地消融为统一体,多退出到统一体之外。但是反过来,这个单一的东西只是在数目那里,并且诚然是在**它的**数目那里,才有规定性;作为对其他规定了的内涵漠不相关,它就在自身那里具有数目的外在性;所以内涵大小在本质上,也同样是外延大小。

某种有质的东西随着这种同一性出现了,因为同一性是由**否定其区别**而与自身相关的统一;但是这些区别却构成实有的大小规定性;所以这种否定的同一性是某物,而这个某物却又是对它的量的规定性漠不相关的。这个**某物**是一个定量;但现在这个质的实有,却像它是自在的一样,**被建立**为对实有漠不相关。我们可以谈论定量、数本身等而不涉及载负它们的某物。但是现在某物却与它的这些规定①对立,由于否定这些规定而以自身为**中介**,好像是**自为地实有**的东西,并且因为这个某物之有一定量,就像这个某物具有一个外延兼内涵的定量似的。它所具有的作为定量的一个规定性,是在**单位**和**数目**这两个不同环节中建立起来的;这个规定性不仅自在地是一个和同一的,而且它在作为外延和内涵定量等区别中的建立,就是回复这种统一体,这种统一体,作为否定的统一体,就是对这些区别漠不相关的某物。

注 释 一

在通常观念中,**外延**和**内涵定量**常被区别为**大小的种类**,好像

---

① 这些规定,指定量、数等。——译者

一些对象只有内涵大小,而另一些对象只有外延大小似的。此处又加上哲学的自然科学的观念,它把多数,即**外延**,例如在充填空间这一物质的基本规定中以及在其他概念中,以这样的意义转变为**内涵**,即:内涵作为**动力的东西**,是真的规定,并且在本质上必须把这种内涵,譬如密度或特殊的空间充实程度,不当作在一个定量空间中的物质部分的某个**数量**和**数目**来把握,而当作充填空间的物质的**力**的某一度数来把握。

这里必须区别两种规定。在所谓力学观点转变为动力学观点之时,就出现了表面上联系在一整体之内而**各自独立存在的部分**的概念和与此不同的**力**的概念。在充填空间之中,一方面被认为仅仅是一些相互外在的原子那样的东西,另一方面会被看作是基本的单纯的力的表现。整体与部分,**力**及其外现等关系,在这里互相真对立,但还不是这里要说的事情,将在以后加以考察。现在要提到的,只是力及其外现的关系(这种关系相应于内涵),与整体和部分的关系相比,固然较为真实,但是力并不因此而此内涵较少片面性;**外现**,即外延的外在性,也同样**离不开力**,所以在外延和内涵两种形式中,都呈现**一个并且同一**的内容。

这里出现的另一规定性,是**量**的规定性本身;它作为外延定量,是被扬弃了,并且作为真正应有的规定,将转化成度数;但是以前已经指出过,度数也包含量的规定性,所以这一形式对另一形式也是重要的,于是每一实有都把它的大小规定既表现为外延定量又表现为内涵定量。

因此,一切东西,只要是表现为一个大小的规定,都可以为这种情况作例子。即便是数,必然也在它那里直接有这样的双重形式。由于数是外延大小，它就是一个数目；但是假如它过渡到内涵的大小，因为杂多在这种统一体中消融为单纯，它就也是一、一十、一百。一是**自在的**外延的大小，它可以被设想为任何数目的部分。所以十分之一、百分之一都是这种单纯的、内涵的东西，它是在它以外的多数那里，即在外延的东西那里，有它的规定性。一个数是十、百，同时在数的体系中，它也是十分之一、百分之一；两者都是同一的规定性。

圆中的一叫做**度数**，因为圆的部分本质上是以在它以外的多数为其规定性，被规定为一个封闭的数目的诸一的一个。圆的度数，作为单纯的空间大小，只是一个普通的数；作为度数来看，它是内涵的大小，这个大小只有山圆所画分的度数的数目束规定，才有意义，正如一般的数只是在数的系列中才有意义一样。

一个较具体的对象的大小，在其实有的双重的规定里，表现了既是外延的又是内涵的两个方面，对象在一个方面，出现为**外在的**，在另一个方面出现为**内在的**。譬如一质量(Masse)，作为重量，它是**外延的大小**，因为它构成斤、百斤等数目；它又是**内涵的大小**，因为它施加一定的压力，而压力的大小是一个单纯的东西，是一个度数，在压力的度数表上，有它的规定性。质量施加压力，就像是一个内在之有(In-sich-Sein)，一个主体，它于有内涵的大小区别。反过来说，施加这种压力度数的东西，能够将斤、两等一定**数目**移动位置，并且以此来测量它的大小。

也可以说，热有一个**度数**；温度无论是第十度、第二十度等，它总是一个单纯的感觉，一个主观的东西。但是这个度数同样也是作为一种**外延大小**而呈现的，是一种液体(如寒暑表中的水银)、气体或声音等等的广延。较高的温度表现为较长的水银柱或较狭的透气筒；它加热于较大的空间，正如较小的度数以同样方式只加热于较小的空间。

较高的声昔，作为**较强**的声音说，同时也是**较大数量**的振动；或者说较响的声音（我们说它有较高的**度数**）使它自己在较大的空间可以听到。同样，用较强的**颜色**，可以此用较弱的颜色染更大的面积；或者**较鲜明**的东西，这个另一种强度［内涵］，比较不鲜明的东西在更远的地方可以看见等等。

同样，在精神的事物中，品格、才干、天才等**很高的内涵**也有**包罗宏富**的实有，**广泛的影响**，**多方面的接触**。**最深刻的概念**也有**最普遍**的意义和应用。

注 释 二

康德搞了一种独特的办法，把内涵定量的规定应用于**灵魂**的形而上学的规定。在批倒灵魂的形而上学的命题时（他把这些命题叫作纯粹理性之误谬推理），他考虑到从灵魂的单纯性来推论灵魂不灭。他反对这种推论，说（见《纯粹理性批判》第414页）[①]："即使我们因为灵魂并不含有相互外在的杂多的东西，也就是并不含有**外延的大小**，承认了灵魂有这种单纯的本性，但是对于灵魂，却仍然和对**任何存在着的东西**一样，不能否认共有**内涵的大小**，即不能否认有关灵魂一切能力的实在性，甚至构成共存在的一切都具有一种度数，这种度数可以通过一切**无限多的更小**的度数而减少；

---

① 参看蓝公武中译本第277页。——译者

所以这种臆想的实体,虽然不是由于解体,而是由于它的力量的消散(衰退 remissio)可以转变为无。因为纵使是**意识**,它也在任何时候都有一个**度数**,这个度数总还是可以减少的。有其自觉的能力既是如此,一切其余的能力也是如此。"① 在理性的心理学中,正如这种抽象的形而上学过去那样,灵魂将不被看作精神,而被看作只是一个直接**有的东西**,一个灵魂**事物**(Seelending)。所以康德有权利把定量的范畴,即内涵定量的范畴,对它应用,就"和对任何存在着的东西一样",只要这种有的东西被规定为单纯的。当然,"**有**"(Sein)也是属于精神的,但是精神这种"有"的内涵,却与内涵定量的内涵完全不同;仅仅直接的有及其一切范畴的形式,在精神的内涵之中,不如说都扬弃掉了。这不仅必须承认要除去外延定量的范畴,而且要除去一般定量的范畴。还有一点必须要认识的,那就是实有、意识、有限性等在精神的永恒本性中是怎样的,而且是怎样从那里发生而精神却并未因此而变成一件东西。

3. 定量的变化

外延与内涵定量的区别,对定量规定性本身,是漠不相关的。一般说来,定量就是建立起来的规定性又被扬弃了,是漠不相关的界限,这种规定性同样也是自身的否定。这种区别在外延的大小中发展了,但是内涵的大小却是这种外在性的**实有**,这种外在性就是在自身中的定量。这种区别被建立为自身的矛盾,即:必须是单纯的**自身关系**的规定性(这种规定性就是自身的否定),并且不是

---

① 引文中的重点,都是黑格尔加的。——译者

在这个规定性那里而是在另一定量中有其规定性。

所以一个定量,按照它的质,是在绝对连续性中与它的外在性,即与它的他有一齐建立起来的。因此不仅是定量**可以超出任何大小规定性**,不仅是大小规定性**可以变化**,而且定量之所以建立**起来**,就是因为大小规定性**必须**变化。因为大小规定只是与一个他物同在连续性中才具有它的**有**,所以它是在它的他有中继续自身;它不是一个**有**的界限,而是一个**变**的界限。

"一"是无限的,或说是自身相关的否定,因此是自己对自己的排斥。定量也同样是无限的,被建立为自身相关的否定性;它自己排斥自己。但定量是一个**规定了**的一,是那个过渡为实有和界限的一,所以是规定性自身的排斥;这种排斥不像一的排斥那样产生自身相等的东西,而是产生它的他有;于是定量在它自身那里建立起来,**超出自身**,变成他物。定量之构成,就在于自身的增加或减少;它是在它自身那里的规定性的外在性。

于是定量自己超出自己;它所变成的他物,首先本身也是一个定量;但这个定量也同样不是一个有的界限,而是推动自己超出自己的界限。这个超出而重又产生的界限,绝对只是一个这样的界限,即它重又扬弃自身,走向另一个更远的界限,**如此以至于无限**。

丙、量的无限

1. **量的无限概念**

定量自身变化并变成另一定量;这种变化前进**到无限**的进一步规定,就在于定量是作为自身矛盾被提出来的。——定量变成一个**他物**；但又在它的他有中**继续**自身,这个他物仍然是一个定量。但是这个定量不仅是一个定量的他物,而且是**定量本身**的他物,是它作为一个立了界限的东西的否定物,从而也是它的没有界限,它的**无限**。定量是一个**应当**(Sollen)；它包含着必须是自为的规定,这种自为的规定又不如说是在一个他物中被规定的；反过来说,它是在一个他物中扬弃了的规定,是**漠不相关的**自为的持续存在。

有限和无限两者,都同样由此而保持在自身那里的双重的、并且诚然是对立的意义。定量是**有限**的,第一、它是作为一般的立了界限的东西,第二、它是作为对自身的超出,作为在一个他物中的规定。而定量的**无限**,则第一是它不曾立界限,第二是它回复到自身,是漠不相关的自为之有。现在我们将这两种环节互相比较,便可以看到,超出自身而到他物,定量的这种有限性的规定,同时也是无限的规定,定量的规定就在这种超出之中。界限的否定与超出规定性是同一回事,所以定量以这种否定、这种无限,为它的最后的规定性。无限的另一环节是对界限漠不相关的自为之有；但定量是这样的立了界限的东西,即:定量对它的界限说来,从而也是对其他定量和对自己的超出说来,都是自为的、漠不相关的东西。有限和(应当与有限分离的、坏的)无限,就定量说,每一个都已经在自身那里有了另一个的环节。

质和量的无限物,其区别是由于在前者,有限物和无限物的对立是质的对立,而且从有限物到无限物的过渡,或说两者的相互关系,只是在**自在**中,即在它们的概念中。质的规定性是直接的；它与他有的关系,本质上是与它自己的另一个"**有**"的关系；它不是要

在自身那里有其否定或他物而**建立**的。反之,大小本身则是**扬弃了的规定性**;它之**建立**是与自己不相等,并且对自己漠不相关,因而是可变化的东西。因此,质的有限物和无限物是绝对对立的,即抽象对立的;它们的统一是以**内在关系**为基础;因此,有限物之继续自身,只是**在自己之中**,不是**在自己那里**,在自己的他物中。反之,量的有限物,**在自身那里与自身的关系**,却是在它的无限物那里;它在无限物那里,有它的绝对规定性。它的这种关系,首先表现了**量的无限进展**。

2. 量的无限进展

无限进展,一般说来,是矛盾的表现,而这里则是量的有限物或一般定量所含矛盾的表现。这种进展是有限物和无限物在质的范围内曾经考察过的相互规定;不过却有区别,正如方才说过,在量的事物中,界限本身超出并继续超出自身之外,所以反过来,量的无限物也是在自身那里具有定量而建立的;因为定量在它的自身外在之中,同时就是它本身,它的外在性也属于它的规定。

不过,**无限进展**只是这种矛盾的**表现**,不是这种矛盾的**解决**;但是由于从一个规定性连续到另一规定性的缘故,无限进展以这样两个规定性的联合,导致了一个似是而非的解决。正如无限进展首先被建立起来那样,它只是无限物的**课题**,并不是无限物的达成:它是无限物的不断**产生**,而没有超出定量本身,并且这个无限物也不会变成肯定的、当前现在的东西。定量在它的概念中就有着一个自己的**彼岸**。这个彼岸第一是定量的**非有**(Nichtsein)这一抽象的环节;定量自在地消解了;这样,定量就对立的**质**的环节说来,它自身与它的**彼岸**相关也就正如它自身与它的无限性相关那样。其次,定量又是与这种彼岸一起在连续之中的;定量之构成,正在于它是自己的他物,对自己本身是外在的;于是这种外在的东西,也不是别的,而正是定量;所以**彼岸**或无限物本身就是**一个定量**。彼岸就是以这种方式,由逃跑而被召唤回来,而无限物也就达到了。但是因为这个变成此岸的东西仍又是一个定量,现在建立起来的不过是一个新的界限;这个新界限,作为定量,又从自身那里逃跑;作为定量,它就超出自身,并排斥自身,到自己的非有中,自己的彼岸中去,彼岸之不断变成定量,也和定量之不断自己排斥自己到彼岸去一样。

  定量在它的他物中的连续,使两者①的联合,表现为**无限大**或**无限小**。因为无限大和无限小在自身那里仍然有定量的规定,它们还是可变化的,没有达到可以是自为之有的那样绝对的规定性。在这种双重性的、依据**较多**和**较少**而对立的无限物中,即无限大和无限小中,规定的这种**外在的有**(Aussersichsein)建立起来了。定量无论在无限大或无限小那里,都与彼岸不断对立而**保持下来了**。大,无论怎样扩张,都将缩小到微不足道;因为它与无限物的关系就和与它的非有的关系一样,这种对立是**质**的对立;所以扩张了的定量并未从无限物取得什么东西;无限物在以前和以后都同样是定量的非有。或者说,定量的增大并不**更接近**无限物;因为定量及其无限性的区别,本质上有一个不是量的区别的**环节**。这只是使矛盾的表现更加突出;无限大作为**大**,应该是一个定量,而**无限**又

---

  ① 两者,指定量及他物。——译者

应该不是定量。同样,无限小,作为小,也是一个定量,因此对无限物说来,它仍然是绝对地太大了,即就质而言,是太大了,并且与无限物是对立的。无限进展的矛盾在无限大和无限小两者之中都保持下来,进展应该在两者那里找到它的目标。

这种无限性,作为有限物的彼岸而被牢固地规定了,它应该被称为**坏的量的无限性**。它和质的坏的无限性一样,从长在的矛盾的一环到另一环,从界限到界限的非有,又从这个非有回到同样的东西——即又回到界限,这样不断地往返交替。在量的进展中,那个向着这种进展而前进的东西,固然不是一般的抽象的他物,而是不同的、建立起来了的定量;但是它却以同样的方式,与它的否定对立。因此,进展也同样不是什么前进和进展,而是建立、扬弃、再建立、再扬弃的循环往复,是否定物的懦弱无力;它所扬弃的东西,由于它的扬弃,又作为连续的东西回来了。两件事物是这样联结起来的,即它们绝对彼此逃避开,并且因为彼此逃避开而不能分离,却在彼此逃避开之中联结起起来了。

注 释 一

坏的无限,尤其是**量的无限进展**的形式,——即继续飞越界限而无力扬弃界限,并不断回到界限,——常被认为是某种崇高的东西,一种神圣的供献;在哲学中,这种进展同样也被看作是一个最后的东西。这种进展曾多方面供浮夸词藻之用,这些词藻每每被惊叹为崇高的作品。但是这种**时髦**的崇高,事实上并没有使**对象**伟大,倒不如说使对象逃掉了,它只是使**主体**吞噬掉这样巨大的量。这种在量的阶梯上升的高扬,仍然是主观的;在劳而无功之中,它自己承认并不更接近于这个无限的目标,它的贫乏也由此可见,若要达到目的,当然须另作打算。

在下面这类浮夸词藻里,立刻就表现出这样的崇高会走到那里,止于何处。譬如**康德**所谓的崇高(《实践理性批判》结束语),[①]"假如主体以思想使自身高扬于它所占据的感性世界的地位之上,将联系扩张到无限大,——联系到星辰以外的星辰,世界以外的世界,天体体系以外的天体体系,而且它们的周期运动,它们的开始和延续,在时间上也是无涯无际的。**最远的世界**总也还有一个**更远的**世界,无论回溯到多么远的过去,后面也总还有一个**更远的**过去,无论前推**多么远**的将来,前面也**总还有**一个更远的将来;想像劣于这样不可测度的遥远的前进,**思想也穷于**这样不可测度的想像;像一个梦一样,一个人永远漫长地看不出还有多远地向前走,看不到尽头,尽又是**摔了一跤**或是**晕倒下去**。"

这种表达除了把量的高扬的内容压缩为描绘的丰富而外,值得称赞的地方,主要是它真实地指出了这种高气扬如何终结:思想是穷了,终结是摔了一跤或晕倒下去。使思想劣而至于摔了一跤或晕倒下去的,不是别的,只是一个界限消灭了,又起来,又消灭,这种重复的**厌倦**,彼和此,彼岸和此岸,相互不断生灭,有的只是无限物想要主宰有限物而又不能主宰有限物那种**软弱无力**之感。

康德所称**使人战栗的**,哈莱(Hailer)**对永恒的描写**,也常常特别受人惊叹,但是受到惊叹的却恰巧每每不是真正值得惊叹的那

[①] 以下一段引文,与现在流行的各版本不同,尤其后半出入很大。黑格尔引用的版本现已无从查考,引文中重点是黑格尔加的。关于这一段可参看伏尔兰德本第186页,商务印书馆中译本,1960年,第164页。——译者

一方面:

"我将时间堆上时间,世界堆上世界,

将庞大的万千数字,堆积成山,

假如我从可怕的峰巅,

晕眩地再向你看,

一切数的乘方,不管乘千来遍,

还是够不着你一星半点;

而我剥掉一切乘积,

你便全然现在我的面前。"假如把数和世界堆积成三山五岳,以为这就够得上**描绘永恒**,那就会忽视了诗人自己已经说出这种所谓使人战栗的超越,是某种白费事而空洞的东西,也忽视了他因此结论说:只有**放弃**这种空洞的无限进展,才能使真正的无限物**呈现在他的面前**。

有些天文学家之所以为他们的科学的崇高而高兴,是因为这门科学研究**不可测度的**繁多的星辰,研究那样**不可测度的**空间和时间,——距离和周期无论本身已经怎样大,用为单位,在这样的空间和时间之中,即使乘上多少倍,仍旧是缩小到微不足道的。他们对这种情形流连于惊诧,他们希望从一个星球旅行到另一星球那样的生活,以及从不可测度的地方去获得**那一类**不可测度的新知识。他们以为这种浅薄的惊诧和这种无聊的希望,构成了他们的科学主要优越之点,——这个科学之所以值得惊异,并不是因为这样的量的无限,而是恰恰相反,因为理性在这些对象中认识到**尺度关系和规律**,并且这些对象就是理性的无限与那非理性的无限相对立。

康德用另一种无限来与那种有关外在感性直观的无限相对立,即,假如

"个体回到他的看不见的自我;他的意志的绝对自由,作为纯粹的门我,与命运和暴政的一切恐怖对立;从纯粹自我最近的周围一开始,这些恐怖便自行消失;这个自我也同样使那似乎牢固的东西,世界复世界,毁为殷墟,并且孤独地**认识自己等于自己**。"①

自我在这种自己的孤独中诚然就是那个已达到的彼岸;它到了自己那里,是**在自己那里**,在**此岸**;绝对的否定性,在纯粹自我意识中,成了肯定和现在,而它在超过感性定量的前进之中却只是逃跑。但是这种纯粹自我既然是抽象而无内容地把自己固定起来;那么它也就是把一般的实有,即把自然和精神宇宙的充实内容作为彼岸,和自己对立起来。它表现了为无限进展之基础同样的矛盾,即回复到自身而同时又直接外在于自身,对它的他物的关系也就是对它的非有的关系;这种关系终于仍旧是一种**企望**,因为自我一方面把自己的无内容而又站不住的虚空固定下来,另一方面又把在否定中仍然现在的充实内容固定为它的彼岸。

康德对这两种崇高加了注解,他说,"对(第一种外在的)崇高的惊叹和对(第二种内在的)崇高的敬畏固然能**激起研究**,但不能代替研究的**缺乏**。"②所以他说那些高扬的情绪是不能满足理性的,理性不能停留在那些情绪及其相连的感觉上,也不能把彼岸和虚

---

① 《实践理性批判》,伏尔兰德本第 186 页,商务印书馆版第 164 页。这一段文字仍与现在流行版本差别很大。重点是黑格尔加的。——译者

② 《实践理性批判》,伏尔兰德本第 186 页,商务印书馆版第 164—165 页,词句仍略有出入。重点和括弧内的词句是黑格尔加的。——译者

空当作是最后的东西。

但是这种无限进展主要是应用在**道德**上,被当作最后的东西,方才所举的第二种有限与无限物的对立,作为丰富多彩的世界与提高到自由的自我之间的对友,首先是质的对立。自我在规定自己时,既要规定自然,又要使自身摆脱自然而自由;所以它是由自身而与他物有关;这个他物,作为外在的实有,既是丰富多彩的,也是量的。对量的东西的关系,自身也将变成量的东西;因此,自我对量的否定关系,自我对非我、即对感性和外在自然的威力,将被设想成这样,即道德可以并应当愈加**增大**,而感性的威力则愈加**减小**。但是意志对道德规律之完全适合性却将被移到无限进展之中,即被想像为一个**绝对到达不了的**彼岸,正因为它是到达不了的东西,它才是真正的归宿和安慰;因为道德应该是斗争;而斗争又是在意志不适合规律的情形之下才有的;因此规律绝对是意志的彼岸。

自我与非我,或说纯意志和道德规律与自然和意志的感性,在这种对立中,被假定为彼此完全独立、漠不相关的。纯意志有它的特殊规律,这种规律与感性有本质的关系;另一方面,自然和感性也有其规律,这些规律既不是从意志得来,不符合意志,而且虽然与意志不同[①],本身也与意志并没有本质的关系,它们根本是为自己而规定的,自身是完成而完满的。但这两者[②]又都是**同一个单纯事物**(自我)的环节;意志被规定为与自然对立的否定物,意志之所

---

① 黑格尔曾多次阐述。不同区别差异等都是关系,这里是指康德的自然规律,即使与意志不同,也与意志没有本质关系。——译者

② 两者,指意志与自然。——译者

以是意志，仅仅是因为有一个与它不同而又被它扬弃的东西，但是意志扬弃自然之时，也接触到、甚至感受了自然。对自然说来，对它作为人的感性说来，对它作为独立的规律体系说来，由于他物而有的限制，与它是不相干的；即使在它有了界限的时候，它仍然保持自身而独立地进入关系之中，它之为规律的意志立界限，也和意志之为它立界限一样。意志规定自己而扬弃自然这个他有，后者被当作是实有的，在被扬弃之中自身仍然延续而没有扬弃；意志的规定和扬弃，是**一个**动作。其中所含的矛盾不会在无限进展中解决，而相反地被表现为并被认为不曾解决，并且不能解决；道德与感性的斗争将被设想为自在而自为的绝对关系。

无力主宰有限和无限物的质的对立，无力把握真正意志的理念或说实质的自由，便会逃往大小那里去，用大小作中介；因为大小是扬弃了质，变成了漠不相关的区别。但是对立的两端既然根本上仍有质的不同，那么，由于它们彼此的关系犹如定量的关系，因此，每一个也就被当作是对这种变化漠不相关。自然被自我规定，感性被善良意志规定，由此而产生的变化只是量的区别，这样的区别让自然和感性仍旧是自然和感性。

费希特的《知识学》，对康德哲学，至少是对它的原则，作了更抽象的表述，在那里，无限的进展同样成了基础和最后之物。随着这样表述第一条原则，自我＝自我，而来的，是与第一条各自独立的第二条原则，**非我的对立**；自我和非我两者的**关系**也立刻被认为是**量**的区别，非我一部分是由自我规定，一部分则不是。非我以这样的方式仍然在它的非有中继续，以致它在它的非有中仍然是未被扬弃而对立的。因此，在这里所含矛盾发展成为体系之后，最终

第二章 定　量

的结果也就是曾经是开始的那种状况；非我仍然是一个无限的抵触(Anstoss)，是一个绝对的他物。非我和自我彼此间的最后关系是无限进展，是**企望和向往**，是开始就有的同一矛盾。

因为量的东西是被当作扬弃了的规定性，所以当对立一般被降低到一个仅仅是量的区别时，人们以为这样便为绝对的统一，为一个实体性，获得了许多东西，甚至一切的东西。**凡对立都只是量的对立**，这在某些时候成了近代哲学的主要命题；对立的规定具有同一的存在物，同一的内容，它们是对立的实在的两方面，因为每一方面都具有对立的两种规定，两种因素，只不过一种因素在一方面**占优势**，另一种因素在另一方面**占优势**，或者说一种因素、物质或活动在这一方面此在另一方面有**较大的数量**或**较强的度数**。既然假定有不同的诸声物质或活动，那还不如说量的区别证实并完成了这些物质或活动的外在性与它们彼此间和它们对自己的统一都漠不相关。**绝对统一的区别应该只是量的区别**；量的东西固然是扬弃了的直接规定性，但却是不完全的，才是**第一次**的否定，不是无限的否定，不是否定之否定。有和思维既然被想像为绝对实体的量的规定，所以它们作为定量，也就彼此是全然外在而无关系的，像在低级范围的碳和氮等一样。一个第三者，外在的反思，抽掉它们的区别，**认识**它们的(仅仅是**自在之有的**、还不是**自为之有的**)那种**内在**的统一。因此，这种统一事实上将仅仅被设想为最初的、直接的统一，或说是**有**，它在量的区别之中**仍然**与自身相等，但不是由自身而**建立**为与自身相等；于是它并未被理解为否定之否定或无限的统一。* 只是在质的对立中，才出现了建立起来的无

---

*　参看第120页。

限,出现了自为之有,而量的规定本身也就过渡到质的东西,这在下面将有较详细的讨论。

注 释 二

前面已经提到过,康德的**二律背反**,是表达有限物和无限物的对立在**较具体**的形态中,被应用到想像的特殊负荷者。前面所考察的二律背反,包含着质的有限与无限的对立。在另一个,即宇宙论的四个二律背反的第一个,所考察的,则是在有限与无限的冲突中的量的界限。因此我愿在这里对这个二律背反加以研究。

这个二律背反涉及**世界在时空中有没有界限**。这种对立也可以就时空本身方面来考察,因为时空究竟是事物本身的状况或者是直观的形式,这对于在时空中有没有界限的二律背反,毫没有改变什么。

仔细分析这个二律背反,也同样表现出它的两个命题及其证明(这些证明也和前面考察过的证明一样,是用的反证法),不过是两种简单的对立的主张,即:**有一个界限**,和:**必须超越界限**。

正题是:

*"**世界在时间上有一开始;就空间说**,它也是封闭在界限之内的。

证明中涉及时间的那一部分,先假定了反面,

"就时间而言,假如世界没有开始,那么,达到**每一已知的时间点**,一定都已经过了一个永恒时间,因而在世界中已经**流过了**事物

---

* 参看第 120—121 页。

彼此继续状态的无限系列。但一个系列之所以是无限,又恰恰在于它永远不能由继续的综合来**完成**。所以说已经流过了一个无限的世界系列是不可能的,因而世界的开始是世界存在的必要条件——这就是所要证明之点。"①

证明中涉及**空间**的**另一部分**也归结到时间。一个在空间中是无限的世界,综合它的部分需要一个无限的时间:由于在空间中的世界不被看作是一个正在变的东西,而是一个已经完成了的东西,所以这个时间就必须被认为是已经流过去了。但是关于时间在证明中第一部分已经指出,把一个无限的时间当作已经过去了,是不可能的。

＊但是人们立刻看到这并不需要用反证法来作证明,甚至根本不需要证明,因为应当证明的东西,已直接包含在证明本身之内,作主张的基础了。这就是假定到任何或**每一已知的时间点**已经过了一个永恒时间(永恒在这里只有坏的无限时间的琐屑意义);**一个已知的时间点**不过是时间中一定的**界限**。于是一个时间的界限在证明中被假定为真实的界限,而这正是**应当证明**的东西。因为正题是:世界在时间上有一开始。

那里只有一个区别,即**被假定**的时间界限是作为以前流过去的时间的终结那样的一个**现在**,而待证明的时间界限则是作为一个未来的开始这样的一个**现在**。但是这一区别是不重要的。**现在**被假定是一个点,在这一点,应该有世界中事物彼此继续的状况的一个无限系列**流过去**,即被假定是终结,是**质的界限**。假如这个**现**

---

① 参看《纯粹理性批判》,蓝译本第 330 页。重点是黑格尔加的。——译者
＊ 参看第 120—121 页。

在只被看作是量的界限、是流动的,不仅要超出界限,而且界限正是这个要超出自身的东西;那么,在这界限竖的无限时间系列就不是**流过去了**,而是向前继续流动,而证明的论据也就垮了。另一方面,假如这个时间点被认为是对过去的质的界限,但是这样一来,它同时又是对于未来的**开始**——因为每一时间点,**本身**就是过去和未来的关系,——对于这个未来,它甚至是**绝对的**或抽象的**开始**,那就是应该加以证明的东西。至于在这个时间点的未来和未来的开始以前,便已经有了一个过去,那倒是与事实并不相干的;因为这个时间点是质的界限——假定它是质的界限,这就含有**已经完成**,已经过去,即**自身不再延续的**那种规定,——所以时间在那里便**中断了**,那个过去便与这个时间并无关系,这个时间只有从那个过去看来,才能够叫做未来;因此,没有这样的关系,它便只是一般时间,便有了绝对的开始。但是,假如情形是这样,即时间通过**现在**这一已知的时间点而与过去有了关系,那么,它就会被规定为未来,于是从另一方面看来,它便不是界限,无限的时间系列还在所谓未来中继续着,而不是如假定的那样**已经完成**。

真正说来,时间就是纯量,证明中所用的时间点,时间应该到那咀中断的时间点,倒不如说只是**现在**的**扬弃自身的**自为之有。证明所作的事,不过是把正题所主张的时间绝对界限描绘成**一个已知的时间点**,并且干脆把它假定为完成了的、即抽象的点,——这是一个通俗的规定,感性的想像容易把它当成**界限**;这样一来,[*]以前提出来要加以证明的东西,却在证明中当作假定了。

---

[*] 参看第 120—121 页。

反题说：

"世界没有开始，在空间中也没有界限，无论就时间看或就空间看，都是无限的。"

证明也同样假定了反面：

"假如世界有一个开始。开始既然是一种存在，而在那以前，先有一个时间，其中并没有事物，那么，这就必须已经先过了一个时间，其中并不曾有过世界，这就是一个**空虚**的时间。但是任何事物都**没有**在空虚的时关中**发生**的可能；因为这样的时间，没有一部分比另一部分本身具有与非存在条件**不同**的任何存在**条件**。世界小事物的某些系列固然可以有开始，但是世界本身却没有开始，而就过去时间看来是无限的。"①

* 这个反证法的证明，与其他证明一样，也包含着对它所应证明的东西，作直接而未经证明的主张。它先假定一，个世界存在的彼岸，即一个空虚的时间，然后这个**世界的存在**又同样**超出自身**进入**这个空虚的时间**而**延续**自身，因此扬弃了这个空虚的时间，又无限地继续这个**存在**。世界是一个存在，证明假定：这个存在**发生**了，并且发生又有一个在时间上**先行的条件**。但是反题本身就恰恰**在于**：并没有无条件的存在，没有绝对的界限，世界存在总是要求有一个**先行的条件**。于是须要证明的东西便在证明中已经是假定了。以后又在空虚的时间中找寻**条件**，这不过是说条件被认为是有时间性的，也就是存在，并且是有限制的存在。总之，假定是这样造成的，即：世界作为存在须以另一在时间中的有条件的存在

---

① 《纯粹理性批判》，蓝译本第 330 页。重点是黑格尔加的。——译者

* 参看第 120—121 页。

为前提,如此等等以至无限。

关于世界在**空间**中的无限性,其证明也是一样。用反证法先说世界空间的有限;"于是世界便处在一个空虚的、没有界限的空间之中,并与这个空间有了关系;但是世界和没有对象的这样的关系只是虚无而已。"①

这里应该证明的东西,同样也住证明中直接成了前提。这直接假定了:有界限的空间的世界应当处在一个空虚的空间之中并与它有关**,这就是说必须**超出**这个世界,——一方面进入到实虚,到彼岸和世界的**非有**,但是另一方面,世界又与那里有关系,即是世界在那里仍然**继续**,从而必须想像那个彼岸是用世界的存在来充实的。反题所主张的世界在空间中的无限性,不外一方面是空虚的空间,另一方面是世界与空虚空间的**关系**,即世界在空虚空间中的继续,或说是空虚空间的充实;空间是空虚的、同时又是充实的,——这种矛盾就是存在在空间的无限进展。世界与空虚空间的关系,这种矛盾就在证明中直接成了基础。

正反命题及其证明因此不过是代表相反的主张,一是说有**界限**,而这界限也同样只是一个**扬弃了的界限**;一是说界限有一彼岸,但它又与彼岸有**关系**,必须超出界限去向那里,但是在那里一个不是界限的界限又产生一了。

这些二律背反的**解决**,像前面的一样,是先验的,就是说解决在于主张空间和时间作为直观形式,是观念性的;这意味着世界**本**

---

① 《纯粹理性批判》,蓝译本第 331 页。此处黑格尔是概括大意,并非逐句征引原文。——译者

** 参看第 120—121 页。

身并不自相矛盾,也不扬弃自己,只有直观中的和正直观与知性、理性的关系中的**意识**才是一个自相矛盾的东西。这种看法是对世界的柔情太过,要使矛盾远离世界,并将它移到精神中去,移到理性中去,任它在那里悬而不决。事实上,精神是如此其强,必然能够经得起矛盾,也懂得解决矛盾。但是所谓世界(它叫做客观的、实在的世界,或者依照先验观念论的说法,是主观的、直观和由知性范畴规定的感性),却无时无地免得了矛盾,但又经不起矛盾,所以便把门身付托与发生和消灭。

3. 定量的无限

1. **无限的定量**,作为**无限大**和**无限小**,本身就是无限的进展。作为大或小,它是定量,同时又是定量的非有。因此,无限大和无限小只是想像的形象,仔细观察起来,那不过是虚无缥缈的朦胧阴影罢了。但是在无限进展之中,这种矛盾便在当前明显出现了;因此定量的本性,这个作为内涵大小而达到了实在性的东西,便和在它的**概念**中一样,在它的**实有**中建立起来了。必须加以考察的,就是这种同一性。

定量作为度数是单纯的、自身相关的、自身规定的。因为在定量那真里的他有和规定性,都由于这种单纯性而被扬弃了,所以规定性对于定量是外在的;定量在它之外有它的规定性。它的这种外在的有,首先就是一般定量的**抽象的非有**,是坏的无限。但是进一步看来,这个非有也是一个大小;定量在它的非有中仍在继续,因为它正是在外在性中有其规定性;所以它的这种外在性本身也是定量;它的那个非有、那个无限之将变为有了界限,是这样的,即那个彼岸将被扬弃,本身也被规定为定量,于是这个定量便是在它的否定之中而仍旧在它自己那里。

但是这一点正是定量本身之所以是**自在的**东西。因为通过它的外在之有的,正是**它自己**;外在性所构成的东西,使定量在自己那里仍是定量。于是在无限进展中,定量的**概念**便建立起来了。

假如我们先如实地就定量的抽象规定来看定量,那么**在定量中,当前既有定量的扬弃,又有它的彼岸的扬弃,即是既有定量的否定,又有这种否定的否定**。定量的真理就是它们的统一,但是它们在这统一中却只是环节。这个真理就是进展所表现的矛盾之解决,其最确切的意义就是又树立了大小的概念,即大小是漠不相关或外在的界限。在无限进展本身中所想到的,常常只是:每一定量无论多大或多小,都要消灭,即定量必须能够被超过;但却不想到定量的这种扬弃,或彼岸,或坏的无限,本身也要消灭。

定量是由**第一次**的扬弃,即一般的质的否定建立的,这种扬弃本身也已经是否定的扬弃,——定量是扬弃了的质的界限,所以也是扬弃了的否定,——但定量也只有**自在地**是这样;被建立起来,它便是实有,然后它的否定被固定为无限物,即定量的彼岸,而彼岸站在那里又作为此岸,作为**直接的东西**;所以这个无限物只被规定为**第一次**的否定,这样,它就表现为无限的进展。我们已经指出过,在这个无限进展中,呈现着更多的东西,即否定之否定或真的无限物。前面已经注意到定量的概念由此而恢复;这种恢复首先意谓定量的实有得到了更确切的规定;这就产生了依**它的概念而规定的定量**,与**直接的定量**不同;现在外在性成了它自己的对立物,被建立为大小本身的一个环节,——定量也这样建立起来了,即:定量借它的非有,无限为中介,在另一定量中有了它的规定性,即在**质方面**是定量所以是定量的那种东西。但定量的概念和它的实有相比较却是属于我们的反思,属于那种在这里还不是当前现有的比率。最切近的规定是定量回复到**质**,尔后在质方面被规定了。因为它的特性、它的质就是规定性的外在性和漠不相关;现在它之被建立,与其说是在它的外在性中,不如说就是它自身,它在它的外在性中与自身相关,与自身有了单纯的统一,即在**质的方面**被规定了。这个**质的东西**还被更确切地规定,即被规定为自为之有,因为它所达到的自身关系,是由中介、由否定之否定而发生的。定量不再是在它之外,而是在本身那里有了无限,有了自为的规定。

无限物在无限进展中,只有一个非有、一个被寻找而到达不了的彼岸的空洞意义,但事实上它不是别的,正是**质**。定量作为漠不相关的界限,超出自己,进入无限;它在那里所寻求的,不是别的,正是自为的规定,正是质的环节,但是这个自为的规定,这样却只是一个应当。定量对界限的漠不相关,因而缺乏自为之有的规定性并要超出自己,这就是使定量成为定量的那种东西;它的这种超出应该被否定而在无限中找到它的绝对规定性。

极其一般地说来:定量是被扬弃了的质;但定量又是无限的,它超出本身,是它自己的否定;所以这种超出,本身就是被否定了的质的否定,是质的恢复;而建立起来的是这样的东西,即外在性出现为彼岸,并被规定为定量**自己**的环节。

于是定量被建立为排斥自身的,从而有了两个定量,但是这两个定量却被扬弃了,只是**一个统一体的环节**,这个统一体就是定量的规定性。——定量这样在它的外在性中作为漠不相关的**界限**而**与自身相关**，于是便在质的方面被建立起来，这就是**量的比率**。——在比率中，定量是外在于自身的，与自己不同的；它的这种外在性是一个定量对另一定量的关系，每一定量都只是在与它的他物的关系中才有价值；这种关系构成定量的规定性，定量就是这样的统一体。定量在那里所具有的，不是漠不相关的规定，而是质的规定，它在它的这种外在性中回复到自身，在这种外在性中，定量就是它之所以是定量的东西。

注释一 数学无限的概念规定性

***数学的无限**一方面是很有兴趣的，因为它将引入数学，导致了数学的扩张和伟大的结果；另一方面又是很奇怪的，因为这门科学还没有能够用概念（真正意义的概念）求论证无限物的使用。论证到底是要依靠（用**别的根据来证明**的）借助于那种规定所得**结果的正确性**，而不是依靠对象和获致结果的运算的明显性，甚至运算本身倒被认为是不正确的。

这一点本身已经很糟糕；这样的一个办法是不科学的。这个办法也带来害处，即：当数学因为对于它的这个工具的形而上学和批判方面并不擅长，以致不认识这个工具的本性之时，数学就既不能规定其应用范围，也不能保证其不被滥用。

但是从哲学的观点看来，这个数学的无限之所以重要，因为事实上它是以真正无限的概念为基础，比通常所谓**形而上学的无限**

---

* 参看第121页。

高得多，人们就是从形而上学的无限出发，对真无限作了许多责难。面对这些责难，数学常常只晓得用抛弃形而上学的权威来自救，认为只要它一贯在自己的地基上行动，就与形而上学这门科学毫不相干，也不用理睬形而上学的概念。数学似乎无须考虑事物本身是什么，而只考虑事物在数学的领域内真的是什么。形而上学在与数学的无限相矛盾的时候，无法否认或取消使用数学无限的辉煌结果，而数学也搞不清自己的概念的形而上学，因此也搞不清那种使无限物的使用成为必需的方法的由来。

假如这是数学遭受到的一般**概念**的唯一困难，那么，它尽可不必多费周章，把这个概念放在一边好了，这就是说，由于概念比仅仅列出一事物的基本规定性、即知性规定要更多一些，而且数学对这些规定性并不缺少**严密性**；因为它这一门科学既不是和它的对象的概念打交道，也不是由于概念发展（即使仅仅是由于推理）而产生它的内容。但是在数学无限的方法里，数学对**自己特有的方法**本身，却发现了**根本矛盾**，而它之所以是科学，就依靠这种方法。因为对无限的计算，允许而且要求数学在有限大小运算时所必须完全抛弃的解法，同时数学又对这些无限的大小和有限的定量都一样处理，想应用对它们都有效的同样方法。为**超经验**的规定及其处理取得普通的计算形式，是这门科学成长的一个主要方面。

数学在不同运算的冲突中，表现出它由此而找到的结果，与用真正数学的、几何的、解析的方法所找到的，是完全一致的。但一方面并非一切结果都是这样，而引入无限的目的，也不仅仅在于缩短通常的路程，而是要达到用这些方法所不能导致的结果。另一方面，**成果**自身并不就验证了所采取的**途径**的**方式**有道理。但是无限的计算方式显出了以它被卷入貌似的**不精确**而遭到困难,因为它先以一个无限小量来增加有限的大小,而在以后的运算中,对这些大小又保留一部分,省略一部分。* 这种解法的古怪之处,就是尽管承认了这种不精确,而所得的结果,却不仅是误差可以**无须注意**的**大概**或近似,而是**完全精确**。我们在结果以前的运算时,总**不免想像**有些定量不等于零,但是**微不足道**,可以不加注意。但是在我们所了解的数学规定性那里,一切精确性较大或较小的区别都完全抛掉了,正如在哲学中,所能谈到的,只有真理,而不是较大或较小的概然性。假如无限的方法及使用由于成果而得到辩护理由,那么,不管这个成果而要求对方法的辩护理由,这并不像问鼻子要使用鼻子的权利证明那样多余。因为数学知识之所以是科学的知识,主要就在于证明,至于结果,其情况也是如此,因为严格的数学方法并不是对一切都提供了成果的标记,而这种标记,无论如何,也只是外面的标记。

值得费些力量去仔细考察无限的数学概念,和有些很可以注目的尝试,那些尝试的意图在于论证这种概念的使用,消除方法所感到的很难受的困苦。在这个注释里,我要较广泛地从事考察对数学无限的论证和规定,这种考察将对其概念的本性投下最好的光明,也将指出这个概念如何浮现在这些论证和规定的面前并为它们立下基础。

数学无限的通常规定是:它是一个这样的**大小**,假如它被规定为无限大,那么在它以上就没有**更大的**;假如它被规定为无限小,

---

* 参看第 121 页。

那么在它以下也没有更小的；或者说在前一种情形，它比任何大小都更大，在后一种情形，它比任何大小都更小。这个定义当然并没有表现真概念，倒不如说是像以前已经说过的无限进展中的那个同样矛盾。但是我们还是看看那里所包含的东西本身是什么吧。数学为一个大小所下的定义是：大小是某种可以增加和减少的东西，——一般说来，这就是一个漠不相关的界限。现在无限大或无限小既然是这样一个不再能增加或减少的东西，那么，事实上它也就**不再是定量本身**了。

这一结论是必然的、直接的。但是定量（我在这个注释中如实地称一般定量为有限的定量）被扬弃这种不常有的想法，却为普通理解造成困难，因为定量既然是无限的，那就要求设想它是被扬弃了的，是一个已非定量而**仍然留有它的量的规定性**那样的东西。

这里我们引证一下康德对这种规定是如何判断的。[①]他发现这种规定与人们所了解的**无限的整体**并不一致。"根据普通概念，一个大小，假如不可能有更大的超过它时（即超过其中所包含的一定单位的数量），它就是无限的；但是没有一个数量是最大的，因为总可以再加添上一个或多个的单位。——另一方面，通过一个无限的整体，也不会想像出它有**多么大**，所以它的概念不是一个**最大限度**（或最小限度）的概念，而是通过无限的整体来设想它与一个任意采取的单位的**关系**，就单位而言，无限的整体比一切数都更大。无限物随着所采取的单位较大或较小而较大或较小；但是无限物，因为它的存在仅仅由于与这种已知单位的关系，却永远仍然是一

[①] 见《纯粹理性批判》中对宇宙论第一个二律背反正题的注释。——黑格尔原注

样的,尽管整体的绝对大小当然完全不会由此而知道。"①

康德斥责把无限整体看作一个最大限度,看作一定单位的**已完成的数量**。最大限度或最小限度本身总还像是一个定量或数量。这样的观念无法避免康德所举出的后果,会引致较大或较小的无限物。一般说来,既然把无限物想像成定量,那么,较大或较小的区别也就仍然会对无限物有效。但是这种批评,对于真的数学无限物的概念,无限差分的概念,却是无的放矢,因为无限差分已不再是有限的定量了。

康德的无限概念,恰恰与此相反。他所谓的真的、先验的概念,是"测量一定量时**永远不能完成**单位的继续综合"。②这是假定了一个一般的定量作为已经给与的;它应该由于单位的综合而成一个数目,一个被确定指明的定量,但是这种综合又永远不能完成。* 这里所表示的,显然不过是无限进展,只是被想像为**先验的**,即本来是主观的、心理的罢了。就本身说,定量诚然应该是完成了的,但是就先验的方式说,即在主观中(主观给它一个与单位的关系),却只发生了一个这样的定量的规定,它没有完成而绝对带着一个彼岸。所以这仍然是停留在大小所包含的矛盾里,但是这个矛盾却被分配给对象和主体了;对象得到的是定立界限,主体得到的是超出主体所把握的每一规定性而进入坏的无限。

另一方面,前面已经说过,数学无限物的规定,如高等分析中

---

① 《纯粹理性批判》,蓝译本,第 332 页,中间删略了关于世界和时空的几句话。——译者
② 《纯粹理性批判》,蓝译本,第 333 页,重点是黑格尔加的。——译者
* 参看第 122 页。

所使用的,诚然与真的无限概念符合,现在却应当对这两种规定的比较,作更详细的阐释。关于真的无限的定量,首先就是它自己规定本身是无限的。它之所以如此,因为正如以前看到过的,有限的定量(或者说一般定量)和它的彼岸,即坏的无限,都**同样被扬弃**了。扬弃了的定量因此回复到单纯性和自身关系,但是这不仅仅像外延定量那样,因为当外延定量过渡到内涵定量之时,内涵定量只是**本身**在外在的杂多中才有其规定性,但对于规定性既应当漠不相关,又应当有差异。无限的定量则是在它那里含有(1)外在性,(2)这种外在性的否定;所以它不再是任何有限的定量,不再是一个**以定量为实有**的大小规定性,而是单纯的,因此只是**环节**。无限的定量是一个在**质**的形式中的大小规定性;它的无限性必须是一个**质的规定性**。这样,作为环节,它本质上是在和它的他物统一之中,只有通过它的这个他物,才是被规定了的,即它只在对一个同它处于**比率**中的东西有关系时,才有意义。在**比率**之外,它就是**零**;——因为定量本身**对比率**应当是漠不相关的,而在比率中却应当是一个直接的、平静的规定。它在比率中只作为环节,便不是一个自为的漠不相关的东西;由于它同时又是一个量的规定性,所以它在作为**自为之有**的无限性中,只是一个**为一**(Für-Eines)的东西。

无限物的概念,这里还只是抽象地展示出来;假如我们把定量当作**一个比率环节**,观察它所表现的各个阶段,从它同时还是定量本身这一最低的阶段起,直到它获得无限大小的真正意义和表现这种较高的阶段为止,那么,无限物的概念就将显出是为数学的无限物奠立基础,它的本身也将更为明白。

我们试先取一个**比率**中的定量，如一个**分数**。例如 $\frac{2}{7}$ 这个分数，它并不像 1,2,3 等等定量，它固然是一个普通的有限的数，但不是一个直接的数，如整数那样，而是由**两个其他的数**间接规定的分数；那两个数互为数目和单位，而单位也是一确定的数目。但是假如将这两个数相互的密切规定抽掉，只就现在它们在质的关系中恰巧是定量这一点来观察，那么，2 和 7 在另外的地方就是漠不相关的定量；但是在这里，由于它们仅仅出现为彼此的**环节**，从而第三者（即被称为指数的定量）也出现了，所以它们并不是立刻被当作 2 和 7，而只是依照它们的**相互**规定性才能有效。因此可以同样用 4 和 14，或 6 和 21 等等以至无限来代替它们。这里，它们开始有了质的特性。假如它们被当作只是定量，那么 2 和 7 便是：一个绝对只是 2，另一个绝对只是 7；4,14,6,21 等等也都绝对与这个数不同，而以上等等数既然只是直接的定量，它们也就不能够彼此代替。但是 2 和 7 既然依照规定性，不被当作是这样的定量，那么，它们的漠不相关的界限便扬弃了。于是从这一方面看来，它们便包含了无限性的环节；因为它们不仅不再是它们本身，而且它们的量的规定性仍然保留，但是又作为一个自在之有的质的规定性而保留——即依照它们**在比率中**的值。可以用无限多的别的数来代替这两个数，而分数则由于比率所具有的规定性，其值并不改变。

但是分数所表现的无限性仍然还不完全，这是因为分数的两项 2 和 7 可以从比率中取出来，而它们这样便是普通的漠不相关的定量；至于它们既是在比率中又是环节，这种关系对它们说来倒是某种外在的、漠不相关的东西。它们的**关系**本身也同样是一个普通的定量，即比率的指数。

普通算术运算所用的**字母**，是提高数到普遍性的第一步，字母并没有一定数值的那种特性，只是每一确定值的一般符号和不确定的可能性。因此分数 $\frac{a}{b}$ 像是无限物的较适合的表现，因为 a 和 b 从它们的相互关系取出来，仍然是不确定的，即使分离以后，它们也没有自己的特殊的值。这两个字母固然被当作不确定的大小，但其意义却是它们可以是任何一个有限的定量。这样，它们诚然是一般的想像，但又只是**确定的数**的想像，既然如此，它们之在比率中这一点，于它们说来，是不相干的；它们在比率外，也保持这个值。

我们更仔细观察一下比率中所呈现的东西是什么，那么，在比率中就有两个规定，一是一定量，二是这个定量不是直接的，而是其中有质的对立；它之所以在比率中仍然是确定的、漠不相关的定量，因为它从它的他有、从对立回复到自身，从而是无限物。这两种规定，以下面的大家熟知的形式来表现它们的相互区别的展开。

$\frac{2}{7}$ 这个分数可以表示为 0.285714……，$\frac{1}{1-a}$ 这个分数可以表示为 $1+a+a^2+a^3+\cdots\cdots$ 等等。这样，分数就是**一个无限的系列**；分数本身意谓着这个系列的总和或**有限的表现形式**。比较一下这两种表现形式，那么，无限系列那一种表现形式就是不再把分数表现为比率，而是依照这样的方面来表现它，即分数作为一定**数量**的彼此相加的东西，作为数目，是定量。至于这些大小应该把分数作为数目来构成，而本身又是由十进位的分数、即由比率而成，那却与这里的问题无关；因为这种情况所涉及的，只是这些大小的特种**单位**，而不是构成**数目**那样的大小；正如由多数符号构成的十进位系统的一个整数,本质上被当作**数目**,而并不管它是由一个数和十这个数及其方幂的**乘积**所构成的那样。所以这个问题也不在于除我们所举的例 $\frac{2}{7}$ 以外,还有其他造成十进位分数的分数,并没有发生无限的系列;每一个分数都可以用与此不同的单位的数的体系来表示。

无限的系列应该把分数表现为数目,现在分数的比率方面既然在这个无限系列中消失了,那么,以前指出过的,分数从比率得到无限性的那一方面也就消失了。但是这样无限性却以另一种方式进来了;系列本身就是无限的。

系列的无限属于哪一类,现在也是很明显的;这是进展的坏的无限。系列包含并表现着矛盾,那就是它要把比率和其中具有**质的本性**这样的东西,表现成一个没有比率的东西,一个单纯的**定量**或数目。其结果是:系列中表现的数目总是缺少了一点什么东西,以致为了达到所要求的规定性,总是必须超出已经建立的东西。进展的规律是大家熟知的,它就在分数所包含的定量规定中和应当表现这种规定的形式的性质中。数目固然可以由系列的继续延长,使其需要多么精密便有多么精密;但是由系列所表现出来的,仍然永远只是一个**应当**;这种表现总是带着一个扬弃不掉的彼岸,因为把一个依靠**质**的规定的东西表现为**数目**,就是一个**永存的矛盾**。

无限系列中现实当前的那种不精密,在真的数学无限里却只是表面现象。**这两类数学的无限**,和两类哲学的无限一样,决不可以混淆。表现真的数学无限物,早就开始用过**系列的形式**,甚至近来也重又引用。但是这种形式对它并不是必要的;恰恰相反,下面将会指出无限系列的无限物与那种真的数学无限物有本质的区别。无限系列不如说是比分数的表现形式甚至还要低下一些。

无限系列包含着坏的无限，因为系列所应该表现的东西，仍然是一个**应当**，而它所表现出来的东西，又带着一个不会消失的彼岸，与它所应该表现的东西**不同**。无限系列之所以是无限的，并非为了被建立起来的各项的缘故，而是因为这些项不完全，因为有一个本质上属于这些项的他物，是它们的彼岸；建立的项无论愿意怎么多，便怎么多，而系列中实有的东西却仍然只是一个有限物，就真正的意义说来，是被建立为有限物，即它**不是它应该是**的那样的东西。与此相反，这种系列的所谓**有限的表现形式**或总和却并没有欠缺；它所包含的值是完全的，而系列却只是在寻找这个值；彼岸从逃跑中被召回来了；这种表现形式是什么和它应该是什么并没分离，而是同一的东西。

这两者区别所在，较确切地说，就是：在无限系列中，**否定物**是在它的各项**之外**的，这些项仅仅由于被当作**数目**的部分而当前现在。与此相反，有限的表现形式是一个比率，**否定物**在这个形式中，作为比率两端的**相互**规定，是内在的，这个相互规定回归到自己，是自身相关的统一，是否定之否定（比率**两端**都是**环节**），于是**在自身中**也就有了无限性的规定。——这样，寻常**所谓总和**，如$\frac{2}{7}$或$\frac{1}{1-a}$，事实上就是一个比率；而这个所谓**有限的表现形式**就是真的**无限的表现形式**。反之，无限**系列**倒真的是**总和**；它的目的是要把本身是比率的东西，以一个总和的形式来表现，而系列现有的各项不是一个比率的项，而是一个总积（Aggregat）的项。另一方面，系列还不如说是**有限的表现形式**；因为它是不完全的总积，本质上仍然是有缺憾的。系列就其实有的东西而言是一定的定量，但同时又是一个较少于本身应该有的定量；而系列所缺少的东西也同样是一个一定的定量；所缺少的部分事实上正是系列中称为无限的那个东西，就仅仅形式方面说，这个部分是一个缺少的东西，一个**非有**；就它的内容说，它是一个有限的定量。在系列中实有的东西连同所缺少的一起，就构成了分数那样的东西，这是系列**应该**是而又不能够是的一定的定量。**无限**这个字，即使在无限系列中，也常常被人以为一定是某种高尚尊严的东西，这是一种迷信，知性的迷信；我们已经看到了它倒不如说是要归结到**有缺憾的**规定上去。

还可以说，其所以有不能总和的无限的系列，就系列形式而言，那完全是由于外在而偶然的情况。它们比能总和的无限系列，含有较高级的无限性，即不可通约性（Inkommensurabilität），或者说不可能把其中所含的量的比率表现为定量，即使是表现为分数也不可能。但是它们所具有的**系列形式**，本身却含有与能总和的系列中相同的坏的无限规定。

数学的无限物——不是方才所说的，而是真的数学的无限物——被称为**相对的**无限物；通常的形而上学的无限物——这该是被了解为抽象的、坏的无限物——却反而被称为**绝对的**无限物；这里也就有了以前在分数和分数的系列那里所看到的名词的颠倒。事实上，这个形而上学的无限物倒只是相对的，因为它所表现的否定仅仅是与一个界限对立，即界限仍然在它之外**长留**，并不被它扬弃；数学的无限物则与此相反，真的把自身中的有限的界限扬弃了，因为界限的彼岸与界限联合了。

一个无限系列的所谓总和或有限的表现形式,在方才陈述过的意义之下,倒应该被认为是无限的,尤其是**斯宾诺莎**曾树立真的无限概念来与坏的无限概念对立,并用例子加以说明。当我将他关于这方面的说法和我的这种解释联系起来时,他的概念就极其明白了。

他首先把**无限物**定义为任何性质的存在的**绝对肯定**,相反地,有限物却是**规定性**、是**否定**。①当然,一种存在的绝对肯定必须认为是它的自身关系,而不是由于有一**他物**;反之,有限物则是否定,是与一个**他物**的**关系**的终止,这个他物是**在它以外**开始的。一种存在的绝对肯定,当然没有穷尽无限的概念。这个概念之包含无限,即肯定,并不是作为直接的肯定,而只是通过他物在自身中的反思而恢复的肯定,或说是否定物之否定。但是在斯宾诺莎那里,实体及其绝对统一还只有不动的,即不是自己以自己为中介的统一形式,是一种僵硬的形式,其中还没有自身的否定的统一这样概念,还没有主观性。

他说明真的无限物所用的数学例子(《书信集》,Epist. XXIX),是两个不相等的圆之间的空间,一个圆落在另一个圆之内而又不碰到它,并且这两个圆不是同心的。他似乎很看重这个几何形状和用这形状为例的概念,以致把它作为他的伦理学的公则。②他说:"数学家结论说,在这样的空间中可能的不相等是无限的;那些不

---

① 见斯宾诺莎《伦理学》第一部分,命题八,附释一。贺麟译本第7页。——译者

② 按指《伦理学》第一部分,公则(五)贺麟译本第4页。以下引文,仍是《书信集》中语。——译者

相等,不是由于无限数量的部分(因为这样的空间的**大小是确定的、立了界限的**,而且我可以建立较大的或较小的这样的空间),而是因为**事物的本性**超出了任何规定性。"可是斯宾诺莎抛弃了把无限物想像为没有完成的数量或系列的那种设想,提醒人们这里所举的空间的例子,无限物不是彼岸,而是当前现在、已经完成了的;这个空间是一个立了界限的,但它所以是无限的,是"因为事物的本性超出了任何规定性",因为其中所包含的大小规定不能表现为定量,或依照上述康德的说法,把它**综合**为一个分立的定量是不能完成的。——**连续**定量和**分立**定量的对立如何一般地导引出无限物,这应该在下一注释中讨论。那种在一个系列中的无限,斯宾诺莎称之为**想像的无限物**;另一方面,他称自身关系的无限物为思维的无限物或**现实的无限物**(infinitum actu)。它之所以是**现实的**(actu)无限,是因为它是已完成的和现在的。这样,0.285714⋯⋯或 $1+a+a^2+a^3$⋯⋯等系列便仅仅是想像的、或意见的无限物,因为它们没有现实性,总是缺少点什么;反之,$\frac{2}{7}$或$\frac{1}{1-a}$都是**现实的无限物**,**不仅有**系列中现在各项的东西,并且还有系列所缺少而**只是应该有的东西**。$\frac{2}{7}$或$\frac{1}{1-a}$同样是一个有限的大小,就像斯宾诺莎封闭在两个圆之间的空间及其各种不相等那样,并且也像这个空间那样可以使其较大或较小。但是并不因此而发生较大或较小的无限物那种荒谬事情;因为这个整体的定量与它的环节的比率,与**事物的本性**、即与质的大小规定无关;那在无限系列中**实有**的东西,同样是一个有限的定量,但除此之外,它还是一个有缺憾的东西。**想像**对于它仍然停留在定量本身那里,并不曾反思质的关系,而质的关系却构成现存的不可通约性的基础。

斯宾诺莎例子中所包含的不可通约性,其中一般地包含了曲线函数,更确切地说,导致了数学在这样的函数里,或一般地说,在**变量的函数**里所引用的无限,这是**真**的数学的、质的无限,也就是斯宾诺莎所想的无限。我们在这里要详细说明这种规定。

首先是关于**可变性**这样重要的范畴,函数中相关的大小就是在这个范畴下被把握的。这些大小之可变化,其意义并不应该是像分数 $\frac{2}{7}$ 中 2 和 7 两个数那样,因为同样可以用 4 和 14,6 和 21 等等以至无限的其他的数来代替而不改变这个分数中所定的值。对 $\frac{a}{b}$ 同样也可以用任何数代替 a 和 b 而不改变 $\frac{a}{b}$ 所应该表现的值。现在的意义是:对于一个函数中的 x 和 y,也可以用一个无限的、即不可穷尽**数量**的数来代替,a 和 b 是与那 x 和 y 同样可变化的大小。因此,为大小规定选择了**变量**这一名词是很含糊而不幸的,这种大小规定的有兴趣之处及其处理方式,是在与单纯可变性**完全不同的地方**。

数学高等分析满怀兴趣地从事于研究一个函数的环节,为了弄明白这些环节的真正规定何在,我们必须再经历一遍前面已经注意过的阶段。在 $\frac{2}{7}$ 或 $\frac{a}{b}$ 中,2 和 7 每一个本身都是规定了的定量,关系对于它们是不重要的;a 和 b 也同样代表这样的定量,它们在比率之外也仍然是它们原来的样子。此外,$\frac{2}{7}$ 和 $\frac{a}{b}$ 也是一个固定的定量,一个商数;比率构成一个数目,分母表示数目的单位,分子表示这些单位的数目,或倒过来说也可以;即使 4 和 14 等等代替了 2 和 7,比率作为定量仍然是同一的。但是这一点在譬如 $\frac{y^2}{x}=p$ 的函数中却有了本质的改变;这里 x 和 y 固然有可以是确定的定量的那种意义,但 x 和 y,却没有确定的商数,而只是 x 和 y2 才有。所以这个比率的**两端**不仅第一、不是确定的定量,而且第二、它们的比率也不是一个固定的定量(这里也不**意谓**着它是像 a 和 b 那样的一个固定的定量),不是一个固定的商数,这个商数作为**定量**也是绝对**可变**的。这一点的含义,唯在于:不是 x 对 y 有比率,而是只有 x 对 y 的**平方**才有比率。一个大小对**方幂**的比率,不是一个定量,而在本质上是**质**的比率;**方幂比率**是一种情况,这种情况必须看作是**基本规定**。——但是在直线函数 y＝ax 之中,$\frac{y}{x}=a$ 却是一个普通的分数和商数,因此这个函数只在**形式**上是一个变量的函数,或说这里的 x 和 y 就和在 $\frac{a}{b}$ 中的 a 和 b 那样,没有微积分计算中所考虑的那种规定。从微积分的观点看来,由于变量的**特殊性**,倒是宜于为它们采用一个特殊名称,并且采用与有限的(无论确定或不确定的)方程式中普通所用的**未知数**符号不同的**符号**,因为它们与那些单纯未知数有本质的差异,那些未知数本身是完全确定的定量或有一个确定定量的确定范围。——只是因为对于构成高等分析的兴趣和对引起需要和发明微分计算的东西的特殊性缺乏意识,才把一次方的函数,如直线方程,也纳入这种计算本身的处理之内;另外一种误解也有助于这样的形式主义,即这种误解以为一个方法的**普遍化**这一本来正当的要求,将由于省略掉为这种需要基础的**特殊规定性**,便会实现,以致认为这个领域内所处理的,好像只有**一般**的**变量**了。假如懂得这种形式主义所涉及的不是变量本身,而是**方幂规定**,那么在考虑以及处理这些对象时,便会省去许多形式主义了。

但是数学无限的特殊性之出现,还在后一阶段里。在把 x 和 y 首先当作是由一个方幂比率来规定的方程式中,x 和 y 本身仍然应该有定量的意义；这种意义在所谓**无限小的差分**中却完全丧失了。dx,dy 不再是定量了，也不应该有定量的意义，它们的意义只在于关系，**仅仅意味着环节**。它们不再是某物（被当作定量的某物），不再是有限的差分；但也**不是无**，不是无规定的零。在比率之外，它们是纯粹的零，但是它们应该被认为仅仅是比率的环节，是 $\frac{dx}{dy}$ 微分系数的**规定**。

在这个无限概念中，定量真的成了一个质的实有；它被建立为现实地无限的；它不仅是作为这个或那个定量，而是作为一般定量被扬弃了。但是，作为**定量原素的量的规定性**，仍旧是根本，或者如以前所说，仍旧是**定量的第一概念**。

对这种无限的数学基本规定，即对微积分的基本规定所作的一切攻击，都针对着这一概念。假如这个概念不被承认，那也是数学家本身不正确的观念所引起的；尤其是要归咎于在这些争论中，不可能把对象当作概念来论证。但是前面已经说过，数学在这里也避免不了概念；因为作为无限的数学，它并不把自己限制于对象的有限的规定性，像在纯粹数学中空间和数及其规定只是就有限性方面来观察并相互有关系那样，而是把一个从那种研究得来并加以处理的规定，移植到**与此对立的规定的同一**中去，例如把一条曲线作成直线、把圆作成多角形等等。所以数学采用的微积分的运算，与单纯的有限规定的性质及其关系相矛盾；因此，唯有在**概念**中，这些运算才会得到论证。

假如无限的数学坚持那些量的规定是正在消失的大小，即既不再是任何定量，又不是无，而仍然是一个**与他物对立的规定性**；那么，在有与无之间，并没有所谓**中间状态**，这似乎是再明白不过的了。——这种责难以及所谓中间状态自身是怎么回事，这已经在前面变的范畴第四个注释中说明过了。有和无的统一，当然不是什么**状态**；状态只是有和无的一种规定，有、无等环节只是偶然由于错误的思维才陷入这种规定之中，就好像陷入疾病或外在的影响之中那样；倒不如说唯有中项和统一、消失或变才是它们的**真理**。

人们还说过：无限是什么，并**不能**以较大或较小来**比较**，所以按照无限的行列或品级，并不能够发生有限和无限的比率，像出现在数学科学中的无限差分的区别那样。以上所说的非难，是以如下的观念为基础，即这里所谈的是**定量**，它们是作为定量而被比较的；假如那些规定不再是定量，那末，它们彼此间也就不再有比率了。但是，那个仅仅在比率中的东西，倒不如说并非定量；定量是一个这样的规定，即它在比率之外，有一个完全漠不相关的实有，它与一个他物的区别应该是漠不相关的；与此相反，质的东西恰恰只是在它与一个他物相区别那样的东西。因此，那些无限的大小不仅是可以比较的，而且只有作为比较或比率的环节。

我再列举一下数学中关于这种无限所给予的最重要的规定；很显然，关于事实的思想虽然为这些规定立下基础并与此处所阐释的概念一致，但是这些规定的创始者并没有把这种无限当作概念来探讨，而在应用时又不得不找与其更良好的宗旨相矛盾的办法。

* 对这种思想的正确规定，莫过于**牛顿**。我在这里把属于运动

---

* 参看第 122 页。

和速度(他主要是从速度采用了**流数** Fluxion 这一名词)观念的规定分开,因为这里出现的思想,不是在份所应有的抽象之中,而是具体的,夹杂着非本质的形式。牛顿解释这些流量说(《自然哲学的数学原理》第一卷,第十一补助命题注释)①,他并不把它们理解为**不可分的东西**(这是以前数学家们,如卡伐里利②等所用的形式,含有**自在地规定了**的定量的概念),而是**正在消失的可分的东西**。再者,流量也不是一定部分的总和和比率,而是**总和和比率的极限**(limites)。可以责难说,正在消失的大小并没有**最后的比率**,因为在消失以前就还不是最后的,而当其消失,便也再不是什么比率了。但是对于正在消失的大小的比率,必须理解为这样的比率,**即大小不是在比率以前**,也不是**在以后**,而是**连同比率一起消灭的**(quacum evanescunt)。正在发生的大小的最初比率,也同样是连同比率一起发生的。

  牛顿只是按科学方法的当时水平,说明了一个名词所指的是什么,但是一个名词所指是这样或那样的东西,这原本是主观的意向或历史的要求,那里并没有表现出这样一个概念是自在而自为地必然的,具有内在的真理。但是从上所引,也表明了牛顿所提出的概念,与上述无限大小如何由对定量自身的反思而产生,是相符合的。这就是从大小的消失来了解大小,即是说它们已不再是定量;此外,它们也不是一定部分的比率,而是**比率的极限**。所以无

---

  ① 参看《自然哲学之数学原理》,郑太朴译,商务印书馆版,第60—61页。——译者

  ② 卡伐里利(Cavalieri,1598—1647),博洛尼亚(Bologna)的数学教授,著有:《不可分的连续的新几何学》,1635年;《几何学习题》,1647年。——原编者注

论定量本身(即比率的各项),或是比率本身(只要这个比率也是定量),都应该消失;大小比率的极限,就是在那里既有比率,又没有比率,——更精确地说,就是定量在那里消失了,从而比率只是作为质的量比率而被保留,其各项也同样只是作为质的量环节而被保留。——牛顿又说,不可以从有正在消失的大小的最后比率,推论出也有最后的或**不可分的**大小。那样就会又是从抽象的比率跳到这种比率的各项上去,这样的各项本身在其关系之外另有一种值,它们是不可分的,像是某种是**一**或无比率的东西。

针对这种误解,他还提醒我们说,**最后比率**不是**最后大小的比率**,而是极限;无限地减少着大小的**比率**,比任何**已有的**、即有限的差分都更接近极限,但是这些比率却不可越出那个极限,那样就会成了无。如前所说,**最后的大小**可以被了解为不可分的大小或一。但是在最后比率的规定中,无论是漠不相关的一,即无比率之物的概念,或是有限的定量的观念,都除掉了。另一方面,假如所要求的规定,已经发展成为纯粹仅仅是比率的环节这种大小规定的概念,那就既不需要牛顿把定量移植其中而仅仅表现为无限进展的那种**无限的减少**,也不需要在这里并不再有直接意义的那种可分性的规定。

* 至于在**定量消失**中**保留比率**,在别处也有表现(例如卡尔诺① 的《关于微分计算的形而上学的一些思考》),即正在消失的大

---

① 拉萨尔·尼古拉·马格里特·卡尔诺伯爵(Graf Lazare Nicolas Marguerite Carnot,1753—1823),共和国军"胜利的组织者"一直到1815年被放逐时,在政治上和军事上都同样是重要人物,死于马格德堡。他的《关于微分计算的形而上学的一些思考》出版于1797年。——原编者注

* 参看第122页。

小，由于**连续规律**，在消失之前仍然保持它们来源所自的比率。——这种观念只要不被了解为定量的连续，就表现了事物的真正本性，因为这种连续在无限进展中仍有定量，定量在消失中仍然这样继续自身，即在它自己的**彼岸**中所发生的，仍然只是一个有限的定量，一个**系列的新项**；一个**连续**的过程总是被想像为这样的，即：它所经过的值，全都仍然是有限的定量。反之，在被造成真正无限的那种过渡中，**连续**的却是比率；因为这种过渡倒是恰恰在于把比率提出使其纯粹，使无比率的规定（即一个定量是比率的一项，它被放在这种关系之外，也还是一个定量）消失，所以这种比率是很**连续**的，保持自身的。在这样的情况下，量的比率的这种纯净化不过是好像一个经验的**实有物**被**概念掌握**那样。这种实有物之所以高出自身，是由于它的概念含有与它自身同一的规定，但这是以这些规定的本质性和概念的统一性求把握的，在这之中，规定也就失去了漠不相关的、非概念的持久存在了。

同样有兴趣的，是牛顿对现在所说的大小所表述的另一形式，即**发生的大小**(erzeugende Grösse)或**根本**(Prinzipien)。一个**已经发生**的大小(genita)是一个乘积或商数、方根、长方形、正方等——总之是一个**有限的大小**。"这种大小在继续运动和流动中增减而被认为是可变的，所以他对它的**暂时增量**(Inkrement)或**减量**(Dekrement)用了**瞬刻**(Moment)这个名词。但是这些瞬刻不应该被看作是一定大小的细小部分(particulae finitae)。这样的细小部分自身不是**瞬刻**，而是由瞬刻所**发生的大小**，这里所指的，倒不如说是有限大小正在发生的**根本**或**开始**。"定量在这里便以它是一个产物或实有物和以它是在**发生**中、在**开始**或**根本**中、即在它的概念中(或说在它的质的规定中在这里也是一样)而与自身有区别;在质的规定中,量的区别,即无限的增量或减量,只是环节;唯有已变成的东西,才是已经过渡到实有的漠不相关和外在性中的东西,才是定量。——真概念的哲学虽然必须承认上述关于增量或减量的无限规定,但是同时也必须注意到增量等形式本身也是归于直接定量和已经说过的连续进程的范畴**之内**的;而且 x 有了 dx 或 i 等的增量、增长、增添这样的观念,倒不如说应当看作是方法中存在着根本毛病,对于把质的量环节的规定从普通定量观念纯净地提出来,是一种长久存在的障碍。

无限小量的观念远比上述的规定落后,这种观念本身就掩藏在增量或减量里面。按照这种观念看来,这些大小应该有这样的情况,即不仅是它们对有限的大小说来,可以**省略掉**,就是它们的较高序列对较低序列,或多数的乘积对个别乘积也都可以**省略掉**。* 莱布尼兹突出地强调了这种**省略**的要求,有关这种大小的方法以前的发明者也同样使这种省略发生。这种省略主要是在运算过程中对计算赢得方便而有了不精密和显著不正确的外貌。——**沃尔夫**曾以他自己的方式,企图使这种省略问题通俗化,这就是说使概念不纯洁,用不正确的感性表象代替概念,而使共易于了解。他把较高级的无限差分对较低级的省略,比作一个几何学家进行测量一座山的高度时,有风吹掉了峰巅的一粒尘沙,或计算月蚀时省略了房屋、塔院的高度,都不会减少其精密。(《普通数学初阶》,第一卷,《数学分析初阶》,第二部分,第一章注释。)

---

* 参看第 122 页。

假如说常识承认这种不精密可以容许,那么,一切几何学家相反地,都会抛弃这种想法。在数学科学中完全谈不到这样的经验的精密;而数学测量由于运算或由于几何构造及证明也与田野丈量,经验的线、形等的测量完全有区别:这是很显然的事。除此而外,前面已经说过,数学分析家由于此较,也指出如何用严密几何学方法和如何依无限差分的方法所得的结果,彼此都是一样的,完全没有较多或较少的精密性可言。很显然,一个绝对精密的结果不能来自一个不精密的处理方法。可是另一方面,这种**处理方法自身**又以无足轻重为理由,不管前面所举的辩解遭到抗议,仍避免不了那种省略。要把这里所包含的荒谬情况弄明白并加以消除,这正是数学分析家们勉力以赴的困难所在。

*对这一方面,首先要举出尤拉① 的观念。由于他以牛顿的一般定义为基础,他坚持微分计算要考虑一个大小的**增量**的**比率**,但是又须把**无限的差分本身**完全当作**零**(《微分计算教程》第一部分,第三章)。——对此须如何了解,前面已经谈过了;无限差分只是定量的零,不是质的零,或不如说作为定量的零,它仅仅是比率的纯粹环节。它不是一个就**量**而言的区别;所以在一方面把被称为无限小量的那些瞬刻也说成是增量或减量,并且是**差分**,那就简直是偏向了。这种规定首先是以把现存的有限大小**加上**或**减去**一点东西为基础,先有一种减法或加法,即**算术的、外在的**运算。但

---

① 尤拉(Leopold Euler,1707—1783),彼得堡、柏林的教授,以后又在彼得堡。著有《无限的分析引论》,1748 年;《微分计算教程》,1755 年,《积分计算教程》,1768—1794 年。——原编者注

* 参看第 122 页。

是从变量函数到它的微分的过渡,却必须看作是完全另外一种性质的过渡,如以前已经说明过的,这种过渡必须被认为是把有限的函数归结到其量规定的质的比率。——另一方面,假如说增量本身是零,要考虑的只是其比率,那么这一方面的偏向也是很显然的;因为一个零简直就不会再有什么规定性了。这种观念固然达到了定量的否定物并且表示了这个否定物,但是并没有同时以质的量规定这种肯定意义来把握否定物,这些规定若是从比率中摘取出来而被看作定量,那便会只是零。——*拉格朗日①(《解析函数论》,导言)判断**极限**或**最后比率**的观念说,假如两个量仍然是有限的,那就立刻可以很容易设想它们的比率,一旦这个比率之项同时成了零时,那么这个比例所给予的概念,对于知性说来,就不明白、不确定了。②——事实上,知性必须超出比率各项作为定量是零这种单纯否定的方面,而要去把握它们是质的环节这种肯定的方面。——尤拉在以后(见前引书§84以下)又说两个所谓无限小量虽然不过是零,却有一个相互的比率,所以对它们不用零的符号而用别的符号;他为了此种证明而对有关的上述规定所增补的说法,是不能令人满意的。他想用算术比率和几何比率的区别来论证这一点;在算术比率中我们所看到的是差分,在几何比率中我们所看到的是商数,算术比率虽然等于两个零之间的比率,但几何比率却不因此而也是那样;假如说 2:1＝0:0,那么,就比例的本性而

---

① 拉格朗日(Jcs Louis Lagrange,1736—1812),尤拉的柏林后继者,以后又任巴黎综合工艺学院教授。著有《解析函数论》,1797年山版。——原编者注
② 数学中 0:0 这个比率的值是不确定的。——译者
* 参看第122页。

言,第一项既然比第二项大两倍,第三项也就必须比第四项大两倍;所以 0:0 就比例说,应该被当作是 2:1 之比。——即使就普通算术说,n·0=0,所以,n:1=0:0。——但是正因为 2:1 或 n:1 是定量的比率,所以既没有一个 0:0 比率,也没有一个 0:0 记号是符合于这个定量比率的。

我不再多事引证,因为以上的考察已经足够指明其中固然包含着无限的真概念,但是没有在概念的规定性中使概念突出并把握住它。因此在运算本身进行时,就不能使真的概念规定在运算中发生效力;反而回到有限的量规定性,运算避免不了一个仅仅是**相对小**的定量观念。计算使所谓无限的大小必须服从基于有限大小的本性的那些普通算术运算,如加法等,并且从而把这些无限的大小暂时当作有限大小来处理。计算一方面把这些无限的大小贬低到这样的范围,并把它们当作增量或差分来处理,另一方面又在把有限大小的形式和规律应用于它们之后,立刻将它们当作定量而加以省略;关于这一点,计算是须要为自己找辩护理由的。

关于几何学家们消灭这些困难的尝试,我只举其最主要的。

古代数学解析家对此并不曾感到有多大顾虑,但是近人的努力却在于使无限的计算有**几何方法特有的**自明性;并在数学中达到**古人**在几何方法中**证明的谨严**(拉格朗日的说法)。可是因为无限的分析原理比有限大小的数学原理有较高的性质,所以前一类必须自行放弃后一类的自明性,就像哲学不能要求有感性科学,例如博物学那样的自明性,——吃和喝也比思维和概念理解应该是更容易懂的事儿。现在且谈要达到古人证明的谨严的那些努力。

许多人曾经试图完全避免无限的概念,不用这个概念来实现与使用这个概念密切相关的东西。——譬如拉格朗日就谈论过兰登①所发明的方法,并且说那种方法纯粹是分析的,不用无限小的差分,而是先则引用了变量的**不同的值**,然后又使其**相等**。此外,他又断言微分计算所特有的特点,即方法简单、运算容易等,都在这里失去了。这种办法与我们以后还要细谈的笛卡儿切线方法的出发点,很有符合之处。这里所能指出的是,这一点至少是明显的:这种办法,先假定变量不同的值,以后又使其相等,一般是属于微分计算方法本身以外的另一种数学处理范围,并且这种计算自身的现实具体的规定所归结的那种单纯比率,即推导出来的函数与原始函数的单纯比率,其特性也没有得到强调;这种特性,我们以后还要详细说明。

* 近人中的较老一辈,如费尔马②、巴罗③ 等人都往后来发展成为微积分计算的应用中,用过无限小,后来莱布尼兹及其后继者,还有尤拉,都总是坦率相信无限差分的乘积及其较高级方幂可以略去,共理由只是因为这些差分与较低的序列相**对比便消失**了。他们的**基本命题**唯有依靠这一点,即依靠一个乘积或方幂的微分是什么的规定,因为他们的**全部理论学说都归结到这一点**。其余一部分是展开[函数或系列]的作用,一部分则是应用;可是有较高兴趣的、或者说唯一有兴趣的东西,却实际上是在应用那一部分

---

① 兰登(John Landen,1719—1790),英国数学家,著有《数学夜思集》,1755年,等节。——原编者注

② 费尔马(Pierre de Fermat,1601—1665),著有《数学运算的变数》,1679年。——原编者注

③ 巴罗(Lsaac Barrow,1630—1677),剑桥大学教授,著有《几何学讲义》,1669年,《光学讲义》,1674年。——原编者注

* 参看第122页。

第二章 定 量

里,这以后还要加以考察。——与现在问题有关的,我们在这里只是要举出初步的东西;关于曲线的主要命题,也同样以**无足轻重**为理由而被采用,曲线的原素,即纵横座标的**增量**,具有**次切线**(Subtangent)和**纵横座标**的相互**比率**;为了取得相似三角形的目的,便将弧(它与以前有理由称为**特殊**的三角形的两个增量构成一个三角形而是其第三边)认为是一条直线,是切线的一部分,从而被认为是增量之一达到了切线。①这些假定一方面使那些规定高出于有限大小的本性,但另一方面却又对现在称为无限的瞬刻应用了只适用于有限大小的处理办法,在这样的办法里,没有东西可以因其无足轻重而省略掉。方法所遭受的困难,在这样的办法里,仍然很厉害。

这里须要举出牛顿的一个值得注意的办法(《自然哲学的数学原理》,第二卷,第七命题后面的第二补助命题),——为了消除这种情况,即在求微分时算术上不正确地省略无限差分的乘积或其较高级的乘积,便发明了一种很有意思的把戏。从乘积的微分,便很容易推导出商数、方幂等的微分,而他是用以下的方式找到乘积的微分的。假如 x,y 每个的无限差分都小一半,其乘积就成为 $xy - \frac{xdy}{2} - \frac{ydx}{2} + \frac{dxdy}{4}$;假如让 x 和 y 有同样的增加,其乘积就成为 $xy + \frac{xdy}{2} + \frac{ydx}{2} + \frac{dxdy}{4}$。现在再从第二个乘积减去第一个乘积,仍然剩余下 ydx + xdy,而这是**增长**了整个 dx 和 dy 的**剩余**,因为这两个乘积就是以这个**增长**而有区别的;所以这就是 xy 的微分。——人们可以看出在这种办法中,构成主要困难的那一

---

① 意思是说:弧本是曲线,但在无限小的情况下,却被当作了直线。——译者

项,即两个无限差分的乘积dxdy,由它本身而消除了。但是虽然以牛顿的鼎鼎大名,也必须说这样的运算,尽管是很初级的,却仍旧不正确;说$(x+\frac{dx}{2})(y+\frac{dy}{2})-(x-\frac{dx}{2})(y-\frac{dy}{2})=(x+dx)(y+dy)-xy$,这是不正确的。只有为流量计算重要性找理由的这种需要,才能够使一个像牛顿那样的人自己受到这种证明的欺骗。

牛顿用来推导微分的其他形式,是与原素及其方幂的具体的,和运动有关的意义联系着的。使用**系列形式**也是他的方法的特征,在这里,其涵意是说永远能够用增添更多的项来取得所**需要的精密**的大小,而省略掉的项则是**相对地无足轻重的**,结果一般只是一种**近似**;在这里,好像他也不以这种理山为满足,正如他在解高等方程时,用**近似**的方法,以较高方幂(这些方幂是在替代已有方程中每一个找到了的但仍不精密的值之时所发生的)很微小这样粗疏的理由而将它们省略掉那样;参看拉格朗日《数字方程》第125页。

牛顿用省略重要的高级方幂来解决问题,他所犯的这个错误,使他的反对者有机会用他们的方法战胜他的方法,拉格朗日在近著中(《解析函数论》,第三部分,第四章),也指出了这种错误的真正根源;这种错误证明了在使用那种工具时,还有徒具形式的和靠不住的东西。拉格朗日指出牛顿之所以犯错误,是因为他所略去的系列的那一项,含有一定问题关键所在的方幂。牛顿执着于各项因其相对微小而可以省略那种形式的,肤浅的原则。大家知道在**力学中**,若一运动的函数在一个系列中展开,这个系列的各项便被给与**一定的意义**,于是第一项,或第一个函数,是关于速度的瞬刻,第二个函数是关于加速力,第三个函数是关于诸力的阻力。于是系列各项在这里被认为不仅是一个总和的**部分**,而且是**概念的一个整体的质的环节**。因此,**省略**其余属于简单无限系列的各项,与以各项**相对微小**为理由的省略,是具有全然**不同的意义**的。①牛顿的解决,错误不在于其系列各项只被当作是**一个总和的部分**,而在于没有考虑到**含有**问题所在的**质的规定**的那一项。

在这个例子里,处理办法要依赖质的**意义**。这里也可以连带提出一般主张,即:假如指出原则的**质**的意义并使运算附属于这

---

① 拉格朗日在应用函数论于力学,即直线运动一章中,把这两种观点以简单的方式并列起来(《解析函数论》,第三部分,第一章,第四节)。经过的空间被看作是流过的时间的函数,这就是 x = ft 方程式;后者作为 f(t+θ) 展开时,便有:

$$ft + \theta ft + \frac{\theta^2}{2}f''t + \cdots\cdots$$

于是在这段时间所经过的空间,便以

$$= \theta f't + \frac{\theta^2}{2}f''t + \frac{\theta^3}{2\times 3}f'''t + \cdots\cdots$$

的公式来表示。于是借以通过空间的运动,可以说是由于各个部分的运动**综合**而成的(这是说因为解析的展开,给了多数的,并且诚然是无限多的项),这些运动的与时间相应的各段空间,便是 $\theta f't, \frac{\theta^2}{2}f''t, \frac{\theta^3}{2\times 3}f'''t$ 等……。当运动已知时,第一部分运动在形式上是匀速的,有一个由 f't 规定的速度,第二个是匀加速的运动,它是由一个与 f''t 成比例的加速的力而来的。"其余各项现在既然**不与任何简单的**已知的运动有关,所以就**不须特别考虑**它们;我们并且将指明对于规定运动时间的开始之点,它们是可以**抽掉**的。"这一点随后便有了说明,但当然只是用**一切**项对于规定在一段时间经过的空间大小都需要的那种系列,来和第三节表示落体运动的方程 x = at + bt² 比较,因为那里只有这样两项。由于**解析展开**而产生了各项,这个方程便**有了说明**,只是由于假定了这种说明,这个方程才获得它的形态;这个假定是匀加速运动由一个形式上匀速的,以在先前时间部分所达到的速度而继续的运动,和一个被付与重力的增长(它在 s = at² 中就是a,即经验的系数)**综合**而成,——这一个区别在事物本性中并不存在,也无根据,而只是对着手解析处理时所得的东西,作了错误的物理的表现。——黑格尔原注

种意义,——而不要形式主义地只是在为微分起**名称**的任务中才提出**微分**的规定,只是在一个函数的变量得到**增长**之后才提出这个函数与它的**变化**的一般**区别**,——那么,原则的全部困难便会消除。在这种意义之下,很明显,由展开$(x+dx)^n$而发生的系列,用它的第一项便可以完全穷尽x^n的微分。其余各项之不被考虑,并不是由于它们的相对微小;——这里并不曾假定有不精密之处、缺点或错误,被另一错误**抵消**了或**改善**了,——卡尔诺主要就是从这种观点来为无限小的普通计算方法辩护的。既然所处理的**不是一个总和**,而是一个比率,那么,这个微分便完全可以由**第一项**找到;假如需要更多的项,即更高级的微分时,共规定也不包含作为**总和**的一个系列之继续,而包含人们唯一想要有的同一**比率之重复**,而这个比率却住**第一项**中已经完备了。对一个系列及其总和的形式上的需要,以及和它有关的东西,都必须与那种对**比率的兴趣**分别开。

卡尔诺关于无限大小的方法的种种解释,最明显地揭示了它含有上面引证的想法中的一切最为动听的东西。但是,在转到运算本身时,通常的关于被省略之项相对于其他项说来是无限小的想法,多少又出现了。卡尔诺是用下述事实来辩解他的方法的,那就是,计算结果是正确的,引进这种**不完整**方程(他是这样称呼这些方程的——就是那些作了这种算术上不正确省略的方程)对于简化计算具有便利;他并不是从事物自身的性质来辩解它的。

大家都知道拉格朗日为了跳出无限小观念以及最初、最后比率和极限的方法所引起的困难,重又采用了牛顿原来的方法,即级数法。他的函数计算,在精确、抽象、普遍等方面的优点都已经得到足够的承认,这里所要举出的,只是这种计算依靠一个基本命题,即差分虽不成为零,却**可以认为是如此微小**,以至**系列的每一项**,在大小方面,**都超过了一切后继各项的总和**。——这个方法也是从**增长**和函数**差分**的范畴开始,函数的变量得到增长,于是便从原来的函数得到使人厌烦的系列;而在后来,系列的被省略的各项,同样也只是鉴于它们构成了一个**总和**,才被考虑,省略它们的理由也是建立在它们的定量的相对性上。所以一方面这里的省略一般也并不是回到前面曾经提过的、在某些应用中出现的那种观点,以为系列各项应当有确定的**质的意义**,而被忽略的各项并不是因为它们在量上不重要,而是因为它们在质上不重要;另一方面,这种省略本身在所谓微分系数那种很重要的观点中便消除了,这是拉格朗日在所谓计算应用中才确定地加以强调的观点,我们在下一注释里还要对此详细讨论。

这里所谈的那种被称为无限小的量的形式,其一般**质的特性**已经证明;这种质的特性在上述**比率极限**的范畴中,可以最直接地找到,而且极限在计算中的使用成了特殊方法的标记。拉格朗日对这个方法的判断是:它在应用中并不简便,**极限**这一名词也没有明确的概念;在这里我们愿意接受判断的第二点,并仔细看看,关于极限的解析的意义提出了什么。在极限观念里,当然包含着**变量**的**质**的比率规定这一以前说过的真正范畴;因为这些变量所采取的 dx 和 dy 的形式,应该直捷地只被看作是 $\frac{dy}{dx}$ 的瞬刻,而 $\frac{dx}{dy}$ 本身则应该被认为是唯一而不可分的符号。就计算的运用说,尤其是就计算的应用说,计算由于微分系数的两端分开而取得的好处，因此便失去了，这一点可以暂时置之不理。那个极限现在应该是某一函数的**极限**，——它应该标出与此函数有关的某一个值，这个值是依导数（Ableitung）的方式而规定的。但是，用单纯的极限范畴，我们并不能比用这个注释中所涉及的东西前进更远；这个注释要指出在微分计算中出现为 dx 和 dy 的无限小，不仅具有一个非有限的非已知的大小那种否定的、空洞的意义，如人们所说的一个无限的数量，或无限进展之类，而是具有量的、一个比率环节本身的质的规定性那种明确意义。但是这个范畴却对一个已知函数那样的东西，还没有比率，与这个函数的处理和那种规定在函数中的使用都没有牵涉；所以极限观念若是停留在为它所已经证明的规定性里，便什么也引导不出来。但是极限这一名词本身已经包含着它是**某物**的界限这种意思，即是说它表示了变量函数中所包含的某一个值；这就必须看一看这种具有极限的具体情况是如何发生的。——极限应该是两个**增量**互相具有的**比率**的极限；在一个方程式中，有关的两个变量，被当作是互为函数，它们被认为是以这两个增量而**增长**；这里的增长被认为是本来不确定的，所以也并没有使用无限小。但是，首先，这种寻找极限的道路，也招致了和其他方法所包含的同样的前后不一贯。这条道路如下。假如 y＝fx，当 y 变为 y＋k 时，则 fx 应变为 fx＋ph＋qh^2＋rh^3……等等，所以 k＝ph＋qh^2＋……等，而 $\frac{k}{h}$＝p＋qh＋rh^2……。假如现在 k 和 h 消失了，那么，除 P 之外，第二项也消失，于是现在那个 P 就是两种增长比率的极限。可见 h 作为定量是被当作＝0，但是 $\frac{k}{h}$ 却不因此而是＝$\frac{0}{0}$，它还仍然应该是一个比率。免去这里所包含的不连贯，应该是**极限**观念所获得的好处；同时 p 不是一个现实的比率,如 $\frac{0}{0}$ 的比率,而仅仅是一定的值,比率可以**无限**的**接近它**,以致其**差别可以比任何已有的差别更小**。下面将考察一下就彼此应该真正接近的事物而论,**接近**有什么更确切的意义。一个量的差别,不仅**可以**而且**应该**比任何已有的差别都更小,一个量的差别假如有了这种规定,就不再是量的差别了,这一点本身是很明显的,其自明性和任何能够在数学中是自明的东西一样;但是这样便没有超出 $\frac{dy}{dx} = \frac{0}{0}$ 以外。另一方面,假如 $\frac{dy}{dx} = p$,即被认为是一定的量的比率,这个比率事实上也是如此,而以 h=0 的假定(只有用它才找得出 $\frac{k}{h} = p$),它却反倒陷于困境了。另外,假如承认 $\frac{k}{h} = 0$,——而有了 h=0,那么事实上自然也就有 k=0,因为 k 增长为 y,只有在这个增长是 h 的条件下才会出现,——于是要问 p,这个完全确定的量的值,究竟是什么。对此自然立刻有一个简单枯燥的回答,说它是一个系数,由什么导数发生的,——即以一定方式由原始函数所导出的第一个函数。假如对此可以满足,拉格朗日**就实质而论**,对此实际上也是满足的,那么,微分计算科学的一般部分,紧接着那种称为**极限理论**的形式部分,免掉了增长,然后又免掉了增长的无限小或任意的小,也免掉了这样的困难,即:除首项而外,或不如说只是除首项的系数而外,要把因引入那些增长而不可避免地出现的一系列的其他更多之项,重行销去,此外,也清除了与此相关的其他东西,首先是无限、无限接近等形式的范畴,以及在这里是同样空洞的连续量①范畴,而这些范畴在别处是**像一**

---

① **连续量**或**流量**这个范畴,是由观察外在的和经验的大小变化而提出的,——这些大小由一个方程式而有了互为函数的关系,但是微分计算的科学对象,既然是**一定的**(通常用微分系数来表示的)**比率**,而这样的规定性很可以称为**规律**,于是对这种

个变化的倾向、发生、机缘等,同样被认为是必需的。就完全可以满足理论的枯燥规定而言,p 不过是由展开一个二项式而引导出来的一个函数,但是除此而外,现在必须指出,p 还有什么更多的**意义和价值**,即对以后的数学上的需要,还有什么**关联**和**用处**;关于这一点,将在注释二中讨论。这里接着首先要讨论的,是:问题主要所在的比率,对于它本来的质的规定性的理解,由于在表述中流行使用的**渐近**观念,引起了混乱。

我们已经指出过,所谓无限差分就是表示作为定量的比率的两端之消失,而留下来的只是两端的量的比率,比率之所以纯粹,因为它是以质的方式规定的;质的比率在此并没有丧失什么,倒不如说它正是有限的量转化为无限的量的结果。我们已经看到这里正是事物的全部本性所在。——譬如纵横座标的定量便消失于**最后比率**之中;但是这个比率的两端在本质上仍然一端是纵座标的原素,另一端是横座标的原素。当人们用想像使一纵座标**无限地接近**另一纵座标之时,以前有区别的纵座标便过渡为另一纵座标,以前有区别的横座标也过渡为另一横座标;但是本质上,纵座标不

特殊的规定性说来,单纯的连续性一方面已经是一种外来的东西,另一方面,这种连续性在一切情况下都是抽象的,而在这里则是空洞的范畴,因为它关于连续规律,什么也没有说。在这里将会完全堕入什么样的徒具形式的定义,这从我的可尊敬的同事狄克孙教授先生[*]对微分计算演绎时使用的基本规定,连系到对这门科学一些新著的批评所作的敏锐的、一般的论述,便可以看出,这种论述见《科学评论年鉴》1827 年,153 号以下;在同上年鉴 1251 页甚至引证这样的定义:"一个经常的或**连续的量**,连续物(Kontinuum),是每一个被设想为在变的状况之下的大小,以致这个变的出现不是以**跳跃的方式**,而是由于**不断的前进**。"这到底不过是被下定义的事物的同语反复而已。——黑格尔原注

[*] 狄克孙(Dirksen, Enno Herren, 1792—1850),柏林数学教授。著有《变数计算的解析表述》,1823 年。——原编者注

第二章 定　量

过渡为横座标,横座标也不过渡为纵座标。我们仍然就这个变量的例子来说,这里并不是要把纵座标的原素看作是**一个纵座标与另一个纵座标的区别**,而要看作是对**横座标的原素的区别**或说**质的大小规定；一个变量的根本对另一变量的根本**有相互的比率。当区别不再是有限大小的区别时,它在本身以内,也就停止其为杂多的东西,而消融为单纯的内涵,是一种质的比率环节对另一种质的比率环节的规定性了。

但是事物的这种状态之所以被弄得很模糊,是因为前例中所说的纵座标的原素被了解成**差分**或**增量**,即它仅仅是一个纵座标的定量与另一纵座标的定量之间的区别。于是这里的极限便没有比率的意义,只被当作最后的值,与另一同类的大小经常接近,以至其区别愿意怎样微小,便可以怎样微小,而最后的**比率**便成了一个**相等**的比率。这样,无限差分便是一个定量与另一定量的区别之荡漾不定,而质的本性便在观念中退后了,就这种本性说来,dx在本质上并不是对 x 的比率规定,而是对 dy 的。与 dx 对此,dx^2固然可以消失；但 dx 与 x 对比,却更会消失；这就真正谓着：dx只是对 dy 才有一**比率**。——几何学家们在这样的表述中主要该作的事,就是使一个大小对它的极限的**接近**,明白易晓,把握住定量与定量的区别如何是区别而又不是区别这一特点。但是"接近"这一范畴,却本身简直什么也没有说,也不曾使任何东西明白易晓；dx 已经把接近抛在背后,它既不是近,也不是更近；而无限近本身就意味着邻近和接近的否定。

由于现在事情是这样,即增量或无限差分,假如只就定量方面来看,它们便只是定量的极限,而定量却在它们之中消失了,这样,它们便被理解为无比率的瞬刻。从这里会得出不能容许的观念，即在最后比率中，如横坐标、纵坐标、或正弦、余弦、切线、反正弦以及一切等等都可以被认为彼此相等。假如一条弧线将被当作一条切线处理，那么，这种观念好像就会占上风；因为弧与**直线**当然也是**不可通约的**，它的原素比直线的原素有另外不同的**质**；假如有圆的方(quadrata rotundis)，假如弧的一部分，尽管是无限小，却被认为是切线的一段，从而被当作直线来处理，这似乎比混同纵横坐标，反正弦、余弦等还更荒谬，更不能容许。——但是这种处理，与方才斥责过的那种混同，有本质的区别，理由是：在一个以一个弧的原素及其纵横坐标的原素为边的三角形里，其比率与那条弧的原素好比是一条直线的原素，即切线的原素，是**同一**的；诸角①所构成**主要比率**，仍然就是这些原素的比率，由于那个比率把属于这些原素的有限大小都抽掉了，所以那些角仍是同一的。②——人们对此也可以说，作为无限小的诸直线是过渡为曲线了，并且它们在无限中的比率是一个曲线的比率。直线就定义说，既然是两点之间**最短的**距离，那么，它与曲线的区别，其根据就在于**数量**的规定，在于这段距离上可区别的**较小的**数量，所以那是**一种定量**的规定。但是当这种规定被认为是内涵的大小，是无限的环节，是原素时，它就在数量中消失了，于是它与曲线的区别也消失了，这种区别仅仅依赖定量区别。——所以直线和曲线，作为无限，并没有量的比率，从而根据已经承认的定义，也彼此不再有质的差异，而是直线过渡为弧。

---

① 诸角，指上面所说的三角形内的三个角。——译者
② 意指即使弧被当直线处理，它所构成的三角形，仍然是同一的。——译者

说同一整体的**无限小部分**彼此**相等**,这样的假设本身是不确定而全然漠不相关的,它与把异质的规定等同起来,相近而又毕竟不同。但是,这种假设应用到一个自身中就有异质的对象,即带有大小规定本质的不均性的对象,却引出高等力学中一个命题所含的奇特的颠倒,这个命题说:一个曲线的各无限小部分,是以**匀速**运动在各个**相等的**、并且诚然是无限小的时间通过的;同时关于这个运动,又作这样的主张,即曲线的各**有限的**、即存在着的、**不相等的**部分,是以这样的运动在各个相等的、**有限的**、即存在着的时间部分通过的;这就是说,这种运动是、并且被认为是存在着的、**不匀速的运动**。这个命题是用文字来表现一个解析的项应当意味着什么,这种项是由前面已经引用过的不匀速而又符合某一规律的运动公式之展开而发生的。新发明的微分计算,永远总是和具体对象打交道,较早的数学家对它的结果,企图用词句来述说,用几何图表来表现,主要是为了把这些结果,依照普通证明方式,用于定理。解析的处理,把一个对象,例如运动的量,分解为一个数学公式的各项,这些项便在公式那里获得了**对象的**意义,例如速度、加速力等等;根据这样的意义,这些项便应该给出正确的命题,物理的规律,而它们的客观联系和比率也应该依照解析的关联来规定,正如在一个匀加速运动中,存在着一个特殊的、与时间成比例的速度,但是除此之外,还总是要添上重力的增长。这一类的命题,在近代力学的解析的形态中,常常是被当作计算的结果来引用,而不理会它们是否本身有**实在的**意义,即与一存在物相符合的意义,也不理会这样意义的证明。假如用显明的实在的意义去看待这些规定,要使其联系——譬如从那种简单的匀速度到一种匀加速度的过渡——明白易晓，有了困难，那么用解析处理也就可以完全消除这种困难，因为在解析处理中，这种联系只是现今已有牢固权威的运算的简单结果。仅仅用计算，便会**超出经验**，找到规律（即没有存在物的存在命题），这被说成是科学的胜利。但是在微分计算最初的幼稚时期，应该指出那些用几何图线来表示的规定和命题本身的实在意义，使其可通，并且在这样的意义之下，将那些规定应用于有关的主要命题之证明。（参看牛顿在《自然哲学的数学原理》第一卷第二部分第一命题对他的万有引力论基本命题的证明，与舒伯特①的《天文学》——第一版，第三卷§20——比较，那里承认，在证明的关键之点，情况并不**严格地**像牛顿所假定的那样。）

不能否认，在这个领域里，许多东西主要靠无限小的帮忙而被满意地当作证明，其理由不外是所得结果总是先前已经知道的，而这样安排得来的证明，至少也能带来一种**证明架子**的**假象**，——比起单纯的信仰或经验的知识来，人们总是更喜欢这种假象一些。但是我毫不犹豫，认为这种方式丝毫不比对证明单纯变戏法，卖假药好一些，其中甚至也要算上牛顿的证明，尤其是方才引过的，属于他的那些证明，人们为此把牛顿捧上天，说他高出克卜勒之上，因为克卜勒**仅仅**是**由经验**找到的东西，牛顿却对它加以数学的证明。

为了证明物理的规律，这些证明的空架子便架起来了。但是，由于物理的量的规定就是那些以环节的**质的本性**为基础的规律，

---

① 舒伯特（Schubcrt, Friedrieh Theodor von, 1758—1825），彼得堡天文台长，著有《理论天文学教科书》，1798 年；《通俗天文学》三卷，1804—1810 年。——原编者注

数学对它们根本不能够证明；理由很简单，因为这门科学不是哲学，**不是从概念**出发，并且质的方面，由于不是以辅助证明的方式从经验取来，因此便在数学的范围以外了。说数学中出现的一切命题都应该有**严格证明**，要维持数学的这种荣誉，使它常常忘记了它的界限；于是简单承认**经验**是**经验命题**的源泉和唯一证明，便似乎是触犯了数学的荣誉。后来关于这种情况的意识变得较为有修养了；但是在这种意识没有区别清楚什么是数学可证明的和什么是只能从别处取得证明的以前，以及区别清楚关于什么只是解析展开的项和什么是物理存在物以前，科学性是不能达到严格而纯净的态度的。但是牛顿的那种证明架子，无疑也将和牛顿从**光学实验**得来的另一无根据的构造以及与其有关的**推论**，遭到同样公正的命运的。应用数学至今还是充满着这类经验和反思的酿制品，但是和那种光学自长时期以来就已经开始一部分接着一部分在科学中**实际**上被忽视了一样（这里仍有不彻底处，即剩余的部分尽管其中有矛盾，却还是被保留下来了），那些骗人的证明，**事实上**也同样已经有一部分被忘却或被其他证明代替了。

注释二 微分计算从它的应用所引导出来的目的

前一注释中所考察的，一部分是微分计算所用的**无限小**的概念规定性，一部分是将无限小引入微分计算的基础；两种规定都是抽象的，所以以本身也是容易的。但是所谓应用，却既提供了较大的困难，又提供了较有趣的方面；这个**具体方面**的原素，应该是本注释的对象。微分计算的全部方法只用一个命题便毕业了；即 $dx^n = nx^{n-1}dx$，或 $\dfrac{f(x+i)-fx}{i} = P$ 即等于依 dx 或 i 的方幂而展开的 $x+$

dx, x+i, 这个二项式的首项**系数**。再不需要学更多的东西；以后的形式，如乘积的微分、指数的量等等推演，都可以机械地由此得出；用很少时间，或许用半点钟，便可以学会全部理论——因为求得微分，其反面，积分也就有了，即微分的原始函数也就求得了。不过，在以解析的方式，即以完全算术的方式，由变量函数的展开而**求得**那个**系数**之后，在这个变量由增长而获得一个二项式的形式之后——在课题**这一情况**很容易办好之后，而其**另一情况**，即正在发生的系列，除首项外，其余诸项都被省略，仍有其正确性：要懂得这一点并使其可以理解，却须费较长的工夫。假如情况是：唯有那个系数才是必要的，那么，这就会正如我们所说，只要有了系数的规定，一切与理论有关的东西，用不了半点钟便完结了，而省略系列的其余各项也并不成为困难，它们之作为系列各项（作为第二、第三等函数，它们的规定已经与第一项的规定一起解决了），倒是完全谈不到的，因为这里的事情与它们毫不相干。

这里可以首先提说一下，人们当然立刻可以看出微分计算不像是只为自己而发明、建立的；它之创立另一种解析办法，不仅不是为它自己，而且勉强干脆省略掉展开一个函数所产生的各项，那倒简直是与一切数学原理完全矛盾，因为这一展开的整体却仍然被认为**完全**属于有关的**事情**，——这个事情被看作是一个变量（在给予这个变量一个二项式形态以后）的展开了的函数与原始函数的**区别**。需要这种办法，而在这种办法本身那里又缺少论证，这就立刻显出了它的来源和基础必定是在别的地方。在别的科学中，也曾出现过同样的事，那首先树立起来的、作为基本的东西，并且许多科学命题都应该从那里演绎出来，却是一个不明不白的东西，它的理由和根据反而要在后来才得显明。微分计算史中的演进，说明了尤其在各种切线法，也同样是以**人工制造品**作事情的开始；在方法扩展到更多的对象以后，它的方式才渐渐被意识到，而被纳入抽象的公式，并被试图提高为**原则**。

我们已经指出过，那些被安置在相互比率中的定量，其**质的量**规定性就是所谓"**无限小**"的概念规定性，这里联系着想用关于无限小的描写和定义来证明那种概念规定性的经验的研究，在这种情况下，无限小是被当作无限差分以及诸如此类的东西。——这种情况之发生，其兴趣只在于抽象的概念规定性；更进一步的问题则是从这种抽象的规定性过渡到数学的形成和应用，情况是怎样的。为此目的，首先须更进一步着手理论方面、即概念规定性，它本身将证明并非是完全无益的；然后就要考察这种概念规定性与应用的关系，并就这里范围所及，在这两方面都要证明，一般结论对于微分计算所需要做的事，以及做成它的方式如何，都同样是适宜的。

这里首先需要提一下，现在所谈的概念规定性在数学方面的形式，已经附带讲过了。量的事物，其质的规定性，首先一般地表现为量的**比率**，但是在说明所谓各种计算方式时（参看有关的注释），也曾经预示在**方幂比率**（将来在适当的地方还要加以考察）中，数由于它的单位和数目这两个概念环节之相等被当作是回复到自身，从而在自身那里获得无限性、自为之有，即由自身规定的有这一环节。于是，正如已经提到过的那样，显明的质的大小规定性，主要是与方幂的规定有关，既然微分计算的特点就是用质的大小形式来运算，那么，它的特殊的数学对象，就必定是对方幂形式的处理，而且有关使用微分计算的全部课题及其解答，都指出唯有方幂规定本身的处理，是其兴趣所在。

这种基础虽是如此重要，并且立刻把某种确定的东西提到顶点，代替了徒具形式的范畴，如可变的、连续的或无限的大小之类，也代替了仅仅是一般函数的范畴，却仍然太一般了；其他的运算也同样与此有关；先是乘方和开方根，然后是指数大小、对数、系列的处理，较高级的方程式，其兴趣和努力都只是在于以方幂为基础的比率。这些比率无疑必须共同构成一个处理方幂的体系，方幂规定可以在各种比率中建立起来，但在那些比率之中，这个体系却是微分计算的特殊对象和兴趣所在，它只是由微分计算本身，即由所谓微分计算的**应用**，才可以取得。这些应用实际是事物本身，是数学解决一定范围内的问题的实际办法；这种办法比理论或一般部分为时较早，它只是后来由于以后创立了理论的关系，才被称为应用；理论想要提出办法的一般方法，并给予方法以原则，即给予它以论证。至于曾经白费过什么样的努力，要为以前对这种办法的观点找出原因，来真正解决出现的矛盾，而不是仅仅用那种就数学办法说来虽属必要，但在这里却须省略掉的无足轻重的东西，或走相同的路用无限或任意接近的可能性以及诸如此类，来宽恕或掩盖这种矛盾：这在前一注释中已经指出过了。假如从被称为微分计算的这一数学的现实部分用与以前不同的方式，抽掉这种办法的一般东西，那么，那些原则和搞那些原则的努力，本身既然表明是某种歪斜的、仍陷于矛盾的东西，所以也就大可省去了。

假如我们简单地接受数学这一部分现有的这种特点，加以研究，那么，我们所发现的对象就是：

（1）方程式，任何数目的大小（这里一般可以以二这一数目为限)在这些方程式中就联系为规定性的这样一个整体,即,第一,这些大小以作为固定界限的**经验的大小**为其规定性,然后以这些大小与经验的大小的联系方式以及它们自身间的联系方式为其规定性,这一点在一个方程式中的情况一般都是如此;但是因为两个大小只能有**一个**方程式(相对地说来,较多的大小当然就会有较多的方程式,但是方程式永远要比大小的数目少),所以这类方程式属于**不确定的**方程式;——第二,这些大小之所以在这里有其规定性,因为它们的一种情况就在于它们(最少是它们中之一)之出现于方程式中有比一次方幂较高的方幂。

对此须要先说几句话,第一,依据上述第一种规定,这些大小完全只有像在**不确定的**解析课题中出现的那些变量的特性。它们的值是不确定的,但是,情况却是这样的,即,假如一个大小从别处得到了一完全确定的值,即一个数值,那么,另一大小也就确定了,这样,一个大小便是另一个大小的**函数**。变量、函数以及诸如此类的范畴之所以对这里所谈的特殊的大小规定性,仅仅如我们以前所说,**是形式的**,那是因为这些范畴所具有的一般性还不包含微分计算全部兴趣所在的那个特殊方面,从而也不能用解析来解释。这些范畴原本是简单的、不重要的、容易的规定,只因为要把本来不在其中的东西,即把微分计算的特殊规定,放到它们里面去,以便从它们那里又把这种东西引导出来,这才造成麻烦。至于所谓**常数**,可以说常数先是作为漠不相关的经验的大小,它对变量进行规定,也只是关于变量的经验的定量方面,作为变量的最低或最高的极限;但是常数与变量的联系方式,对于特殊函数(这个函数就是那些变量)的本性说来,本身也是它的环节之一。但是反过来说,常数本身也是函数;例如一条直线假如有它是一条抛物线的**参数**这种意义,那么,它的这种意义也就在于它是 $\frac{y^2}{x}$ 这个函数;一般和展开二项式那样,常数是展开的首项系数,为各方根之和,第二项系数是这些方根两个与两个等等乘积之和,所以这些常数在这里一般都是方根的函数;在积分计算里,常数也由一定的公式来规定,在这种情况下,它是被当作这一公式的函数来处理的。我们以后将用一种与函数不同的规定,来考察这些系数,其全部兴趣所在,只是系数在具体方面的意义。

但是现在考察变量用以区别它们在微分计算中的自身和它们在不确定的课题中的状态这一特点,那在前面所述已经提出了,即这些变量,最少是一个或全部都有此一次方幂较高的方幂,至于那些变量全部是否都有同一较高的或不等的方幂,却是不相干的;它们在这里所具有的特殊不确定性,在于它们**以这样的方幂比率**,互为函数。变量的变化因此是在**质方面**被规定了的,从而是**连续的**;连续性本身不过又是一个同一性(即在变化中自身仍然保持,仍然同一的规定性)的一般的形式的范畴,但在这里却有其确定的意义,当然这只是在方幂比率中,因为这个比率不是以定量作它的指数,也**不构成变量比率的量的**、不变的规定性。因此也须注意反对另一种形式主义,即一次方幂只是与较高的方幂相比,才是方幂;x本身只是任何一个不确定的定量。所以就直线方程:y = ax + b,或简单的匀速度方程:s = ct 本身加以区分,并无意义;假如从 y = ax 或也从 y = ax + b 变为 a = $\frac{dy}{dx}$,或从 s = ct 变为 $\frac{ds}{dt}$ = c,那么,同样地,a = $\frac{y}{x}$ 就是切线的规定,或 $\frac{s}{t}$ = c 就是简单速度的规定。后者作为 $\frac{dy}{dx}$ 是表现于与被称为匀加速运动的展开那种东西的**关联**之中;但是单纯的、简单匀速的(即不由运动诸能率之一的较高方幂规定速度的)一个能率,出现于匀加速的运动的系统之中,那就正如前面说过的,本身是空洞的假定,只以方法的习惯成规为基础。方法既然从变量应有增长这一观念出发,那么,只是一次方幂的函数这样的变量当然也有增长。假如现在为了求出微分而必须认为由此而发生的第二个方程式与已知的方程式有区别,那么这种运算的空虚就表现出来了;因为前面已经讲过,在运算以前和以后,对于所谓增长和对于变量本身,方程式都是相同的。

(2)以上所说,明确了需要处理的方程式的本性,现在要举出来的,是这种**处理**的**兴趣**所在是**什么**。这样的考察所能给予的,只是已知的结果,就形式说,这些结果尤其是像拉格朗日所理解的那样;但是我为了剔除那里混杂着的异质的规定,所以提出的说明,完全是很基本的。——上述种类的方程式的处理的基础,显示出方幂在它**自身之内**被认为是一个比率,是一个**比率规定的系统**。方幂在以上被表述为数,它之所以能够如此,是因为它的变化是**由它自身规定的**,它的环节、即单位与数目,也是相同的,——如以前所指出的,方幂在平方中也就很完了,而在更高的方幂中,不过是更形式的,在这里无关宏旨。现在方幂作为数(虽然人们较喜欢用"量"这一名词,以其较为一般,但是方幂**本身**总之仍旧是数),既然是一个**数量**,也表现为总和,那么,它在自身之内可以被除为任何数量的数,这些数除了一共等于它们的总和而外,其彼此之间和对总和便都没有别的规定了。但是方幂也可以被除为那些由**方幂形式**规定的差分的**总和**。假如方幂被当作总和,那么,它的方根数,或说方根,也被当作总和,至于除它的倍数也是任意的,但是这种倍数却是漠不相关的、经验的、量的东西。方根应当是总和；总和归到它的单纯规定性，即它的真正普遍性时，就是**二项式**；一切更多的项的增加都仅仅是这个同一规定的重复，因此也就是某种**空虚**的东西。[①]问题所在，只是这里由被认为是总和的方根**乘方**而生的诸项之**质的规定性**，这种规定性完全包含在乘方这一变化之中。于是这些项便完全是**乘方**和**方幂的函数**了。把数表现为这样的诸项(它们就是乘方的函数)一定数量的总和，然后兴趣就在于找出这些函数的形式，并随即从这些项的数量找出总和，因为要找出总和唯一必须依靠函数的形式，——这就构成大家知道的特殊的**系列论**。但是这里重要的是，把更有兴趣之点区别出来，即**作为基础的大小本身**(因为它是一复合体，在这里说来，即是一个方程式，其规定性**自身就包括了**一个方幂)与**其乘方函数的比率**。完全除去了前面所说的对**总和**的兴趣，这种比率就将表现出它是真正科学所产生的唯一观点，微分计算便是把这种观点放在最前列的。

但是对以上所说，还必须先加上一种规定，或者不如说必须除去其中所包含的一个规定。我们曾经说过，变量(方幂就在它的规定之中)**在它自身以内**被认为是一个总和，而且是各项的系统，由于各项是乘方的函数，所以方根也当然被认为是一个总和，其形式被简单地规定为一个二项式：

---

① 假如对于方幂的展开，拿$(a+b+c+d+\cdots)^n$来代替$(a+b)^n$，那也不过是解析所必须要求的普遍性那种形式主义而已。别的许多地方也是这样做的；维持这样的形式，可以说仅仅是为了卖弄普遍性的假象；**事情**其实在二项式便已经穷尽了，由二项式的展开，便找到了**规律**，而那个规律却是真正的普遍性，小是规律的表面的、仅仅空洞的重复，这种重复完全是由那个$a+b+c+d+\cdots$所引起的。——黑格尔原注

第二章 定 量

$$x^n = (y+z)^n = (y + ny^{n-1}z + \cdots\cdots).$$

这种表达,对于方幂的展开,即对于达到方幂的乘方函数,是从**总和**本身出发的;但这里问题所在,既不是**总和**本身,也不是由总和所产生的**系列**,那必须从总和取来的东西,只是**关系**。大小的关系本身,一方面是在抽去一总和本身**加多**(plus)之后所剩余的东西。但是这样的关系之已经被规定,就在于这里的对象是 $y^m = ax^n$ 方程式,已经是较多的(变)量的**复合体**,它包含了这些量的方幂规定。在这个复合体中,每一个量都直截被当作是与另一个量有**关系**,其意义可以说是对它自身的**加多**,——被当作是另一量的函数;它们互为函数的特点,给了它们**加多**这一规定,正因此,这个加多是完全**不确定**的,而不是增长、增量以及诸如此类的东西。但是我们也可以把这种抽象观点放在一边;事情可以完全简单地停留在这样的一点,即已知在方程式中互为函数的变量,以致这种规定性包含了方幂的比率,在这之后,每一个**乘方**的诸函数也就可以互相比较——这第二类的函数,除了由乘方本身规定而外,并无其他规定。把一个方程式从它的变量的方幂移到它的展开函数的比率,**起初**可以说是**随意的**,或是**可能的**;这种转变的**用处**必须在以后的**目的**、益处、使用中显示出来;所以要作这种改移,只是由于它的有用。假如上面是从表达一个量(它作为**总和,在自身中**是被认为有**不同的部分的**)的这种方幂规定出发,那么,这种用处便只是一部分为了指出这些函数是什么种类,一部分在于求出这些函数的方式。

这样,我们便到了普通解析的展开,它为了微分计算之故,将被理解为这样,即变量有了 dx 或 i 的增长,而现在二项式的方幂也由属于二项式的各项系列而表现出来。但所谓增长不应是一定量，只是一**形式**，它的全部价值就在于**帮助**展开；人们对以前提到的极限观念所愿意承认（而以尤拉和拉格朗日最为坚决）的东西，只是由变量产生的方幂规定，即增长及增长的方幂的所谓**系数**，系列依照这些方幂规定而安排自身，不同的系数也属于这些规定。这里还可以说只是为了展开的缘故，才假定有一增长，它不是定量，所以对此用1(一)，是最合宜的，因为这种增长在展开中永远只出现为因数，正是**一**这个因数完成了虽有增长而无量的规定性和变化这一目的；另一方面，带着量的差分这种错误观念的 dx，以及带着在此处无用的普遍性假象的其他符号，如 i，总是有**定量**及**定量方幂**的外貌和假托；尔后这种假托又惹起必须将它**取消**和**省去**的麻烦。为了维持一个依方幂而展开的系列形式，指数的符号作为指标(indices)同样也可以加在一的后面。但是无论如何，必须抽掉系列和按系数在系列中地位而有的系数规定；这一切之间的比率都是同一的；第二函数之从第一函数导引出来，也正如第一函数从原始函数导引出来那样，假如一个函数被算作第二函数，那么第一函数，虽然也是导引出来的，而对于第二函数说来也就又被算作原始函数了。重要之点是兴趣不在于系列，而唯一在于从展开所发生的方幂规定，这种规定**与对方幂是直接的量**有比率。所以这些方幂并不被规定为展开的首项系数，因为一项是以与系列中其他后继各项的关系而被称为首项，但是一个作为增长方幂这样的方幂以及系列本身，却与此无关，假如宁愿要**导出的方幂函数**，或如以前说的量的乘方函数这样单纯的名词，那么，它就已经被假定为已知的，"导数"就以这种方式被认为是包括在一方幂**之内**的展开了。

假如说现在数学在这一部分解析中的真正开始，不过是求出由方幂展开而规定的函数，那么，也还有一个问题，即从这里得到的比率该怎么办呢，这个比率在哪里有**应用**和**使用**之处呢，求这些函数，到底是为了什么**目**的呢。求出**具体对象**的比率，可以将它们归结到那些抽象的、解析的比率；微分计算由此得到很大的兴趣。

关于能否应用问题，借助于指出过的方幂环节的形态，首先从事情本性出发，还不要从应用事例去推论，也就自然产生如下的结果。方幂大小的展开（其乘方的函数由此产生），抽掉了较细密的规定，首先便一般地包含着将大小**降低**到最近的较低方幂。于是这种运算便**可以应用**到同样有着这种方幂区别的那些**对象**上去。假如我们现在考虑到**空间规定性**，那么，我们便发现它含有三维，我们为了把这三维与长、宽、高等抽象的区别相区别，可以称它们为**具体的**区别，即线、面和整体的空间；我们以最简单的形式，从自身规定，也就是从解析因次的关系去看待它们时，便有了直线、平面、作为平方的平面和立方。直线有一经验的定量，但是随着平面，便出现了质，即方幂的规定；至于较细密的变形，例如随着平面的曲线也出现了质，我们可以置之不理，因为这里所涉及的，首先只是一般的区别。这里也产生了**从较高的方幂规定到较低的过渡以及相反的过渡之需要**，因为，例如直线规定便应当从已知的平面等等方程式导出，或是相反。——此外还有运动；对它所要观察的，就是它通过的空间及因此所用去的时间的大小比率；运动表现为各种不同的规定，如简单的匀速、匀加速、匀加速和匀减速的交替,回到自身等运动;由于各种运动,都是依照其空间、时间两环节的大小比率来表示的,于是为了这些运动,便从不同的方幂规定,产生了方程式;在这种情况下,可能需要从另一种运动或另一种空间大小来规定一种运动或与运动相连的一种空间大小,于是也同样引起运算从一个方幂函数到一较高或较低的方幂函数的过渡。——这两种对象的例子应当可以满足引用这些对象的目的了。

微分计算在应用中所呈现的偶然外貌,会因为意识到应用所能有的范围的本性和这种应用真正的需要与条件而大为简化。但现在的问题是须要进一步知道,在这些范围内,数学课题的对象的哪些**部分**之间有像微分计算特地建立起来的那样的比率。必须立即提出来说,这里有二种比率须加注意。一个**方程式**开方的运算,依其变量所导出函数来考察这一方程式时,所得的结果,**本身**真的不再是一个方程式而是一个**比率**;这个比率是**真正微分计算**的对象。正因此也就有了从较高方幂规定(原来的方程式)本身到较低方幂规定(导出的方程式)的第二种比率。我们在这里先把第二种比率放在一边;那在以后将是**积分计算**的特殊对象。

我们先来考察第一种比率,并且对于从所谓应用取得的环节的规定(这是运算兴趣所在),举一个最简单的曲线例子,这些曲线是由一个二次方幂的方程式所规定的。大家都知道座标线的此率是由一个有方幂规定的方程式所直接给予的。基本规定的结果是与座标线有关联的其他直线,如切线、次切线、垂直线等规定。但是这些线与座标线之间的方程式,却是**直线**方程式;整体(这些直线被规定为其部分)就是直线的**直角**三角形。从包含方幂规

第二章 定 量

定的基本方程式到那些直线方程式的过渡,现在就包含着上述的从原始函数(即是一个**方程式**)到导出的函数(即是一个**比率**,而且当然是被包含在曲线中的某些直线之间的比率)的过渡。现在须要找出来的,就是这些直线的**比率**和曲线**方程式**之间的关联。

最早的发现者只知道用完全经验的方式来陈述他们的发现,对于仍然是完全外在的运算不能加以评价,在这里提到一些历史方面的事,并不是没有兴趣的。我对此暂时满足于举牛顿的老师巴罗为例。他在《光学与几何学讲义》中,按不可分的方法来处理高等几何的问题,这种方法首先与微分计算的特点不同,他也说明了他规定切线的办法,"因为朋友们敦促过他"(第十讲)。这种说明的情况如何,这种办法如何被陈述为完全像**外在的规则**那样,——用的是和以前算术教科书中讲授算法的"三数法"[①]或更恰当些的所谓"弃九法"同样的笔调:要对此有适当的概念,须读他的原书。他划出一些细微的线(这些细微的线后来被称为**一条曲线的特殊三角形中的增量**),于是立下章程作为单纯的**规则**,要把随方程式的展开而出现的那些增量的方幂或乘积诸项当作是**多余的**,加以**省略**(因为这些项所值是零,etenim isti termini nihilum valebunt);同样,假如一些项只含有原来方程式所规定的大小,它们也必须扔掉(——这就是后来从以增量构成的方程式中减去原来的方程式);最后,**必须用纵座标本身来代替纵座标的增量,用次切线来代替横座标的增量**。假如这样说可以容许,那么,我们就要说

[①] 指算术中从一比例的三个已知数求第四未知数之法。——译者

这种办法不能以小学教师的方式来说明;——后一种代替是**假定**了纵横座标的增量与纵座标和次切线**有比例**,这种假定在普通微分方法中,成了切线规定的基础;而这个假定在巴罗的规则中,却赤裸裸表现其幼稚。一个规定次切线的简单方式,是已经发现了的;罗伯伐尔[①]和费尔马[②]方法也达到了相似之点,——求出最大值和最小值的方法(最小值便从这种方法出发),是依靠同样基础和同样办法的。要找到所谓**方法**,即那一类的规则,而又把它们搞成神妙莫测,这在当时曾经是数学的狂热病,这种神妙莫测的东西不仅很容易,而且在某种情况看来,也是必要的,其理由也同样是它很容易,——这是因为发明者只找到了一种经验的、外在的规则,而不是方法,即不是从公认原则演绎出来的东西。这些所谓方法,莱布尼兹从他的时代,牛顿也同样从同一时代并且从他的老师那里,直接**承受下来**了;这些所谓方法,由于形式的普遍化和可以应用,为科学开辟了新路,但也就从而有需要使办法冲破单纯外在的规则形态,并且有了对它作必要修正的企图。

我们若仔细分析这个方法,那么,真正的过程就是下面这样。**首先**,方程式中所包含的方幂规定(这当然是指变量的方幂规定),降低到它们的最初导数。但是这样一来,方程式各项的**值便有了变化**;因为再没有方程式剩下来,只是在一变量的最初导数与其他变量的最初导数之间产生了一个比率;代替 $px = y^2$ 有了 $p:2y$,或

---

① 罗伯伐耳,Personne, Gilles, Sieur de Roberval, 1602—1675 年。——原编者注

② 费尔马,法国数学家,是应用微分量来找出切线的第一人。参看本书第284页原编者注。——译者

是代替 $2ax-x^2-y^2-$ 有了 $a-x:y$，这就是以后常常被称为 $\frac{dy}{dx}$ 的那个比率。这方程式是一个曲线方程式，那个比率完全依靠这个方程式，从那里(这在上面就是按照一个单纯的规则)导出的，却反而是一个直线的比率，某些直线以此而有比例；$p:2y$ 或 $a-x:y$，本身是从曲线的直线，即从座标线，参数而来的比率；但是人们从这里**还是没有知道什么东西**。有兴趣的事，是要知道关**其他**在曲线那里出现的直线，求出**适合于它们的那个比率**，即两种比率相等。——**其次**，问题是：由曲线本性所规定的，而又有这样比率的直线，是什么？——但这是**久已知道的东西**，由那种方法所获得的比率，就是纵座标与次切线的比率。古人曾经用聪敏的几何方法求出这个；近代发明者所发现的东西，只是经验的办法，把曲线方程式如此安排，以便提供**已经知道**的那个第一种比率，它等于那包含它所要规定的直线(这里就是次切线)的比率。方程式的那种安排，一部分是有方法地去理解并造成的，即取导数(Differentiation)，一部分却是发明了想像的座标增量以及山这两个增量与切线的一个同样想像的增量所构成的想像的特殊三角形，于是由方程式的开方而找到的比率和纵座标与切线的比率两者的比例性质，不仅不被表述为是经验地从旧知识得来的某种东西，而且是经过证明的东西。但是旧知识却以上述规则的形式，一般地，极其明白地证明自身假定是**特殊三角形**和**那种比例性质**的唯一的起因和有关的理由。

拉格朗日抛弃了这种假冒的货色，开创了真正科学的道路；理解问题所在，须归功于他的方法，因为这种方法就在于把为了解决问题而必须作出的两个过渡分开来，把每一方面都分别加以处理和证明。——在对过程作较详细的说明时，我们仍然用求出次切线这样初步问题的例子。这个问题的解决，一部分，即理论的，或一般的部分，即从已知的曲线方程式求出**第一函数**，这由它本身就可以调整就绪；这一部分给了一个**线的比率**，即直线的比率，这些直线出现于曲线规定的系统之中。问题解决的另一部分，是求出曲线中有这种比率的那些直线。现在可以用直接的方式（《解析函数论》第二部分第二章）办到达一点，即没有特殊三角形，这就是说无须假定无限小的弧和纵横座标，也无须给它们以 dx 和 dy（即那种比率的两端）的规定和那个比率立刻直接与纵座标及次切线相等的意义。一条线只有在它构成一个三角形的边之时，它（一个点也如此）才有它的规定，正如一个点的规定也只是在这样的三角形中那样。顺便可以提一下，这是解析几何的基本命题，它之引入座标线就像它把力的平行四边形引入力学中那样（这本来是同一回事），正因此，平行四边形才完全不需要费许多气力去找证明。——现在以次切线为一个三角形的一边，纵座标及有关的切线为三角形其他的边。切线作为直线，其方程式便是 p = aq（加上 +b 对于规定并无用处，那只是为了癖好普遍性的缘故才添上去的）；$\frac{p}{q}$ **比率**的规定便归在 q 的系数 a 之内，它又是方程式的有关的第一函数，但一般只需要把它看作是 $a = \frac{p}{q}$，如以前所说，这是应用于曲线被当作切线的那种直线的规定。再者，现在既然假定了曲线方程式的第一函数，那么，它同样也是一条**直线的规定**；进一步说，既然假定了第一条直线的座标线与曲线的纵座标 y 是同一的，那么，第一条直线被当作是切线与曲线相交的一点，也就是由曲线第一函数所规定的直线的起点，所以应该要指出的是：这第二条直线与第一条重合，即它是切线；用代数来表示，即因为 $y=fx$，和 $p=Fq$，现在设 $y=p$，所以 $fx=Fq$，而 $f'x=F'q$。现在被当作切线来应用的直线，与由方程式而来并被其第一函数所规定的直线，是重合的，所以第二条直线是切线；证明这一点将由横座标的**增量** i 和被函数展开的规定的纵座标增量来帮忙。于是这里也同样出现了那个声名狼藉的增量；但是为了方才所说的目的而引入增量，以及依增量而展开函数，都必须与以前提到过的为求出微分方程式和为特殊三角形而使用增量，很好地区别开来。现在这里的使用是有理由而必要的；这种使用是在几何范围之内，因为切线与曲线有一共同的相交之点，在这切线与曲线之间，并没有另外的直线能够同样落在这一点上并通过其间，这是属于切线本身的几何规定的事。于是切线或非切线的质，便以这种规定而归结到**大小**的**区别**，那条线既是切线，绝对**较大的小**[①]便因与此有关的规定而加于这条切线之上。这种似乎是相对的小，丝毫不包含经验的东西，即不包含依赖定量本身的东西；假如须要此较的大小是依赖于环节的区别，而环节的区别就是方幂的区别，那么，这种小便是由公式的本性在质的方面建立起来的；由于这种区别归结于 i 和 i 而且这个 i 归根到底应当意谓着是一个数，于是便须设想 i 是一个分数，而 i^2 **本身**便比 i 小；这样，可以把 i 当作是一个**随意的大小**的这种观念，在此便是多余的，甚至用得不是地方。对较大的小的证明，因此也与无限小毫不相干，在这里丝毫不须引用无限小。

---

① 较大的小，即更小；绝对较大的不，即在一定条件下，没有比它更小的，这是指上文所说的增量。——译者

对于笛卡儿的切线法，即使是仅仅为了它的美妙和它的今日已被遗忘但却是值得享有的荣誉，我也还愿意介绍它；此外，它与方程式的本性也有关系，关于这一点，以后在另一注释里还要谈到。笛卡儿在他的对别方面也很有益处的几何学中（第二册，第357页以下，全集第五卷，古冉版），讲述了这种独立的方法，在那里，所求的直线规定，也是从同样的导出函数里找到的，由于他在这种方法中，教授了方程式本性的伟大基础及其几何的结构，从而在很大程度上把解析推广到一般的几何。在他那里的问题，具有课题的形式，那就是画一条直线垂直于一条曲线的任何地点，由此而规定次切线等等；他的发现涉及当时有普遍科学兴趣的对象，这种发现是如此其几何式的，并由此而远远高出他的竞争者的单纯规则的方法（这种方法，前文已经提到过）；人们可以体会他在那本书里对这种发现也踌躇满志，他说："我敢说这在几何学中，不仅是我所知道的，而且是我从来想要知道的最有用、最一般的问题。"①他为解决直角三角形的解析方程式奠定了基础，这个三角形的形成，由于：(1)曲线上一点的纵座标，而问题中所要求的直线应当在这一点上垂直，(2)这条直线本身，即垂直线，(3)被纵座标和垂直线所切断的轴的一部分，即次垂直线。从一条曲线的已知方程式，无论是纵座标或横座标的值，现在都将在那个三角形的方程式中得到代替，于是便有了一个二次方程式（笛卡儿并且指出含有较高次的方程式的那些曲线，也怎样还原为这种二次方程式），在这个方程式中，那些变量只有一个出现，它或是平方，或是一次方幂；——

---

① 上面的引句原为法文。——译者

一个平方的方程式①，它起初看来像是所谓不纯的方程式。于是笛卡儿有了这样的想法，即：假如在一条曲线上所取之点，被设想为这条曲线与一圆相切之点，这个圆便将还在另一点与这条曲线相切，于是对于两个由此产生而不相等的x，便将发生两个方程式，它们具有相同的常数和相同的形式；——或者说只有**一**个方程式，但具有不同值的x。但是为那**一**个三角形，却只有**一**个方程式，在那个三角形中，垂直于曲线的，是弦，或说垂直线；被设想的是：曲线与圆相切的两点是重合的，所以曲线可以与圆相交。但是这样一来，平方方程式的**不相等**的方根x或y的这种情况也就消失了。但是在一个有两个相等方根的平方方程式中，未知的方根含有一次方幂，其所含之项的系数，就是那仅仅**一**个方根的两倍，这就有了一个方程式，所求的规定便可由这个方程式找到。这种步骤必须看作是一个真正解析头脑的天才的把握，反之，次切线和纵座标与纵横座标的所谓应当是无限小的**增量**之间全然臆断的比例，与上述步骤相比，便完全落后了。

由上述方式所获得的最后的方程式，它使平方方程式第二项的系数与双重方根或未知方根相等，这个方程式与用微分计算办法所找到的方程式是相同的。假如对 $x^2-ax-b=0$ 求微分便会有一个新方程式 $2x-a=0$，或从 $x^3-px-q=0$ 得到 $3x^2-p=0$。这里也可以说这样导出的方程式，其正确完全不是自明的。在一有两个变量的方程式中，变量之所以不失其为未知数的这种特色，正因为它们是可变的，如上面考察过的，其所发生的结果，只是一个

---

① 平方的方程式，即二次方程式。黑格尔这里要强调这种方程式的几何性质，故用此不习见的名词。——译者

比率;这是由于已经指出过的很简单的理由,因为用乘方函数来代替方幂本身的地位,方程式两项的值便会变化,至于在这样变了值的两项之间是否还有一个方程式,这件事就本身说来,却仍然是未知的。$\frac{dy}{dx}=P$这个方程式不过表示 P 是一个**比率**,对$\frac{dy}{dx}$此外并没有赋予什么实在的意义。从这个比率=只还是同样不知道它与什么其他的比率相等;只有这个方程式,或说比例性,才对这个比率给了一种价值或意义。——如前所说,这种意义,即被称为应用的那种东西,是从别处,即从经验得来的,所以对于这里所谈的由求微分而导出的那些方程式,必须从别处知道它们是否有相等的方根,以便知道所得到方程式是否还正确。但是教科书中并没有明白注意到这种情况;当然这种情况是被消除了的,因为一个带有未知方根的方程式被归结为零,使其直接=y,于是求微分时,结果当然就只有$\frac{dy}{dx}$这一比率了。函数计算固然应该是和乘方函数打交道,微分计算固然应该是和微分打交道,但是决不能由此得出结论,说取了微分或乘方函数的大小,它们本身也应该**只是其他**大小的函数。在理论的部分,只指示要导出微分或说乘方函数,还并没有想到那些被教导要按这样导出而处理的大小,本身也应该是其他大小的函数。

关于在求微分时省略常数,也还可以**注意**,取微分在这里意谓着常数在方根相等时,对于方根的规定是不相干的,因为那种规定由于方程式第二项的系数便已经穷尽了。和前引的笛卡儿的例子一样,常数本身就是方根的平方,所以方根从常数来规定,同样也可以从系数来规定,——因为常数也一般和系数同样是方程式的方根的函数。在普通表述中,所谓常数只是用加号(+)减号(一)

第二章 定 量

与其余各项联系,省略这个常数,只是依办法的单纯机械作用而进行的,为了求出一个综合表现的微分,便只对变量给与一个增长,并从原来的表现减去由此而形成的表现。常数的意义及其省略,它们本身在什么程度上是函数,依照这种规定,它们是有用或是没有用;这些都没有谈到。

与常数的省略联系起来,关于求微分和求积分这两个**名词**,可以作类似于以前对有限和无限的名词所作的说法,即它们的规定所包含的东西,倒是名词所说的反面。求微分是指建立差分;但是通过求微分,一个方程式反而降到较低的因次,[①]而省略常数,又是去掉了规定性的一个环节;如前所说,假定变量的方根相等,那么,**方根间的差分也就取消了**。反之,求积分时,却应该再加上常数;方程式固然因此而得到积分,但是这意谓着**恢复了**以前取消过的方根的**差分**,而被假定相等的东西将再取微分。——普通的名词也增添了对事物本质的含混朦胧,一切都是用次要的、甚至与主题风马牛不相及的观点来提出的,这种观点一部分是无限小的差分、增量以及诸如此类,另一部分是一般已知的和导出的函数之间的单纯差分,而并没有标明其特殊的,即质的区别。

另一个使用微分计算的主要部门,是力学;关于它的对象——**运动**——的基本方程式所发生的不同的方幂函数,其意义已经附带提到过;在这里,我愿意直接从这些意义谈起。简单匀速的数学表示,即 $c=\frac{s}{t}$ 或 $s=ct$ 方程式,其中所经过的空间依一个经验的单位 c,即速度的大小,与所经历的时间成正比例,这个方程式对于求

[①] 微分方程式的项,皆比 1 小,故数的大小与其因次高低成反比例。——译者

微分,并没有提供什么意义;系数 c 是完全规定了的,已知的,不能再有更多的方幂展开。——如何解析落体运动方程式 $s=at^2$,在这以前也已经提到过;—— $\frac{ds}{dt}=2at$ 解析的首项、假如翻译为语言并连带地移植为存在物,那就是:一个**总和**(这个概念,我们久已去掉了)的项应该是运动的一部分,并且这一部分应该这样地加到惯性力(即简单匀速运动)里去,那就是:运动在**无限小**的时间部分中是匀速的,但在有限的、即事实上存在着的时间部分中,是不匀速的。当然,fs=2at,并且 a 和 t 的本身意义,都是已知的,这样也就一同建立了运动匀速的规定;既然 $a=\frac{s}{t^2}$ 于是 $2at=\frac{2s}{t}$ 就是普遍的;但是人们丝毫不因此而多知道什么。只是错误的假定,即 3dt 是作为一个总和的运动的一部分,给予了一个像是物理命题的错误假象而已。a 这个因数本身,是一个经验的单位,是一个定量本身,它须要归到重力上去;假如要用重力这一范畴,那倒不如说 $s=at^2$ 这一整体是结果,或更确切地说,是重力的法则。——从 $\frac{ds}{dt}=2at$ 导出的命题也是一样,这命题说:**假如**重力停止上发生影响,那么,物体便将以坠落**终止**时所达到的速度,在相等于坠落所费的时间内,通过它所曾经过的空间的两倍。——这里包含着一个本身很歪曲的形而上学;坠落的**终止**,或说物体坠落所终止的时间部分,它本身总之还是一个时间部分;假如它**不是**时间部分,那就是假定了**静止**,从而也就没有速度;速度的提出,只能按照在一定时间内,而不是在时间的终止部分所经过的时间。假如现在毕竟要把微分计算应用于完全没有运动的物理部门,例如光的情况(除了它在空间中的所谓传播之外)和颜色的量的规定,而将这里一个平方函数的第一导数也叫做速度,那么,

第二章 定 量

这就必须认为是冒充存在物更要不得的形式主义。

拉格朗日说，我们在物体坠落的经验中找到 $s=at^2$ 方程式所表示的运动。在这个运动之后，最简单的运动将是其方程式为 $s=ct^3$ 的运动，但是自然界并没有表现过这类的运动；我们还不知道 c 这个系数能意谓什么。对系数 c 说，虽然是如此；反之，却有一个运动，其方程式是 $s^3=at^2$，这就是太阳系天体运动的克卜勒规律；——这里第一个导出的函数 $\frac{2at}{3s^2}$ 等等应该意谓着什么，以后用直接求微分来处理这个方程式，从**这个出发点**来阐释那种绝对运动的规律和规定：这些就恰恰相反，一定显得是很有兴趣的课题，解析在这种课题中会露出最可贵的光彩。

所以微分计算对运动基本方程式的应用，就本身说，并没有提供什么**实在的**兴趣；至于形式的兴趣，那却是从计算的一般机械作用来的。但是就运动轨道的规定的关系来解析运动，这却包含另一种意义；假如这是一条曲线，并且它的方程式也包含了较高的方幂，那么，这就需要从作为乘方函数的直线函数到方幂本身的过渡；由于获得那些直线函数，须从原来包含时间因数的运动方程式去掉时间，所以这个因数也须同时降到较低的展开函数，从这些展开函数，可以得到直线规定的方程式；这个方面引起对微分计算另一部分的兴趣。

以上所说的目的，在于强调并明确微分计算简单的特殊规定，用一些粗浅的例子来说明这种规定。这种规定之所以产生，在于：从一个方幂函数的方程式，求出展开项的系数，所谓第一导数；这个函数是一个**比率**，它在具体对象的诸环节中得到证明；如此由这个函数得来的方程式，便在那两个比率之间规定了这些环节本身。

同样也须要简短考察一下**积分计算**原理以及这原理应用于积分计算特殊具体规定所发生的东西。这种计算的观点之所以已经简化并得到更正确的规定，因为它已不再被认为像与求微分对立时被称为**累加法**(Summations Methode)那样，在那时，增长还被当作是重要的成分，从而计算还好像与系列的形式有本质的联系。——这种计算的任务，起初也和微分计算的任务一样，是理论的，或者不如说是形式的；但是大家也都知道，它正是微分计算的反面；——这里是从一个函数出发，这个函数被认为是**导数**，并且是从一个还未知的方程式的展开而产生的次一项的系数，从这个导数应该找出原来的方幂函数；在展开的自然序列中必须被看作是原来的函数的，这里却是导出来的；而以前被认为是导出的函数的，这里却是已给与的，或一般开始的函数。但是这种运算的形式部分，似乎已经由微分计算实现了，因为一般由原来的函数到展开的函数的过渡及其间的比率，在那里已经确定了。假如一方面为了应用我们必须从那里出发的函数，另一方面又为了实现从这个函数到原来函数的过渡，在许多情况下，都必须采用**系列形式**作避难所，那么，首先便必须坚持这种形式本身与求积分的特殊原则并不直接相干。

但是这种计算的另一部分任务，就形式运算的关系看来，现在就是这种运算的**应用**。现在这种应用本身就是**任务**，即是要认识上面所指出的**意义**，一个特殊对象的已知的、被认为第一导数的原来函数所具有的意义。这种理论本来似乎也可以在微分计算中完全了结的；但是出现了另外一种情况，使得事情不这样简单。因为在这种计算中，发生了这样的事，即是由一个曲线方程式的第一导数得到一个是直线的比率，所以从而就知道求这个比率的积分，也便有了在纵横座标的比率中的曲线方程式；或者说，假如有了一个关于曲线平面的方程式，那么，微分计算便应该已经告诉人们关于这样方程式的第一导数的意义，即这种函数表示纵座标为横座标的函数，于是也就表示了曲线方程式。

但是现在问题所在，是：对象的规定环节哪一个本身在方程式中是**已知**的，因为解析处理只能以已知的作出发点，并从那里过渡到对象其余的规定。例如已知的，既不是曲线的一个平面空间的方程式，也不是由曲线旋转而发生的某种立体，也不是曲线的一段弧，而只是在曲线本身的方程式中的纵横座标的比率。因此，从那些规定到这个方程式本身的过渡，是不能够在微分计算中已经得到处理的；求出这些比率是要留给积分计算来做的。

但是以前又曾经指出过的，有较多变量的方程式，求它的微分，所给予的展开方幂或微分系数，不是作为一个方程式，而是作为一个比率；于是任务就是要为这个是**导出**函数的**比率**，在对象的环节中，指出与它相等的第二个比率。另一方面，积分计算的对象，是**原来的**函数对**导出的**（这里应该是已知的）函数的**比率**本身，并且任务是在已知的第一导数的对象中，指出那种须要去求得的原来函数的意义；或者不如说，由于这种**意义**（例如一条曲线的平面，或要使其变直的、被想像为直线的曲线等），已经被宣布为**问题**，任务就是要指出这样的规定将由原来的函数找到，并且指出什么是对象**环节**，什么就**在这里**必须被当作是（导出）函数的**开始**函数。

把差分观念当作无限小的观念来使用的那种普通方法，现在却把事情弄的很容易;对于求曲线的平方,它就把一个无限小的长方形,即纵座标和横座标的原素(即无限小)的乘积当作不等边的四边形,这个不等边的四边形以对着横座标无限小部分的那个无限小的弧为它的一边;于是乘积便在以下的意义有了积分,即积分给予了无限多的不等边四边形的总和,即平面,而这个平面所需要的规定,就是它的那种原素的**有限的大小**。同样,这个平面,由弧的无限小以及属于此种无限小的纵横座标,形成了一个直角三角形,在这个三角形中,那个弧的平方须等于其他两个无限小的平方之和,求后两者的积分所得的弧,是被当作一个有限的弧的。

　　这种办法,以那种一般发现为前提,那种发现为解析的这一部门奠定了基础,它在这里的方式,就是:成了平方的曲线,变直了的弧等等,对曲线方程式所给予的某一函数,右行所谓**原来函数对导出函数**那样的**比率**。因此现在所要知道的,是:假如一个数学对象(例如一条曲线)的某一部分被认为是导出的函数,那么,它的哪一另外的部分是由相应的原来函数来表示呢?人们知道,假如由曲线方程式给予的**纵座标**函数被认为是**导出的**函数,那么,相对的原来函数就是这个纵座标所切的曲线**面积**大小的表现;假如**某一切线规定**被认为是导出的函数,那么,它的原来函数就表现为属于这个切线规定的**弧**之大小等等;现在这些比率构成一个比例,它们一个是原来函数对导出函数的比率,另一个是数学对象两个部分或两种情况的大小比率;但是使用无限小并以它作机械运算的那种方法,却省掉了对这一点的认识和证明。它特殊的聪明功绩,是从别处已经知道了的结果里,找出一个数学对象的某些和哪些方面,与原来函数和导出函数有比率。

在这两个函数中，导出的函数(或说它既是已被规定的，那就是乘方的函数)，它在这里的计算中，相对于原来函数而言，是**已知的**，而原来函数却应该通过求积分，从那个导出的函数找出来。但是这个导出的函数既不直接是已知的，而数学对象的哪一部分或规定，应该被看作是导出的函数，以便把它还原为原来的导数，求出对象的另一部分或规定(它的大小就是问题所要求的)，这个部分或大小，本身也不是已知的。普通的方法，如已经说过的，是立刻以导出函数的形式，把对象的某些部分想像为无限小；这些部分，一般可以从对象原来已经给予的方程式，通过求微分而规定(——正如无限小的纵横座标是为了使一条曲线变直)。这种方法为此便采用这样的部分，它们可以与同样被设想为无限小的问题对象(这在前一例中，就是弧)有联系，这种联系是初步数学中已经确定的；因此，假如这些部分是已知的，那么，问题所要求得的那一部分的大小，也就被规定了；所以为了求曲线的长，上述的三种无限小便与直角三角形的方程式连系起来；为了求曲线的平方，纵座标和无限小的横座标便联系在一个乘积之中，因为平面在算术上，一般被认为是直线的乘积。于是从平面、弧等等这样的所谓原素到平面、弧等线的**大小之过渡**，其本身只被当作是从无限多的原素的无限表达过渡到有限表现，或说是它们的**总和**；所求的大小，应该是由这些无限多的原素构成的。

因此，说积分计算单纯是微分计算倒转过来的、但一般较为困难的问题，只能是肤浅的说法；积分计算的**真实**兴趣，倒不如说是唯在于具体对象中原来函数和导出函数的相互比率。

拉格朗日既不用那些直接假定的便易方式未免除任何问题的

困难,也不同意在这一计算部门那样做。用少许几个例子,来指出他的办法的细节,这同样有助于说明事物的本性。他的办法正是以这一点为自己的任务,即,要本身**证明**在一个数学整体(例如一条曲线)的特殊规定之间,有着原来函数与导出函数的比率。但是,由于这种比率的本性,这一点在这个范围内,是不能用直接的方式来完成的;因为在数学对象中,这个比率把曲线和直线,把直线的因次及其函数和平面的因次及其函数等**不同质的东西联系起来**了;所以其规定只可以看作是**一较大**和**一较小**的东西之间的中项。这里当然又出现了带着**加减号**(plus und minus)的**增长**形式,而那个活泼有力的"展开"(Developpons)也就在它的位置上了;但是正如以前所说,这里的增长只有算术的、有限的意义。须要规定的大小,它比一个易于规定的极限大些,此另一极限又小些,假如展开这种条件,便将引导出这样的事:例如纵座标的函数,对面积的函数而言,就是导出的第一函数。

　　拉格朗日对求曲线的长的说明,由于他从亚基米德原理出发,其饶有兴趣之处在于理解亚基米德方法之**翻译**为近代解析原理,这使我们对于用另一种方法去机械地搞的事业,可以洞见其内在的、真正的意义。这种办法的方式与方才所举的办法[①],必然类似;亚基米德原理并没有给予直接的方程式,这个原理是说一条曲线的弧比它的弦较大,比在弧的终点及其交点间所做的两条切线之和较小。那种亚基米德的基本规定翻译成近代解析形式,就是发明一种表现法,其本身是一个简单的基本方程式,而那种亚基米德

---

① 即规定所要求的大小,是在一较大者和一较小者之中。——译者

的形式却只是提出**要求**,要在每时每刻本身都是规定了的一个太大者和一个太小者之间无限进展,这种进展永远总是又有一个新的太大者和一个新的太小者,但它们的界限总是愈来愈紧密地接近。借助于无限小的形式主义,立刻便立下了 $dz^2 = dx^2 + dy^2$ 这一方程式。拉格朗日的解说,由上述基础出发,却相反地指出弧的大小,对一个导出的函数说来,是原来的函数;其特殊之项,本身就是一个函数,这个函数是由一个导出函数与纵座标的原来函数的比率构成的。

因为在亚基米德的办法中,也像以后在克卜勒立体几何学对象的讨论中那样,都出现了无限小的观念,所以这一点常常被当作权威来引用,在微分计算中便使用了这个观念,而不去强调特殊的和有区别的东西。无限小首先意谓着这样的定量的否定,即所谓**有限**表现或完成了的规定性之否定,这样的规定性即是定量本身。同样,在后继的伐勒里乌斯[①]、卡伐列里[②]等人的著名方法中,都是以对几何对象的**比率**之考察为基础,各种规定也首先是只从比率方面来考虑,因此之故,那些规定的**定量**本身这一基本规定被放在一边,从而那些规定就认为应该是**非大小的东西**。但是一方面在这里并没有认识和注意到潜藏在单纯否定规定后面的一般**肯定**的东西,这往前面曾抽象地表明为**质**的量规定性,而这种规定性在方幂比率中便更加确定;——另一方面,因为这种比率自身又包括一定数量的更确定的比率如方幂的比率及方幂的展开函数等,所以

[①] 伐勒里乌斯(Valerius, Lucas),1618年死于罗马,伽利略称他为当时的亚基米德,著有《从简单的错误论求抛物线平面法》。——原编者注

[②] 卡伐列里(Cavalieri, Bonaventura Francesco, 1598—1647),意大利的数学家,著有《几何学》、《几何习题》等书。——译者

它们又应该以那个无限小的一般的和否定的规定为基础,从那里引导出来。在方才举出的拉格朗日的解说中,找到了包含在亚基米德阐明问题的方式中的那种确定的肯定方面,因此对于那种受无界限的超越之累的办法,也就给了一个正确的界限。近代发明的本身伟大处,和它解决以前无法驾驭的问题,以及用简单方式处理以前可解决的问题的能力,这些都完全是由于发现了原来的和所谓导出的事物间的比率,以及发现一个数学整体中具有这种比率的那些部分。

大小比率的特殊方面,是现在所谈论的特种计算的对象,对于须要强调这一点的目的,以上引证大概可以满足了。这些引证曾经能够限于简单的问题及其解决方式;要着手检察微积分计算所谓应用的全部范围,并且以所发现的原理为应用的基础,将一切应用的问题及其解决都还原到原理那里来完成归纳:这对于此处唯一有关的概念规定既不适宜,也非著者能力所及。但是以上的论述,也足够指出每一特殊的计算方式,都以大小的一种特殊的规定性或比率为对象,而这样的比率便构成了加、乘、乘方、开方根、计算对数、系列等等,和这一样,微积分计算也是如此;就属于这种计算的东西而言,方幂函数及其展开或乘方的函数的比率这个名词,或许是最合适的,因为这个名词对事物的本性含有最确切的见解。不过,既然依据其他大小比率的运算如加法等,一般都在这种计算中使用,于是对数、圆、系列等比率也同样应用了,这特别是为了使那些从展开函数导出原来函数所必须的运算有更加可以驾驭的表达。微积分计算固然共同具有较确切的兴趣,要用系列形式来规定展开的函数,这些函数在系列中叫做各项的系数;但是因为这种计算的兴趣仅仅涉及原来函数和它的展开的最近的系数,于是系列便想要依照具有那些系数的方幂而排列的众多的项,表现为一个总和。在无限系列中出现的无限物,就是一般定量的否定物的不确定的表现,它与包含在这种计算的无限物中的肯定规定,毫无共同之处。同样,无限小作为**增长**,展开借助于它才变为系列的形式,它对于展开,只是一种外在的手段;而它的所谓无限性,除了作为那种手段的意义而外,并没有任何其他的意义;因为所要求的东西,事实上并不是系列,所以系列引出的东西**太多**,要费多余的努力再把它去掉。拉格朗日虽然由于他的方法,在所谓应用中突出了真正的特殊性,因为它无须将 dx, dy 等强加于**对象**,直接指出了属于对象的导出(展开的)函数规定的那一部分,从而表现出系列形式与此处所讨论的问题无关;但他却又喜欢采用系列的形式,所以他的方法也就同样遭到上述的麻烦。①

① 在以前所引的批评中(《科学评论年鉴》第二卷,1827年,第155—156号以下),有一个精通本业的学者史泊尔先生*的很有趣的说法,这是从他的《流量计算的新原理》(布朗施维格,1826年)引来的,这些说法涉及一种情况,微分计算的晦涩而不科学,主要须溯因于它,这也很符合于我们以前关于这种计算的理论的一般情况所说的。他说:"纯**算术**的研究当然比一切类似的研究,都更与微分计算有关,人们不曾将它与真正的微分计算分开,甚至像拉格朗日那样,把它认为是事物本身,而人们却把这种研究仅仅看作是微分计算的**应用**。这种算术研究包括求微分的规则,泰勒定理的导数等,甚至各种求积分的方法也在内。**情况完全相反**,那些**应用**才正是构成**真正**微分计算的**对象**,从解析出发的微分计算是以一切那些算术的展开和运算为前提。"——我们曾经指出,在拉格朗日那里,将所谓应用与从系列出发的那种一般部分的办法分开,怎样恰恰提供了突出微分计算本身**特性**之用。上述的那位著者说,正是所谓**应用**构成**真正**微分计算的**对象**,但是可惊异的,是他有了这种饶有兴趣的见解,怎样会让自己进入(见上引的书)那种**连续大小**、**变**、**流动**等等形式的形而上学,想在那些废物之上再添上新的废物;那些规定之听以是**形式的**,因为它们只是一般的范畴,没有举出事物的特点,而事物却是要从具体学说,从应用去认识和加以抽象的。——黑格尔原注

* 史泊尔(Spehr, Friedrich Wilhelm, 1799)—1833),布朗施维格的数学家,著有《纯组合论的讲义大全》。——原编者注

注释三 其他与质的大小规定性有关的形式

微分计算的无限小,就它的肯定意义说,就是**质的**大小规定性,对于这种规定性,我们曾较详细地指出它在这种计算中,不仅出现为一般的方幂规定性,而且是;一方幂函数与展开方幂的比率那种特殊的方幂规定性。但是这种质的规定性所呈现的形式,还更为广泛,也可以说更为微弱;这种形式以及与此有关的无限小的使用和无限小在这种使用中的意义,还应该在这个注释中加以考察。

因为我们从以上所说的出发,在这方面便须首先记住,从**解析**方面看来,各种方幂规定之所以出现为仅仅是形式的,并且完全是**同质的**,那是因为它们意谓着**数的大小**,本身没有彼此间质的不同。但是解析的比率应用于空间对象时,就完全显出了它的质的规定性,那就是从线到面、从直线到曲线等等规定的过渡。这种应用自身又带来这样的事情,即:空间的对象,就其本性说,是以**连续大小**的形式给予的,现在却要用**分立**的方式来把握它。所以面就是一定数量的线,就是一定数量的点等等。这种解决唯一有兴趣之点,在于它本身规定了线分解为点,面分解为线等等,以便从这种规定出发,能够以解析的方式进展,真正说来,即是以算术的方式进展;对于须要找出来的大小规定而言,这些出发点就是**原素**;**具体物(即连续大小)**的函数和方程式应当从那些原素导引出来。对使用这种办法显得极有兴趣的问题,要求在这些原素中有**一个自为地规定的东西作出发点**;这与那种间接过程**相反**,因为那种过程只能相反地以**极限**开始;那个自为地规定的东西就处在极限之

第二章 定 量

间,是那种过程所趋向的**目标**。纵使可以找到的,只是继续向前规定的规律,而不能够达到所要求的完全的规定、即所谓有限的规定,然而两种方法所得的结果是一样的。第一个想到那种倒转过来的过程,而将分立的东西作为出发点,这项荣誉应归于克卜勒。当他说明他对亚基米德测量圆的第一定理如何了解时,他以很简单的方式表达了这一点。亚基米德的这第一定理是大家都知道的,那就是:假如一个直角三角形的勾等于一个圆的半径,股等于圆的圆周,那么这个圆便等于这个直角三角形。因为克卜勒把这一定理的意义当作是圆周所有的部分和它所有的点同样多,即无限多,而每一部分都可以看作是一个等腰三角形的线等等,所以他就把**连续物的分解**表现为**分立物**的形式。这里出现的**无限**这一名词,与它在微分计算中应该有的规定,还离得很远。——假如现在为这些分立物已经找到了一种规定性或函数,那么,以后还又应该把它们总括起来,本质上作为连续物的原素。但是既然点的总和不能给予线,线的总和不能给予面,那么,这就是点立刻**已经被认为有线的性质**,线也有面的性质了。但是那些有线的性质的东西**还不就是线**(假如它们被当作定量,那就会是线了),所以它们被想像**为无限小**。分立物只能够是一个**外在的**总括,在总括中的环节,保持着分立的**一**的意味;从这些一所出现的解析的过渡,只是到它们的**总和**;同时,这种过渡并不是由**点到线**或**线到面**等几何的过渡;所以对于那些以点或线为其规定的原素,同时也就给予了(对以点为规定的原素)以线或(对以线为规定的原素)以面的性质,从而像是由细小的线的总和便成了一条线,由细小的面的总和便成了一个面。

需要取得质的过渡这一环节并为此而以**无限小**作避难所,这一点必须看作是一切想要消除上述困难而本身却成了最大困难的观念的来源。要避免这种救急的应付,那就必须能够指出似乎是单纯加法的解析法,事实上本身已经含有**乘法**。但是在这方面,又出现了一个新的假定,它构成把算术比率应用于几何形状的基础;那就是算术的乘法对于几何规定,也是一种到较高因次的过渡,———些大小,按照其空间的规定而言,**是线**;它们的算术的乘法,同时就是线成了**面的规定**那样一个乘积;3 乘 4(直线的)尺,是 12(直线的)尺,但 3(直线的)尺乘 4(直线的)尺却是 12(平面的)尺,而且当然是平方尺,因为两者既是作为分立的大小,其单位是同一的。**直线与直线相乘**,起初显得似乎有些荒谬,因为乘法只涉及数,是数的变化,这些数与其由过渡而成的东西,或说**乘积**,是完全同**质**的,不过**大小**变化了而已。另一方面,所谓线本身与线之相乘——这被称为积诸线为线(ductus lineae in lineam),就像积诸面为面(plani in planum)那样,积诸点为线(ductus puncti in lineam)也是如此——这不单纯是大小的变化,而是线作为**空间的性质**的规定性,作为一维(Dimension)的变化;必须把线过渡为面理解作线**超出自身之外**,正如点超出自身之外为线,面超出自身之外为立体那样。说点的**运动**就是线等等,其所想像的,与上面所说,是同一的东西;但是**运动**包括时间规定,并且在那种观念中,更像仅仅是情况的偶然的、或外在的变化;而须要采取的,却是表现为自身超出的概念规定性,——即是质的变化,并且在算术方面,它就是(如点等等)单位与(线等等)数目的相乘。这里还可以注意到在面超出自身时,便会出现面与面相乘,而发生算术乘积与几何乘积有区别的假象，因为面的超出自身，作为积诺面为一面（ductus plani in planum），在算术方面，会得出两个二维规定的相乘，从而会得出一个有四维的乘积，但这乘积却由几何的规定而降低到三维。假如说在一方面，数因为以一为根本，所以对外在的量的事物给予了固定的规定，——那么，它的相乘也同样是很形式的；把3·3当作数的规定，其自乘便是3·3×3·3；但是同一的大小，作为面的规定，其自乘却在3·3·3那里便被遏止住了，因为空间虽然被想像为从点，这个仅仅是抽象界限出发前进，但它却以第三维为它的真实界限，即从线出发的**具体**规定性。上述区别，对于自由运动，可以证明是很有效果的；在自由运动中，其空间的一方面是受几何规定（$s^3 \cdot t^2$ 的克卜勒定律）支配的，其时间的另一方面，是受算术规定支配的。

这里所考察的质的方面，如何与前一注释中的对象不同，可以无须更加解说便自然明一了。在前一注释中，质的方面包含在方幂规定性之内；在这里，它却像无限小那样，仅仅在算术方面对乘积而言是因数，或者对线而言是点，对面而言是线等等。那个必须从分立物（连续大小被想像分解为这种分立物）到连续物的质的过渡，现在将作为加法来完成。

但是这个似乎单纯的加法，事实上自身却包含着乘法，即包含从线的规定到面的规定之过渡，例如一个等边四边形的面积等于两条相互平行线之和与其高之半的乘积，就最简单地表现了这一点。这个高被想像为一些应该加在一起的一定数量的**分立的大小**的**数目**。这些大小是线，它们是在那两条作为界限的平行线之间并与其平行；它们的数量是无限多的，因为它们应该构成面，但又是线，为了成为有面的性质的东西，便必须随着否定而建立。为了避免从线的总和须得出面这样的困难，便立刻把线当作面，但同时却当作是**无限细窄**的面，因为它们只是以不等边四边形平行界限的带有线的性质的东西为其规定。它们是平行的，并且以不等边四边形另外两条直线的边为界限，于是它们就可以被想像为是一个算术级数的诸项；各项的差分，一般是相同的，但并不需要规定，而级数的首项和末项就是不等边四边形的那两条平行线；这个级数的总和，就是大家知道的那两条平行线与全项**数目**之半的**乘积**。后一定量只是完全对无限多的线这一观念而言，才被叫做数目；它是一个**连续物**，即高的一般大小规定性。很明显，所谓总和，同时就是积诸线为一线(ductus lineae in lineam)，即线与线**相乘**，按照上面的规定，就是带有面的性质之物的发生。在长方形这种最简单的情况下，a,b 两因数中每一个都是一个单纯的大小；但是以后即使在不等边四边形这样最初步的例子中，便已经只有一个因数是其高之半这样单纯的东西，而另一个因数，则相反地是由一个级数来规定的；后一因数也同样有线的性质，但是它的大小规定性较为复杂；因为这种规定性只能由一个系列来表示，这就是说要解析地、即算术地把这个系列总加起来；其中几何的因素是乘法，是从线维到面的过渡的质；前一因数只是为了后一因数的算术规定才被认为是分立的，就本身而言，它也和后一因数一样，是一个有线的性质的东西的大小。

把面想像为线之总和这样的办法，当乘法本身与结果的目的无关时，也常常被使用。假如所从事的，是要指出在一方程式内的大小不是定量，而是一个比例，上面所说的情况便出现了。这是人所共知的证明方式，例如一个圆的面积与一个以此圆的直径为大轴的椭圆面积之比，正如大轴与小轴之北，因为这两种面积，每一个都被认为是与它有关的**纵座标**的**总和**；椭圆的每一纵座标与圆的相应的纵座标之此，也正如小轴与大轴之此；所以得出结论说，纵座标的**总和**(即**面积**)的比例也是一样的。那些想要避免面为线之总和这一观念的人，使这些纵座标成为宽度无限小的**不等边四边形**，这种救急的应付是很普通而完全多余的；因为方程式只是一个比例，所以平面的两个线的原素，只有一个得到比较。另一原素、即横座标轴，在椭圆和圆里被认为是相等的，是算术的大小规定的因数，即是等于 1，因此，这个比例完全只依靠一个进行规定的因素的比率。对于面的**观念**必须要有两维；但是在这个比例中所应指出的**大小规定**，却仅仅只涉及**一个**因素。对**这一**因素加上**总和**的观念，使其顺从或帮助这观念，真正说来，这是误解了此处问题所在的数学规定性。

这里所讨论的，也包含了前面提到过卡伐列里**不可分**方法的理由根据，所以它也同样得到论证，无需逃难到无限小那里。当他考虑到面时，不可分的东西就是线，当他考虑到棱锥体或圆锥体时，不可分的东西就是平方或圆面等等；他称那些被认为已确定的底线或底面为**准尺**(Regel)；这是一个常数，对一个系列的关系说，那就是系列的首项和末项；有了常数，那些不可分的东西就将被认为是平行的，即从形状看来，它们是有同一规定的。现在，卡伐列里的一般原理是(《几何习题》第六卷；后来的著作《习题》第一卷，第 6 页)："一切形状，无论平面的或立体的，都与它们的一切不可分的东西成**比例**，并集休地(kollecnve)加以此较，假如在这些不可分的东西中有一共同的比率,就分配地(distrlbutive)加以比较。"为此目的,他以有**同底同高**的形状,来比较那些与底线平行并与底线有**同等距离**这样作出的诸线的比率;一个形状的一切这样的线,都有一个同一的规定,并构成形状的全部内容。例如他以这样的方式,也证明了诸同高的平行四边形与其底线成比例这一基本的命题;在两个形状中所作出的每两条与底线有同等距离并与底线平行的线,是有两底线的同一比率的,所以那两个形状全部也如此。事实上,这些线不是构成作为**连续**的形状的内容,而是构成在算术上应该被规定了的内容;有线的性质的东西是这种内容的原素,必须通过这种原素,内容的规定性才可以掌握。

这里我们便被引导去思索一种区别,这种区别之发生,是关于一个形状的规定性究竟在哪里,即:规定性的情况或者是像这里的形状之**高**那样,或者是**外在的界限**。假如它是**外在的界限**,那么,就须承认形状的**连续性**,可以说是**随着**界限之相等或比率而来的;例如相互**重合**的形状之相等,是依靠作界限的诸线相互重合。但是在同高同底的平行四边形那里,只有底这一规定性才是外在的界限;至于引出对外在界限作规定的第二原则的却是高,而不是一般的**平行性**,形状的**第二主要规定**,即它的**比率**,就依靠高。欧几里得关于平行四边形有同高同底者相等之证明,便是把它们还原为三角形,即**外在被界限的**连续物;在卡伐列里的证明中,首先是关于平行四边形的比例性之证明中,界限一般地是**大小规定性本身**,它被解说为可以应用到每两条以相等距离在两个形状中作出的线。这些与底线相等或有相等的比率之线,**集体地**看来,便给予了有相等比率的形状。线的**堆集**观念与形状的连续性相抵触;但是仅仅对线的考察,已经完全穷尽了问题所在的规定性。不可分这种观念是否会引到须要依照**数目**来比较无限的线或无限的平面,对于这种困难,卡伐列里也常常给了答案(《几何学》第二卷,第一命题,注释);他作了正确的区别,他不比较我们所不知道的无限的线或平面的**数目**(如已经提到过的,那不如说是被当作辅助手段的**空洞**观念),而是只比较大小,即等于那些线所包括的空间那种量的规定性本身;因为这空间被封闭在界限里,所以它的大小也就封闭在同一界限之内;他说,**连续物不是别的,正是不可分之物本身**;假如连续物**在不可分之物以外**,那么,它就是不可比较的了;但是要说有了界限的连续物不能相互比较,那是不合情理的。

可见卡伐列里想把属于连续物**外在存在**的东西,与其中含有连续物的**规定性**并单单为了比较和为了关于连续物的定理的缘故而必须强调的东西区别开。他为此而使用的范畴,如连续物由不可分之物**综合而成**或由其**构成**之类,当然是不够满意的,因为这同时需要连续物的直观,或如上面所说,需要连续物的外在存在;假如不说"连续物不是别的,正是不可分之物本身",而说:连续物的大小规定性不是别的,正是不可分之物本身的大小规定性,那倒会是更正确,从而也会立刻更明白些。**有些学派**从不可分之物构成连续物这一观念,得出有更大和更小的无限物这样坏的结论,卡伐列里却并不这样做,他在以后还表现更明确地意识到(《几何学》第七卷前言)他并不由于他的证明方式而被迫要有连续物由不可分之物综合而成这样的观念;**连续物只是随不可分之物的比例而来的**。他之采用不可分之物的堆集,并不是说它们似乎为了**无限数量**的线或平面的缘故而陷入无限规定之中,而是由于它们自身有

了划出界限的明确状态和本性。但是为了搬走这块绊脚石,他到底不辞辛苦,还在专门为此而增加的第七卷中,用不杂有无限性的方式,来证明他的几何的主要命题。这种方式把证明归结到以前引过的普通的形状**重合**形式,即以前说过的作为**外在空间界限**这种规定性的观念。

关于这种重合形式,首先还要加上一个评语,即它对于感性的直观,简直可以说是一种很幼稚的帮助。在关于三角形的基本命题中,设想有两个三角形并列着,它们每一个都有六个部分,假定一三角形有三部分与另一三角形相应的三部分相等,那么,就将证明这两个三角形是**彼此相合**的(kongruent),即这一三角形的其余三部分也与另一三角形的那三部分的大小相等,——因为它们借前三部分相等便彼此重合。假如更抽象地来把握事物,那么,正是因为在两形中每一对彼此相应部分之相等,现存的才只有**一个三角形**①;在这个三角形中,有三部分是被假定为**已经规定的**,于是其余三部分的**规定性**也随之而来。**规定性**以这种方式将被证明在这三部分中已经**完全了**,所以对规定性本身说来,其余三部分是**多余的**,是**感性存在**,即连续性的直观的**多余**。用这种形式来说,质的规定性便与直观中所呈现的东西,即与作为一个自身连续的整体,有了区别;而**重合**则使人意识不到这种区别。

随平行线而来和在平行四边形那里,如以前说过的,却出现了一种新的情况,一部分是仅仅角的相等,一部分是形状的高,而形状的界限,即平行四边形的边,却与高不同。这里突出了含糊不清

---

① 意思是说,既然两个三角形完全相等,便实际只是一个三角形。——译者

之点,就是在这些形状中,除了作为外在界限的底边这一个边的规定性而外,必须在什么程度上来把**另外的外在界限**,即平行四边形的另一个边或高,当作另外的规定性呢。在两个有同底同高的形状里,一个是直角的,一个却有很锐的角,因而其相对的角是很钝的角;对直观说来,后者可以很容易显得比前者更大些,因为直观将后一形状现有的大边当作是**规定性**的,并依照卡伐列里的想法,将两个**面积**按可以通过它们的平行线的**数量**加以比较;较大的边可以看作是此长方形垂直的边可能有**较多**的线。可是这样的设想并不曾有助于对卡伐列里的方法提供非难,因为在这两个平行四边形中为了比较而设想的平行线的数量,同时就已经假定了**它们彼此距离相等**或与底线距离相等,从而得出结论说:**规定性的另一因素**,是平行四边形的高,不是它的另一边。假如两个平行四边形有同高同底,但不在一个平面上而与一第三平面造成不同的角时,若加以比较,上面的情况就改变了;假如人们想像第二平面通过那两个平面并与自身平行而向前运动时,那么,由此而产生的平行截面,期相互的距离便不再是相等的,而那两个平面也就不相等了。卡伐列里仔细注意过这种区别,他将它规定为不可分之物的垂直移动(transitus rectus)与偏斜移动(transitus obliquus)的区别(见《习题》In.XII以下,并且在《几何学》第一、二卷中也已经有了),于是便截断了可能在这方面发生的肤浅的误解。巴罗在前面引过的他的著作中(《几何学讲义》第二卷第21页),也同样用过不可分的方法,可是他已经把这方法和一个假定纠缠不清;这个假定就是:一个曲线三角形(如所谓特殊的三角形)与一直线三角形,假如两者是无限的,即**很小**的,便可以相等。这个假定由他传到他的学生牛顿和别的同代数学家,其中也有莱布尼兹。我记得他在前书中引证了达盖①对此的责难,达盖也是当时从事研究新方法的聪明几何学家。达盖所提出的困难也同样是关于在计算圆锥体和圆球体的面积时,对于以应用分立物为根据的考察,应该把什么线当作是**规定的基本因素**。达盖斥责不可分的方法说,假如项要计算一个圆锥体的**面积**,那么,按照那种原子主义的方法②,就将想像圆锥体三角形是由与底线平行、与轴垂直的**直线**综合而成的,这些直线同时又是**圆的半径**,圆锥体的**面积**就是由这些半径构成的。现在假如这个面积被规定为各圆周之总和,而这总和又是由各圆周的半径的数目,即由轴的大小,或说由圆锥体之高所规定的,那么,这个结果却与亚基米德以前所教导的、所证明的真理相矛盾。于是巴罗与此相反,指出为了规定面积所必须采用的那条线,不是轴而是圆锥体三角形的**边**,它的旋转产生了面积,因此必须用这个边,而不是轴,作为对圆周数量的大小规定性。

这类的责难和犹疑不定,其根源唯在所使用的观念不明确,以为线由**无限**数量的点构成,面由无限数量的线构成等等:这种观念使续或面的本质的大小规定性暗昧不明。——这些注释的用意就在于要指明那些**肯定的规定**,由于无限小在数学中的各种使用,可以说是被留在后台了;它们被包裹在单纯的否定范畴之中,必须把它们从那层云雾里抉发出来。在无限的系列那里,和在亚基米德的圆测量法那里一样,无限物只是意味着进一步规定的法则是已

---

① 达盖(Tacquet,Andr,1611—1660),安特威普耶稣教公学教授,著有:《圆柱体与环形》五卷,1651—1659年。——原编者注

② 原子主义的方法,即指不可分的方法。——译者

知的,不过所谓**有限的**、即算术的表现不曾给予而已,所以把曲线归结为直线是办不到的;这种不可通约性是它们的质的不同。分立物与连续物,其质的不同,一般也同样含有否定的规定,使其像是不可通约的,并且以如下的意义引来了无限物,即连续物(被当作是分立的),就它的连续的规定性而论,不应该再有定量。连续物,在算术方面被当作是**乘积**,因此自身被当作是分立的,即分解为原素,这些原素就是连续物的因数;连续物的大小规定性就在这些原素之中;正因为它们是原素或因数,它们才属于一较低的维;拜且,它们是一个大小的原素或因数,只要有了方幂规定,它们就是属于此这个大小较低的方幂。就算术而论,这种区别似乎是单纯的量的区别,像方根与方幂或任何方幂规定性的区别那样,可是当这种表现的式子仅仅涉及量的事物本身时,例如 $a:a^2$ 或 $d.a^2=2a:a^2=2:a$,或 $t:at^2$ 的引力律,那么,它就给予了什么也没有说的 $1:a, 2:a, 1:at$ 等比率;这些比率的各项,对它们的单纯的量的规定说来,必须用不同的质的意义使它们相互分开,譬如 $s:at^2$,作为一种质的大小,因此而被表现为另一种质的大小的函数。于是呈现于意识的,便只是量的规定性;用这种规定性,按它的方式去运算,毫无困难;要用一条线的大小与另一条线的大小相乘,也不会有麻烦;但是这些大小相乘,立刻便产生了从线过渡为面这样质的变化;在这种情况下,一个否定的规定出现了;这种规定引起了困难;理解了它的特点和事物的简单本性,困难是可以解决的;但是用无限物来帮忙,想由此消除困难,却反而只是陷于混乱,使困难完全悬而未决。

第三章 量的比率

定量的无限被规定为定量的否定的彼岸,但定量在自身那里有这个彼岸的。这彼岸是一般的质。无限的定量,作为质的规定性与量的规定性这两个环节的统一,就是**比率**。

在比率中,定量不再具有漠不相关的规定性了,而是在质的方面被规定为对它的彼岸绝对相关。定量在它的彼岸中延续自己;这彼岸首先是**另外**一个一般的定量,但是,从本质上看,它们并不是作为外在的定量而彼此相关,而是**每一个都以这种对他物的关系为其规定性**。这样,它们就在这种他有中回复到自身;每一个都是在他物中所是的东西;他物构成每一个的规定性。——所以定量对自身的超越,现在就有了这种意义,即:定量既不仅仅变为一个他物,也不变为它的抽象的他物,它的否定的彼岸,而是在彼岸那里达到它的规定性;它在它的彼岸中找到了**自己**。这个彼岸是另外一个定量。定量的**质**,它的概念规定性,乃是它的一般的外在性。在比率中,定量**被建立为这样**:在它的外在性中,在另外一个定量中,定量具有它的规定性,并且,定量在它的彼岸,就是它所是的那个东西。

相互具有上述关系的东西,就是定量。这种**关系**本身也是一种**大小**;定量不仅**在比率中**,而且它**自己被建立为比率**;那是**在自身中**含有质的规定性的一般定量。这样的定量,由于它在自身中包含着它的规定性的外在性,并且在这种外在性中只与自身相关,因为它在自身那里是无限的，所以，就作为比率而言，这种定量便把自己表现为自身封闭的总体，对界限漠不相关。

比率一般是：

(1)**正比率**。在正比率中，**质的东西**本身还没有自为地出现；它还不曾比定量有进一步的方式，而定量是被当作以它的外在性为其规定性的。量的比率本身就是外在性与自身关系的矛盾，是定量的持续与其否定的矛盾；这矛盾扬弃自身，首先是由于

(2)在**反比率**中，一个定量本身的**否定**，随着另外一个定量的变化而被建立，并且，正比率本身的可变性也被建立起来，但是

(3)在**方幂比率**中，那个在它们的区别中自身与自身相关的统一，却把自己造成定量的单纯自身乘积；这种质的东西在单纯规定中最后建立起来，与定量同一，变成了**尺度**。

关于下列各比率的真正性质，在以上涉及量的无限，即在量那里的质的环节的注释中，已有许多预示；因此，剩下来的就只是要分析这些比率的抽象概念了。

甲、正比率

1. 比率作为直接的比率，是**正**比率，在正比率中，一个定量的规定性与另一个定量的规定性彼此蕴含。两者只有**一个**规定性，或界限，它自身也是定量，即比率的**指数**。

2. 指数可以是任何一个定量；但是，由于它在**自身**那里含有它的区别、它的彼岸和他有，它只是一个在**外在性**中自身相关的、在质方面规定了的定量。在定量**本身**邻里的这种区别，是**单位与数**

目的区别；单位是自为地规定；数目则是在规定性那里漠不相关的往返摆动，是定量的外在的漠不相关。单位和数目最初是定量的环节；现在，在比率（比率在这样情况下就是实在化了的定量）中，它的每个环节都好像是一个**独特的定量**，是它的实有的规定，是对大小规定性划立界限，否则大小规定性将仅仅是外在的、漠不相关的。

指数是作为单纯规定性这样的区别，这就是说，它在自身那里直接含有两个规定的意义。首先，指数是定量；所以，指数是数目；如果比率的一端，作为单位，表示可计数的一——而且单位只有被当作这样的一，——那末，比率的另一端，即数目，便是指数的定量本身了。第二，指数是作为比率两端的质;的东丙那种单纯规定性；如果一端的定量规定了，那么，另一端的定量便也就由指数规定了，至于前者如何规定那是完全不相干的，就自为地规定的定量而言，它再无任何意义，并且，它可以是任何一个别的定量而不改变比率的规定性，这种规定性完全依靠指数。作为单位的这一个定量，无论它变得怎么大，总永远是单位；而另一个定量，无论它以此而变得怎么大，也必须永远是那个单位的**同一个数目**。

3. 因此，比率的两端实际上只构成一个定量；一端的定量对于另一端的定量只有单位的值，而没有一个数目的值；另一端的定量则只有数目的值；因此，**按照它们的概念规定性来说**，它们本身并不是**完满的定量**。但是，这种不完满性是在它们那里的否定；这一点并不是依据两个定量一般的变化，按照一般变化，一个定量（每个定量都是这两个定量的一个）可以采用一切可能的大小，这一点却是依据以下的规定，即，假如一个定量变化，另一个定量也按比例增减；如已经说过的,这意味着只有一端、即单位能改变其定量,而另一端、即数目则仍然是**单位**的同一个定量,但前者作为定量,尽管愿意如何变化便如何变化,它也同样只**能当作**单位。因此,每一端只是定量的两个环节之一,属于它的特有的独立性,自身**被否定**了;在这种质的联系方面,这两个环节必须**建立**为彼此**否定**的。

指数应该是完满的定量,因为在指数中,**两端**的规定性合而为一了;但实际上,指数作为商数,本身只**有数目**的值,或**单位**的值。在这里,没有任何规定性表明比率的哪一端必须当作单位,哪一端必须当作数目;如果一端、定量B,被作为单位的定量A来测量,那么,商数C便是这样的单位的数U;但假如A本身被认为是数目,那么,商数C就是数目A为定量月所要求的单位;因此,这个商数作为指数,并没有被建立为它应该是的东西,——即比率的规定者或说比率的质的统一。它之能被建立为那样,只有由于它具有成为单位与数目这**两个环节的统一**那样的值。因为这两端,固然就像在外现的定量中、即在比率中所应该是的那样呈现为定量,但同时也只在它们作为比率两端所应该具有的值之中,即是**不完满**的定量,只能算做这些质的环节之一;所以,它们必须以它们的这种否定而建立。这样,便发生了一个对规定较符合、较实在的比率,在这个比率里,指数具有它们的乘积的意义;按照这种规定性,这个比率便是**反比率**。

乙、反比率

1. 现在达到的比率是**被扬弃了的**正比率;它曾经是**直接的**,因而还不是真正规定的比率;现在,规定性是用这样的办法增补起来的,即;把指数算作乘积,算作单位与数目的统一。就直接性而言,指数曾经漠不相关地既可以被当作单位也可以被当作数目,如以前所指出的那样;因此,指数过去也只是一般的定量,因而,宁可说是数目,一端曾经是单位,须当作一,对于这一端说来,另一端便是固定的数目,同时也是指数;所以指数的质曾经只是这个被认为是固定的定量,或者不如说,这个固定的东西只有定量的意义。

现在在反比率中,指数作为定量,同样被当作是直接的,并且可以是任何固定的定量。但这个定量对于**比率中别的定量的一**,并不是**固定的数目**;这个以前的固定的比率,现在倒是被当作可变化的;如果别一定量被当作一端的一,那么,另一端就不再是前者的单位的**同一个数目**了。在正比率中,这单位只是两端所共同的;它在另一端中,即在数目中延续自身;自为的数目本身或指数,对单位是漠不相关的。

但是,在比率现在的规定性中,数目对于**一**说来,构成了比率的另一端,它本身相对于这个一而变化;每当另外一个定量被采用为一时,数目也就变成另外一个数目。因此,虽然指数现在只是直接的,只是被任意地当作固定的定量,然而指数并没有作为这样的定量在比率的一端中保持自身,这一端是可变化的,因而两端的正比率也是可变化。所以在现在的比率中,指数作为进行规定的定量;便被建立为否定自己的比率的定量,是质的东西,是界限,以致质的东西突出了自己对量的东西的区别。——在正比率中,两端的变化只是两端共同的单位所采用的定量的变化;一端增减多少,另一端也同样增减多少;比率自身对这种变化漠不相关,变化对比率是外在的。在反比率中，变化尽管就漠不相关的量的环节说，也同样是任意的，但是，变化保持**在比率之中**，并且这种任意的量的超越，也被指数的否定的规定性、被界限给限制住了。

2. 反比率的这种质的本性，必须在其实在化中进一步加以考察；其中所包含的肯定的东西与否定的东西的错综复杂情况，必须加以分析。——定量被建立为在质方面的定量，这就是说，它自己规定自己，它自身表现为自己的界限。因此，第一，定量是作为**单纯**规定性的一个直接的大小，是作为**有的**、肯定的定量的整体。第二，这种直接的**规定性**同时又是**界限**，因此区分为两个定量，它们首先是互为他物的；但是，作为它们的质的规定性，而且是完满的规定性，这就是单位与数目的统一，是乘积，而它们则是乘积的因数。一方面，它们的比率指数在它们之中是自身同一的，是单位与数目的肯定物，就此而言，它们便是定量；另一方面，作为在它们那里建立起来的否定，指数又是在它们那里的**统一**，按照这种统一，它们每一个都是直接的、有界限的一般定量，而且是这样的有界限的东西，即，它只是**自在地**与它的他物同一。第三，作为单纯的规定性，指数是它所区分的两个定量的否定统一，并且是两定量互相划界的界限。

依据这些规定，指数内的两个环节便相互**划界限**，并互为否定物，因为指数是它们的规定的统一，一个环节大多少，另一个环节便小多少；在这种情况下，每一个环节所具有的大小就像在自身那里具有另一环节的大小那样，就像具有另一环节所缺少的大小那样。因此，每个大小都用这样**否定的**方式在另一个大小中延续自身；无论它是多大的数目，在另一个大小中作为数目，它都扬弃了，而它之所以为大小,仅仅是由于否定或界限,这个界限乃是在这个大小那里由另一大小建立的。**每一个大小都以这种方式包含着另**一个大小,并且在另一个大小那里被测量,因为每个大小都应该是其他的大小所不是的那样的定量;另一个大小,对每个大小的值来说,是必不可少的,因而,对每个大小也是不可分离的。

每个大小在另一个大小中的这种连续性,构成了**统一**的环节,由于种统一,两个大小才成为一个比率——这种统一是**一个规定性**或单纯界限,即是指数。这个统一、这个整体,构成每个大小的**自在之有**,与其**当前的大小**不同;其所以依照当前大小而有每一环节,只是由于这种大小从共同的自在之有、或整体中另一大小那里退出了。①但是,它只有在它与自在之有相等时,它才能够从另一大小那里退出,它在指数那里有它的最大值,这个指数按我们已经指出的第二个规定来说,就是它们相互划界的界限。由于每个大小只有就它对另一个大小划界,因而也被另一个大小划界而言,才是比率的环节,所以当它与它的自在之有相等时,它就丧失了它的这种规定;在这里,另一个大小不仅变成了零,而且自身也要消失,因为它不是单纯的定量,而是只有作为那样的比率环节,它才是它所应该是的那样的东西。于是,每一端都是作为它们的自在之有,即整体(指数)的统一这种规定与作为比率环节的另一个规定的矛盾;这个矛盾又是一个有新的特殊形式的**无限性**。

指数是比率两端的**界限**,在界限中,比率的两端彼此相互消长;照肯定的规定性——作为定量的指数——来说,比率的两端不

---

① 这里是说在反比率中每一项应有的大小,和它本身的具体大小不同,它的具体大小是就离开了比率另一项说的。——译者

能等于指数。作为它们相互限制的极限，指数是：(甲)它们的**彼岸**，它们无限地接近这个彼岸，但不可能达到。它们在这种无限中接近彼岸，这种无限是无限进展的坏的无限；这种无限本身是有限的，在它的对方、在比率的两端和指数的有限性中，有其限制；因此，它只是**接近**而已。但是，(乙)坏的无限在这里同时**被建立**为它真正是什么，即只是一般**否定的环节**，根据这个环节，指数对此率的不同定量，是作为自在之有的这种**单纯的界限**；这些不同定量的有限性，作为单纯可变的东西，与这个自在之有是有关的，但是自在之有作为它们的否定，又绝对与它们有差异。于是，这个为它们只能接近的无限的东西，同时又是**肯定的此岸**，是当前现在的——即指数的单纯定量。在这里，便达到了比率两端所带有的彼岸；它自在地是比率两端的统一，因而，自在地是每一端的另一端；因为每一端都仅仅具有另一端所没有的值，所以，每一端的全部规定，都包含在另一端之中；它们的这种自在之有，作为肯定的无限，就单纯是指数。

3. 结果便发生了反比率到另一个规定的过渡，与它最初所具有的规定不同。这个规定就在于：一个直接的定量，同时又对另一个定量有关系，它增大多少，另一个定量便减小多少，这个定量之所以为这个定量，乃是由于它对另一定量的否定态度；同样，一个第三个大小，就是它们这种变人的共同限制。在这里，这种变化与作为**固定**界限的质的东西相反，是它们的特殊性；它们具有**变量**的规定，那个固定的东西对于变量说来，就是无限的彼岸。

但是，已经表现出来和我们必须加以概括的规定，不仅仅在于：这个无限的彼岸同时又是现在的定量，是任何一个有限的定量,而且在于:它的固定性,——它通过这种固定性,对于量的东西,就是这样的无限的彼岸,并且这种固定性,就是仅仅作为抽象的自身关系的有的质,——把自己发展为它自身在它的他物中的中介,即比率的有限物。这里所包含的普遍的东西,就在于:作为指数的整体,一般就是两个项彼此划界的界限,即**否定的否定**,因而无限,这种对自身的**肯定**关系,被建立起来了。更精密的规定是:指数作为乘积,已经**自在地**是单位与数目的统一,而两项的每一项只是这些环节之一;因而,指数自身包含单位与数目,并任它之中自在地自己与自己相关。但在反比率中,区别发展为量的事物的**外在性**;质的东西不单纯是固定的,也巧,仅是直接在自身中包含着诸环节,而且在**外在之有的他有**中,自己**与自己**聚集在一起。这种规定在业已出现的环节中,把自己突出为结果。指数既然是作为自在之有而产生的,其环节也就实在化为定量及其一般变化,它们的大小住变化中的漠不相关,表现为无限进展;在它们的漠不相关中,它们的规定性,就是在另一个定量的值中,有它们的值,这就是建立无限进展的基础。因此,(甲)在它们的定量的肯定方面,它们**自在地**是指数的整体。同样,(乙)对它们的否定环节,对它们彼此的立定界限来说,那就是指数的大小;它们的界限就是指数的界限。它们的实有和划界的无限进展、以及任何特殊的值的否定,都意谓着它们再没有别的内在界限或固定的直接性。因此,这否定是指数的外在之有的**否定**,这个外在之有是表现在它们之中的;指数作为一般的定量并分解为诸定量,被建立为在它们漠不相关的持续的否定中的自身保持和自身融解,因而是对这样超越自身进行规定的东西。

因此，比率被规定为**方幂比率**。

丙、方幂比率

1. 定量在它的他有中建立自身同一，规定其自身超越，便到了自为之有。由于质的总体建立自身为展开的东西，它便以数的概念规定（即单位和数目）为其环节；数目在反比率中还不是由单位本身规定的一个数量，而是从别的地方，由一第三者规定的一个数量；现在，它被建立为只由单位规定的了。这就是方幂比率中的情况；单位是它自身那里的数目，它对作为单位的自身，同时也是数目。他有、即单位的数目，就是**单位**自身。方幂是一定数量的单位，每一个单位本身都是这个数量。定量作为漠不相关的规定性变化着；但是，由于这种变化意味着提高到方幂，定量的这种他有纯粹是由它自身加以界限的。因此，在方幂中，定量被当作回复到自身；定量直接是它自身，也是它的他有。

方幂比率的**指数**，再不像在正反比率中那样，是一个直按的定量了。在方幂比率中，指数**完全具有质的本性**，是这样的**单纯规定**性：数目就是单位，定量在他有中与**自身同一**。这也含有它的**量的**方面，即：界限或否定不被建立为直接的有的东西，而是实行被建立为在他物中的延续；因为质的真理就在于这样一点，即：量是作为扬弃了的直接规定性。

2. 方幂比率首先表现为应用到任何定量上的外在变化；然而，它与定量的**概念**有较密切的关系，因为定量在方幂比率中发展到实有，它在这个实有中达到了概念，而且完全把这个概念实在化了；方幂比率表现定量自在地是什么，而且表明它的规定性**或质**，定量通过质便与他物相区别。定量是**漠不相关的，建立为扬弃了的规定性**，这就是说，作为界限的规定性同样又不是界限，它在它的他有中延续自身，所以仍然与自身同一。在方幂比率中，定量就**是这样被建立起来的**，而它的他有，即超越自身为其他定量，乃是由它自身规定的。

如果我们把这种实在化的进展与以前的比率加以比较，那么，定量的质，作为自己建立的自己的区别，便正在于它是比率。就正比率说，定量作为这样建立起来的区别，仅仅是一般的和直接的，所以，它的自身关系被当作是单位的一个数目的固定性，这种自身关系是定量作为指数对其区别所具有的。在反比率中，定量对自己的关系是在否定的规定之中，——是对自己的否定，但是定量在否定中却有了它的值；作为肯定的自身关系，定量是一个指数，指数作为定量，只**自在地**是它的环节的规定者。然而在方幂比率中，定量在区别里呈现，因为区别是一个**与自身的区别**。规定性的**外在性**是定量的质；这种外在性，按照定量的概念，被建立为定量的自身规定、自身关系和**质**。

3. 但是，因为定量**被建立**为合乎它的概念，所以定量已经过渡为另外一个规定；或者也可以说，定量的**规定**现在就是**规定性**，**自在之有**也就是它的**实有**。它之作为**定量**，是由于规定的外在性或漠不相关（如人们所说，它是那种可以增大或减小的东西），只算作和只被建立为**单纯的**或**直接的**；它变为它的他物，即质，因为那个外在性现在被建立为由定量自身而有了中介，被建立为这样一个环节，即正是在外在性中，定量才与**自身相关**，才是作为质的有。

起初,量本身似乎是与质对立的。然而,量本身就是**一个质**,是自身相关的一般规定性,区别于它不同的规定性,区别于质本身。但是,量不仅是**一个质**,而质本身的真理就是量;质表明自己要过渡为量。另一方面,量在它的真理中是回复到自身的量,并非漠不相关的外在性。因此,量就是质本身,以致在这个规定①之外,质本身就不会还是什么东西了。为了可以**建立**总体,**双重**的过渡是必需的;不仅需要这一规定性向它的另一规定性的过渡,而且也需要另一规定性回到前一规定性的过渡,由于第一个过渡,质与量两者的同一才**自在地**呈现;——质被包含在量中,不过量因此还是一个片面的规定性。反之,量也同样被包含在质中,这个量同样只是扬弃了的,这种情况发生在第二种过渡之中——即回复到质。关于这种**双重**过渡的必然性的考察,对整个科学方法来说,是很重要的。

现在,定量再不是漠不相关的、外在的规定了,因此,定量作为这样的外在规定,是扬弃了,并且是质,并且是那个由此而是某物的东西,这就是定量的真理,就是**尺度**。

注 释

在前面关于量的无限的注释中,已经讨论了量的无限和它所引起的困难,其根源在于量中出现的**质的环节**;并且进一步阐明了特别是方幂比率的质如何消失在繁多的发展过程和错综复杂的情况里。我们已经指出,阻碍把握概念的根本缺点,就在于仅仅依据

---

① 这个规定,指量。——译者

否定的规定(定量的否定)而停留在无限那里,不进展到单纯的;规定、肯定的东西(这是质的东西)。在这里,就只剩下对哲学中量的形式掺杂到思维的纯粹质的形式里去的那种现象,还要加以考察。最近,**方幂比率**特别被应用到**概念规定**上。概念在其直接性中,曾被称为**一次方**;在他有或区别中,即它的环节的实有中,被称为**二次方**;就其回复到自身或作为总体说,被称为**三次方**。很明显,这样使用的方幂主要是属于定量的一个范畴,这种方幂的意思并不是亚里士多德的潜在性(potentia, duvauls)。因此,方幂比率表现规定性为达到了真理的区别,就像在定量这个**特殊概念**中的区别那样,然而却不像在概念本身中的区别那样。定量包含着否定性,这种否定性属于概念本性,不过还没有在概念的特有的规定中建立起来;定量所具有的区别,对概念本身说,是肤浅的规定;这些区别还远远没有被规定为像它们在概念中那样。在哲学思维的童年时期,数被用来表示普遍的、本质的东西,如毕达哥拉斯,在这里,一次方、二次方等等并没有什么高出于数的地方。这是纯粹思维把握的初步阶段;思维规定本身在毕达哥拉斯之后才被发现,才**自为地**被意识到。但是,离开这些思维规定,再倒退回数的规定去,本来是一种自觉无力的思维,它和当今惯于思维规定的哲学教养相对立,想把那些缺点奉为某种新奇的、高尚的东西、奉为一种进步,这只是自添笑话而已。

※ 只要方幂一词仅仅被用作**符号**,那便是无可反对的,就如同对于数或别种概念符号无可反对那样;但是,符号,也是有可反对

※ 参看第122页。

的,正如要以符号来表达纯概念或哲学的规定的一切符号论是可以反对的一样。哲学既无需求助于感性世界,亦无需求助于想像力,更无需求助于哲学的特殊部门,这些特殊部门是从属于哲学的,因此,其规定是不适合于高级领域和整体的。当有限的范畴一般应用于无限的事物时,这种不适合的情况便发生了;* 力、实体性、原因和结果等流行的规定,用束表示例如生命的或精神的关系,也同样只是一些符号,也就是说,对于这些关系来说,乃是一些不真的规定,定量的方幂和可计数的方幂,对于这些关系和一般思辨的关系来说,就更是如此了。如果数、方幂、数学的无限之类,并不应该用来作符号,而是应该用来作哲学规定的形式,因而它们本身便是哲学的形式;那么,** 它们的哲学意义,即它们的概念规定性,就必须首先加以证明。如果这一步做到了,那么它们本身也便是多余的标记;概念规定性表示自己,它的表示是唯一正确的,适合的。因此,那些形式的使用,除了作为一种方便的工具,以省掉对概念规定的把握、揭示和论证之外,就再不是任何别的东西了。

---

* 参看第 123 页。
** 参看第 122—123 页。

第三部分 尺 度

抽象地说,在尺度中质与量是统一的。有本身是规定性的直接与自身相等同。规定性的这种直接性已经扬弃自身。量是已经回复到自身的有,以致它是单纯与自身等同,对规定性漠不相关。但这种漠不相关只是外在性,自身没有规定性,而在他物中有规定性。第三者现在是自身关系的外在性;作为对自身的关系,它同时是**被扬弃了**的外在性,在自己那里具有与自己的区别。这种区别,作为外在性是**量**的环节;作为回复到了自身,则是**质的**环节。

由于在先验唯心论的范畴中,在"量"与"质"之后插入"关系",然后举出"**样式**",所以,这里也可以提一下"样式"。这种范畴在那里的意义是**对象**对**思维**的关系。按这种唯心论的理解,思维在本质上是在于自在之物以外的。假如别的范畴只有先验的规定,它们都属于意识,但是作为**意识的客观的东西**,那么,样式,作为对主体关系,便相对地包含着自身**反思的规定**;这就是说,在样式范畴中缺少属于别的范畴的那种客观性;用康德的话说,样式范畴对作为客体规定的概念,丝毫不增加什么,而是仅仅表示对认识能力的关系(《纯粹理性批判》,第二版,第 99 页,266 页[①])。康德综括在样式中的可能性、现实性和必然性范畴,以后将在有关地方加以论

---

① 蓝公武中译本,第 84 页,193 页。——译者
* 参看第 124 页。

述；①极为重要三分式②，在康德那里，只是形式上闪耀了一下，他没有把它应用到他的范畴的类（量、质等等）上，就连三分法这个名称也只被应用到范畴的种③上。因此，他不可能为质与量找到第三者。

在斯宾诺莎看来"**样式**"同样是实体与属性之后的第三者；他把它解释为实体的"分殊"，或在他物内，通过他物而被理解的东西。按这个概念说，这第三者只是外在性本身，如我们在别处论述过的，在斯宾诺莎那里，僵硬的实体性一般缺乏向自身的回复。④

这里所作的考察，可更普遍地推广到泛神论的体系上，从这些体系，思想曾得到某种修养。有、一、实体、无限、本质是第一义的东西；与这种抽象物相反，一切规定性是第一二义的东西，它们同样可以被抽象地综括为仅仅是有限的、偶然的、生灭无常的、在本质以外的和非本质的东西等等，就像在完全形式的思维中常见而首先见到的那样。但是，第二义的东西与第一义的东西的联系是这样的明显，以致两者不得不同时被认为是一个统一；就像在斯宾诺莎那里，属性就是整个实体，不过是由知性来把握的，而知性本身也就是一种限制或样式；但是，只有由他物才能把握的样式、即一般非实体的东西，却因而构成了实体的另一极端，即一般的第三者。抽象地看来，**印度的**的泛神论在它全部的怪异幻想中，也获得

---

① 见本书第二编"本质论"第三部分，第二章。——译者

② 三分式，指康德范畴表，每一类部分为二项，第三项为对立的一二两项的结合。——译者

③ 以上是说康德只把三分法应用于范畴的类下的种，如量之下的一、多、全，"不用于范畴的类如质、量等，所以也没有质、量的过渡。——译者

④ 见前第一编第二章"实有"关于"质"的注释。——译者

了这种修养;这种修养通过自己的无尺度的东西,作为一条有尺度的线索,把自身引到一致之感,*于是梵、这个抽象思维的一,便通过昆湿奴(Vishnu)的形象,特别是讫里斯那(Krishna)的形式,进展到第三者,即大自在天(Siva)。这第三者的规定,是样式、变化、发生与消灭等一般外在性的范围。如果把印度的三位一体与基督教的三位一体加以比较,那么,固然要认识到在印度的三位一体那里有一个概念规定的共同原素,但重要的是要去把握那关于区别的较确定的意识;这种区别不仅仅是无限的,而且是真正的无限构成了区别自身。印度的第二原则,根据其规定,是实体的统一体分裂为它的对立面,而**不是到自身的回复**;不如说这第三原则是无精神的东西,不是精神。在真正的二位一体① 中,不仅有统一,而且有一致,即结束导致了**富有内容的和现实的统一**,这个统一,在它的全部具体规定中,就是**精神**。那种样式和变化的原则当然并不一般地排除统一;正如斯宾诺莎的看法,样式本身是不真的东西,而只有实体是真的东西,万物都归结于它,这就是把一切内容都沉没在虚空中,沉没在仅仅是形式的、无内容的统一中;同样,大自在天重新是大全,与梵没有区别,就是梵本身;这就是说,区别和规定性又消失了,既没有被保持,又没有被扬弃;统一没有回复到具体的统一,分裂没有回复到和解。对于处在生灭领域、处在一般样式领域中的人来说,最高的目的就是沉没住无意识的状态中,与梵统一,即毁灭;这和佛教徒的寂灭、涅盘是一样的。

如果一方面说样式一般是抽象的外在性,对质和量的规定漠

---

① 真正的三位一体,指基督教的三位一体。——译者
* 参看第 124 页。

不相关,并且在本质上不应该取决于外在的、非本质的东西,而在另一方面又经常承认一切都取决于方式和样式,从而声言样式在本质上是属于事物的实质的东西,那末,在这种很不确定的关系里至少包含这样一点,即这种外在的东西并不是十分抽象的外在的东西。

在这里,样式有确定的意义,即是**尺度**。斯宾诺莎的样式,像印度人的变化原则一样,是无尺度的东西。希腊人关于**万物皆有尺度**的意识,虽然还不明确,但此起实体及其与样式的区别所包含的意识来,却是一个高得多的概念的开端,所以连巴门尼德也在抽象的有之后,引进了必然性,作为**对万物所立的老界限**。

较多发展的和较多反思的尺度,就是必然性;命运,纳米西斯①,一般都自限于尺度的规定性,这就是说,凡是**过渡**的东西,把自身弄得过高、过大的东西,就会归结到另一极端,即降低到乌有,从而树立尺度的中项、适中的尺度。——"绝对、上帝是万物的尺度",比起"绝对、上帝是**有**"的定义来,并不更是泛神论的,而是无限更真的。——尺度固然是外在的方式,是较多或较少,但是,它也同时是自身反思的,它不仅仅是漠不相关的外在的规定性,而且是自在之有的规定性。* 所以,尺度是**有之具体真理**;因此许多民族把尺度当作某种神圣不可侵犯的事物来尊敬。

在尺度中,即在被规定之有与自身同一的直接性中,已经包含**本质**的观念,所以那种直接性由于这种自身同一而降为一个有中介的东西,正如这种同一也只是由于这种外在性才以自身为中介

---

① 纳米西斯(Nemesis),希腊司天谴的女神。——译者
* 参看第124页。

那样，但这是一个**自身**中介——即反思；反思的规定**有**，但在这种**有**中，这些规定绝对只作为它们的否定的统一的环节。在尺度中，质的东西是有量的；规定性或区别是漠不相关的，因此，这是一个不是区别的区别，它已被扬弃了；有量性作为到自身的回复（在这种回复中，有量性是作为质的东西的），构成了自在自为之有，即**本质**。但是，尺度最初只是自在的或概念中的本质，尺度这种**概念**还未建立起来。就尺度还是这样的情况而言，它本身是质与量的**有的统一体**；它的诸环节是作为一个实有，是一种质和这种质的各种定量，这些环节只在最初才是自在地不可分的，还没有这种反思规定的意义。尺度的发展包含着这些环节的区分，但同时也包含着它们的**关系**，所以它们**自在地**是同一，这种同一性将成为、即将**被建立为**它们的相互关系。这种发展的意义就是尺度的实在化；在这种实在化中，尺度建立自己为对自己的比率，因而同时建立自己为一个环节。尺度由于这种中介，便被规定为被扬弃了的东西；它的直接性和它的环节的直接性消失了，它们是被反思的东西；*于是这个按照它的概念而显现出来的尺度，就过渡为**本质**。

尺度首先是质与量的**直接统一**，于是，

第一，尺度是这样**一个定量**，即它具有质的意义，并且**作为尺度**。这种定量的进一步规定就是：在定量那里，即在这个自在地被规定的东西那里，出现了它的环节的区别，即质与量的被规定之有的区别。这些环节进一步规定各自为尺度的整体，在这种情况下，整体就是**独立的东西**；而这些环节既然在本质上彼此相关，所以尺

---

* 参看第124页。

度就变成

第二,作为**独立尺度**的特殊定量(此量)之间的**比率**。但同时这些特殊定量的独立性根本依赖于量的比率和大小上的区别,所以它们的独立性变成一种交互过渡。因而尺度消逝在无尺度之中。但尺度的这种彼岸,只在尺度自身中,才是尺度的否定性,因此,尺度就被建立为

第三,尺度规定的**无差别性**;并且,尺度是以在这种无差别性中所包含的否定而作为实在的,被建立为诸尺度的反比率,这些尺度作为独立的质,根本依赖于它们的量和它们彼此的否定关系;因而证明它们仅仅是它们真正独立的统一体的环节,这个统一体是环节的自身反思及其建立,是**本质**。

在以后探讨的尺度的发展,是最困难的事物之一。由于发展从直接的、外在的尺度开始,所以发展一方面应该前进到量的抽象的进一步规定(一门**自然数学**),另一方面,至少应该一般地指出这个尺度的规定与自然事物的**质**的联系;因为确切证明具体对象的概念所产生的质与量的**联系**,是属于具体事物的专门科学的,在《哲学全书》第三版第267节和270节中,关于万有引力定律和自由天体运动定律的注释,可以看到这类例证。在这里,可以一般地注意一下尺度在各种不同形式中实在化了,这些形式也属于**自然实在的不同领域**。已发展的尺度的完全抽象的无差别性,即尺度的**规律的无差别性**,只能在**机械性**的领域中发生,因为在这个领域中具体的物体只是抽象的物质本身;它的质的区别主要是以量为其规定性;**时间**和**空间**是纯粹的外在性本身;**物质**、质量的**数量**,重力的强度,也同样是外在的规定,它们也在量那里具有它们的特殊规

定性？与此相反，在**物理**的领域中，这样的抽象物质的大小规定性已经被质的繁多、从而被质的冲突打乱了；而在**有机**领域中，甚至被打乱得更厉害。但在有机界中，不仅出现了质本身的冲突，而且尺度也将从属于更高级的比率，而尺度的**内在的发展**倒是要归结到直接的尺度的单纯形式。动物有机体的肢体都有一种尺度，这种尺度作为单纯的定量，与其他肢体的其他定量成比率；人体的比例是这样的定量的固定比率；自然科学对这些大小及其所依赖的有机功能之间的联系，必须作更多的了解。但假如说内在的尺度下降到仅仅是外在规定的大小，那么，**运动**就是其头一个例证。天体运动是只被概念规定的自由运动，因此运动的大小也同样只依赖于那个概念（见上引《哲学全书》章节）；但它从有机体的运动降低到**任意的**或机械地有规则的运动，这就是说，降低到一般抽象的、形式的运动了。

在精神王国中，一种特殊的自由的尺度的发展，还更少出现。人们当然看得很清楚，例如雅典的共和宪法，或是像掺杂着民主的贵族宪法，只有在一定大小的国度中才能有地位；[*] 在发达的市民社会中，从属于各种不同行业的人群，彼此处于一定的比率中；但是这既没有产生尺度的规律，也没有产生尺度的特殊形式。假如说在精神本身中，出现了人格的强度、想像、感觉和观念的强度等等区别，但规定并未超出强或弱这样不确定的东西。树立关于感觉、想像等等强弱比率的所谓规律，结局将会是多么贫乏，多么完全空虚，这只要考察一下努力从事于这类东西的心理学，就会明白。

---

[*] 参看第125页。

第一章 特殊的量

首先有质的量是一种直接的,**特殊的定量**(比量)。

其次,这种特殊的定量,与别的定量相比,成为一种量的特殊化,是漠不相关的定量的扬弃。于是这个尺度是一个准尺(Regel),并包含了**两个有区别的**尺度的**环节**,即自在之有的量的规定性和外在的定量。但在这种区别中,这两个方面变成质,准尺变成质的比率;因此尺度表明自己为

第三,**质的比率**,这些质首先具有**一个**尺度;但后来这一个尺度又把自己特殊化为尺度的一种内在的区别。

甲、特殊定量(比量)

1. 尺度是定量的单纯自身关系,是定量特有的自在的规定性;所以,定量是有质的,首先,作为直接的尺度,定量是一种直接的定量,因而是某种规定了的定量;同样,属于定量的质,也是直接的,是某种被规定了的质。定量不再是漠不相关的界限,而是自身相关的外在性,这样的定量本身就是质,而与质又有区别,它之超不出质,正如质超不出它。所以定量是回复到与自身相等的单纯规定性;定量与规定的实有合而为一,正如规定的实有与它的定量合而为一那样。

如果人们愿意把已获得的规定造成一个命题,那么,人们可以

说:"**一切实有的东西都有一个尺度。**"一切实有都有一个大小,这个大小属于某物自身的本性;这种大小构成某物被规定的本性和内在之有。某物对这个大小并不是漠不相关的,并不是这种大小改变了,某物仍然是某物,而是大小的变化会改变某物的质。定量作为尺度,已不再是非界限的界限;它现在是事物的规定,以致这个定量的增减会毁灭事物的规定。

一个尺度作为通常所谓标准,是一个定量,这个定量对于外在的数目而言,是**任意采取的自在地规定的单位**。这样一个单位事实上也诚然能够是自在地规定的单位,如足①和类似的原始的尺度;但由于这样的单位同时也被用作别的事物的标准,所以它对那些事物说来,便只是外在的尺度,而不是它们原有的尺度。所以地球的直径或钟摆的长度可以当作是自为的特殊定量(比量)。但是,人们想把地球直径或钟摆长度的多少分之一,以及在哪个纬度上的钟摆长度的多少分之一,用作标准,则是任意的。对别的事物来说,这样一个标准更是某种外在的东西。这些事物已经以特殊的方式,把一般的特殊的定量(此量),再加以特殊化,因而使自身成为特殊的事物。所以,说有一种天然的事物标准是愚蠢的。况且,一般标准仅供**外在**比较之用;从一般标准被认为是**一般尺度**这种最肤浅的意义上说,什么被用作标准乃是完全无所谓的事情。对于基本尺度的意义,不应该这样了解,即:特殊事物的天然尺度,借这种基本尺度而表现,并从而根据一种准则被认为是一个一般尺度的特殊化,即各特殊事物的一般物体的尺度的特殊化。但是,

---

① 英德的尺的名称均由"足"来,故同是一字;法国的旧尺亦然。——译者

第一章 特殊的量

一个绝对的标准,假如不具有上述这种意义,那便只有一个**共同的东西**那样的意味和兴趣了,而这样的共同的东西并非**自在地**是普遍的,而是由于约定俗成,成为普遍的。

直接的尺度是一个单纯的大小规定,例如有机物的大小,它们的肢体的大小等等。但是每种存在物之所以成为存在物,或一般地说,它之所以具有实有,就由于有一个大小。这个存在物,就定量而言,是漠不相关的大小,是可以接受外在的规定的,是可以反复增减的。但是,作为尺度,它又与它自身作为定量不同,即与漠不相关的规定不同,并且对于那种在某个界限内漠不相关的反复增减的东西,是一个限制。

因为在实有中量的规定性是双重的,一方面是它与质相连,另一方面是它可以反复增减,而于质无损;所以,若某物具有尺度,当其定量改变时,某物便趋于消失。就定量能够变化,而质与尺度不变而言,这种消灭一方面似乎是**出人意料的**,但另一方面又是完全可以理解的,因为这种消灭是由于**渐变**。* 用渐变范畴来想像或**说明**一种质或某物的消失,是很方便的,这是由于人们好像对于这种消失几乎能用眼睛看到;因为**定量**既被建立为**外在的**,就其本性说是可变化的界限,那么这种**变化**之仅仅作为定量的变化,就极易了解了。但事实上任何东西都没有由此得到说明;变化本质上同时就是从一种质到另一种质的过渡,或者说从一个实有到一个非实有的较抽象的过渡。这里包含着一种与在渐变中不同的规定;渐变只是增多或减少,是对大小作片面的坚持。

---

* 参看第125页。

2.* 但是,从一种似乎仅仅是量的变化也会转化为一种质的变化,古代人已经注意到这种联系,并且用通俗的例子,说明由于对这种联系的无知所产生的混乱,叫做秃头和谷堆的著名悖论,就属于这种情况。据亚里士多德的解释,这些办法是用来强迫人们说出与他先所主张的相反的话。人们问道:从头上或从马尾巴上拔掉一根毛发,是否会造成秃子?如果拿走一粒谷,一堆谷是否会停止其为一堆谷?既然这样的拔掉仅仅造成一种完全不重要的量的区别,人们便可以毫不踌躇地同意这样做;于是,再拔掉一根毛发,再拿走一粒谷,并且这样重复下去,结果,每一次都根据大家的同意,只拿走一根或一粒,最后出现了质的变化,头和尾巴变得光秃秃的,谷堆消失了。在同意时,人们不仅仅忘记了重复性,而且忘记了自身不重要的量(像财产中一笔本身不重要的支出那样),**积聚起来**,其总和就构成质的整体,以致这整体最后消失了,头光了,钱袋空了。

由此而来的困惑、矛盾,并不是通常所谓的诡辩。这样的矛盾并不好像是故弄玄虚。上述假设的对方所犯的错误,即常识所犯的错误,在于假定一个量仅仅是漠不相关的界限,即正是用量的规定意义来看待量。这种假定被量所导致的真理推翻了,量是尺度的一个环节,并与质相联系。*被驳倒的东西,是对抽象的定量规定性作片面的坚持。——因此,**那些曲折之谈并不是空洞的和咬文嚼字的游戏,而是本身正确的,是对思维中出现的现象感到兴趣

---

* 参看第 125 页。
** 参看第 126 页。

的那种意识的产物。

*由于定量被认为是一种漠不相关的界限,定量便成了这样一个方面,即实有从这个方面受到攻击,并且趋于消失。从质好像不起作用的这一方面来把握实有,这乃是概念的狡狯;——以至于一个国家、一笔财富等等的增大,虽导致该国家和财主于不幸,而初看起来却好像是幸运。

3. 尺度在其直接性中是一个规定了的、与质相联的大小的一种普通的质。一方面,定量是一个漠不相关的、可以不改变质而自身或增或减的界限,另一方面,定量是有质的、特殊的,于是这两方面也就有所区别。两方面都是同一个尺度的大小规定;但既然尺度首先是出现在直接性里的,那么进一步说,这种区别也应该认为是一种直接的区别,而因此两方面也各有一个存在。尺度的存在,是**自在地**规定的大小,现在既与外在的可改变的方面的存在发生关系,就成了对规定大小的漠不相关的一种扬弃,就成了对尺度的一种**特殊化**。

乙、特殊化的尺度

特殊化的尺度

首先是一个准尺,一个外在于单纯定量的尺度;

第二,是特殊的量,它规定外在的定量;

第三,**双方**作为特殊的量规定性的两个**质**而彼此相比,合为一

---

* 参看第126页。

个尺度。

1. 准尺

准尺或已经说过的标准，首先是作为一个自在地规定的大小；它对一个定量说来，是单位，这个定量是一个特殊的存在，存在于与准尺所是的某物不同的另一某物上，而为准尺所**测量**，即被规定为那个单位的数目。这种**比较**是一种**外在的**活动，那个单位本身是一个任意的大小，这个大小同样也能被建立为数目(尺就是寸的一个数目)。但尺度不仅仅是外在的准尺，而且作为特殊的尺度，它必定在其自身就与一个他物即一个定量相比，它才是特定的。

2. 特殊化的尺度

尺度是**外在的**，即漠不相关的**大小**的特殊规定；这种大小现在是在尺度的某物中，被另一个一般存在建立起来的；尺度本身虽然是定量，不过由于与定量有区别，它是质的东西，对仅仅是漠不相关的、外在的定量进行规定。这个某物本身中具有为他之有这个方面，漠不相关的增减变化就属于这个方面。这种内在的进行测量的东西是某物的质，与另一某物中的这种同样的质相对立；但是这种质在另一某物中就相对于前一某物之被规定为测量者的质而言，其定量是相对地无尺度的。

就某物是一个尺度自身而言，其质的大小变化在它那里便是外在的；某物并不由此而成了算术的数量。但是，某物的尺度在对待这种数量时，却是以一种内涵的东西自居而又以一种特殊的方式吸取数量的；尺度改变了外在地建立起来的变化，把这种定量造成另一种定量,并通过这种特殊化,在这种外在性中表现自身是自为之有。这种**被特殊吸取的**数量自身是一个定量,这个定量也依赖于别的数量,后者对它来说,仍只是**外在的数量**。因此,特殊化了的数量也是可变的,不过它因此并不是一个定量本身,乃是一个外在定量,以一种继续不断的方式特殊化了。所以,尺度以一个**比率**为其实有,而一个尺度的特殊之处,一般说来,就是这个比率的**指数**。

从上面这些规定里可以看到,**内涵**定量与**外延**定量,乃是**同一个**定量,在一方面以内涵的形式出现,在另一方面则以外延的形式出现。在这种区别中,奠定基础的定量并不遭受任何变化,区别只是一种外在的形式。反之,在特殊化的尺度中,定量一方面是在它的直接的大小中,但另一方面则由于比率指数而被认为是在别的数目中。

构成特殊之点的指数,首先可能像是一个固定的定量,作为外在之项与质方面被规定之项的比率的商。但这样一来,指数便不过是一个外在定量;指数在这里只意谓着那个使定量本身特殊化的质的环节本身。定量真正内在的质的东西,像我们早先看到的,只是**方幂的规定**。这样一个方幂的规定,必定是那种构成比率的规定,并在此作为自在之有的规定而与作为外在状态的定量相对立。这个定量是以可计数的一为根本,这个可计数的一构成定量的自在地被规定之有,而可计数的一的关系是外在的;这样仅由直接定量自身的本性所规定的变化,就在于这样一个可计数的一的相加,加一个又加一个,如此等等。如果这样一来,外在的定量就以算术级数而改变自身,那末,尺度的质的本性所作的特殊化反应,便产生另外一个系列,这个系列与前一算术级数联系着,随它而增减,但这增减并不是以一个由数的指数所规定的比率来进行的,而是以一个依据方幂规定的、与一个数不可通约的比率来进行的。

注 释

引一个例子来说,**温度**便是一个**质**,在这个质中,定量作为外在的与特殊化了的这两个方面,是有区别的。作为定量,温度是外在的温度,甚至于是作为一般媒介物的一个物体的温度,关于这个温度,它的变化是被假定为按算术级数的阶梯进展的,并且是均匀地增多或减少的;与此相反,温度将为各种不同的现存于温度中的个别物体以各种不同的方式来吸收,因为这些个别物体由它们的内在尺度而规定从外边所接受的温度,这些个别物体的温度变化,与媒介物的温度变化或与它们之间的温度变化相适应,并不是成正比例的。以同一温度来比较不同的物体,便会给出它们的特殊的温度(比热)及热容的比率数值。但是,物体的热容随不同的温度而变,从而连系着一个特殊形态变化的出现。于是,一个特别的特殊化表现于这些温度的增减之中。温度被设想为外在的,它与一个特定物体的温度(特定物体的温度同时也是依赖于前一种温度)的比率,并没有一个固定的比率指数;这种热的增减并不随着外在的热的增减而继续均匀地进行。在这里的温度被假定为完全外在的,它的变化也仅仅是外在的,或纯粹是量的。然而,它本身却是空气的温度,或某种别的特殊温度。因此,更详密地看来,比率到底不可看做是一种单纯的量的定量对一种质化了的定量之间的比率,而是两种特殊定量(比量)的比率。尺度的环节不仅是由同一个质的两方面(即一个量的方面和一个质化的定量的方面)构成,而且是由两个自身就是尺度的质的比率构成,特殊化的比率就将直接以这种方式进一步规定自己。

3. 作为质的两方面之间的比率

1. 定量的质的自在规定方面,仅仅是作为对外在的量的关系;定量的这一方面,作为定量的特殊化,是它的外在性的扬弃,定量之所以为定量就是由于这种外在性。于是定量的这一方面以定量为其前提,并且从定量开始。不过,定量与质本身仍有质的区别;两者的这种区别,必须在一般有的**直接性**中建立起来,而在这种直接性中也还有尺度,因此,这两方面在质上彼此相对,每一方都自为地是这样一个实有,并且是一个仅仅作为形式的、自身不确定的定量,是一个某物及其质的定量,同样又是这些质的特殊大小,因为它们的彼此关系现在已被规定为一般的尺度。这些质就尺度规定(这种规定是它们的指数)来说,是彼此有比率的;不过在尺度的**自为之有**中,它们已经自在地彼此相关:定量在它的双重性中,既是外在定量,又是特殊定量(比量),所以每一个不同的量本身都有这种双重的规定,同时绝对与其他的量相交叉;唯有在这个意义上,质才是被规定的。因此,它们不仅被建立为彼此依存的一般实有,而且不可分离;联结在它们那里的大小规定,是一个质的**统一**,是一个尺度规定,在这种规定中,按其概念说,它们是自在地联结在一起的。因此,尺度是**两个质的内在的量**彼此相比。

2. **变量**这样重要的规定在尺度中出现了,因为尺度已是被扬弃了的定量,即是说,尺度已经不再是它作为定量时的那个东西,而是既为定量,同时又是某种他物;这个他物就是质的东西,并且如同曾经规定过的那样,只不过是尺度的方幂比率。在直接的尺度中,这种变化还没有建立起来;在那里,只有任何一个定量(而且诚然是一个个别定量)与一个质相联结。在尺度的特殊化中,在以前的规定中,像在单纯外在定量由于质的东西而有的变化中那样,两种大小规定性的区别被建立起来,因而在一个共同外在定量那里,尺度的多数也一般被建立起来;定量只有在与自身这样的区别中,才表现自己为实有的尺度,因为它表现为同一实有(例如媒介物之同一温度),同时又表现为不同的实有而且是量的实有(即媒介物中所含的各个物体的不同温度)。定量在不同的质、即不同物体中的这种区别性,给予尺度另外一种形式,在这种形式中,作为有质的规定的定量的两方面,彼此相比,就是那个可以叫做实**在化了的尺度**的东西。

作为一般大小的大小是可变的,因为它的规定性作为是一个界限,同时又不是一个界限;就此而言,变化只涉及到一个特殊的定量,该定量将由另一定量来代替;但是,真正的变化是定量本身的变化,这就导致高等数学中如此理解的,有趣的变量规定,在这里既无须停留在一般**可变**性的纯形式上,亦无须在概念的单纯规定之外,另导出任何别的规定来,而按这种概念的单纯规定来说,**定量的他物不过是质的东西**。因此,实在的变量的真正规定就在于它是在质上被规定了的大小,这里像充分证明过的那样,它就是由方幂比率所规定的大小;在这种变量中**建立起来的**东西,是:定量并不被当作定量本身,而是按照与它不同的规定,即质的规定而被当作定量的。

第一章 特殊的量

这种状况的两个方面,按它们的作为质的抽象方面说,都具有某种特殊的意义,如空间与时间。它们在尺度的比率中,一般首先被当作是大小规定性,它们之中的一个方面是一种按照外在的级数即算术级数而增减的数目,另一方面是以前一数目为其单位而被特殊规定了的一种数目。如果就每一个数目只是一个特殊的质而言,那么,两者之间就没有什么区别可据以从它们的大小规定上认定哪一个是单纯外在的量的数目,哪一个是在量的特殊化中变化着的数目。例如,假使它们是方根与平方的关系,那么,在哪一个数目那里,增减被看成仅仅是外在的,按算术级数进行的,哪一个数目却相反地被看作在这种定量中特殊地规定自身,这倒是无所谓的。

但是,诸质间的相互差异也并非不确定,因为作为尺度的环节,它们包含尺度的质化。质本身的一个首要规定性,就一个质而言是**外延**,或者说是在它本身那里的外在性,就另一个质而言,是**内涵**,是内在之有的东西,或说是对外在性的否定物。这样,就量的环节而论,数目便属于外延,单位便属于内涵;在简单的正比率中,外延被当作被除数,内涵被当作除数,在特殊化的比率中,前者被当作幂,或说将变为他物,后者被当作根。由于这里还在计数,即还在对外在的定量反思(这个定量便是完全偶然的、经验上所谓的大小规定性),从而变化也始终被认为是按照外在算术级数进行的,所以这个定量就落到单位或内涵的质那一方面去了;至于外在的、外延的方面,则必须表现为在特定的序列中进行变化。但是,正比率(如一般速度$\frac{s}{t}$)在这里便归结为形式的、非现存的,而只属于抽象反思的规定了;如果在根与平方的比率中(如在 $s = at^2$ 中)

还必须把方根认为经验的定量,并且是按算术级数开展的,而另一端则必须认为是特殊化了的定量;那末,量的质化相应于概念的较高的实在化,乃是这样的实在化,即:两端在幂的较高规定(如 $s^3 = at^2$ 的情形)中相此。

注 释

这里关于一个实有的质的本性与其在尺度中的量的规定的联系所讨论到的,在已经提过的运动的例子中,有其应用:首先,在作为被通过的空间与消逝的时间的正比率这样的**速度**中,时间大小被当作是分母,空间大小被当作是分子。如果速度一般只是运动的时,空一个比率,那么,两个环节的哪一个应被当作数目或单位,就是无所谓的;但是,空间正如在比重中的重量那样,是外在的、实在的一般整体,因此就是数目;而时间却相反地,像体积那样,是观念的、否定的,是单位那个方面。但从本质上说,属于这个应用范围的,下面的比率更重要,即**自由运动**的比率;首先,在还是有条件的**落体运动**中,时间量与空间量(前者是根,后者是平方)是互相规定的,再或者说,在天体的绝对自由运动中,运行周期和距离(前者此后者低一次幂,前者作为平方,后者作为立方)也是互相规定的。这类的基本比率,都依赖于比率中时空的性质,依赖于它们所处的关系的种类,究竟是机械运动(这就是说,不自由的运动,不是由其环节的概念所规定的运动)呢,还是落体运动,即有条件的自由运动呢,还是绝对自由的天体运动。这些运动的种类及其规律都依赖于它们的环节,时间和空间的概念的发展;因为这些质本身证明了它们自在地(即在概念中是**不可分的**,而它们的量的比率,乃是尺度的自为之有)只是一个尺度规定。

关于绝对的尺度比率,可以提醒一下,**自然数学**,如果它想要值得称为科学的话,那么,它在本质上就必定是一门关于尺度的科学;这门科学虽然在经验方面已有许多贡献,但在真正科学、即哲学方面,还作得很少。自然哲学之数学原理(像牛顿称其著作那样),如果要在哲学与科学的意义上,此牛顿和整个培根的同时代人更深刻地满足这种规定,那么这些数学原理就必定会包含着完全不同的东西,以便为这些尚属黝暗、但最值得沉思的领域带来光明。* 知道自然的经验数字,如星球彼此间的距离,是一个巨大的功绩;但是,使经验的定量消失,并把它们提高到量的规定**的普遍形式**,以至成为一个**规律**或说一个尺度的环节,则更是不朽的功绩;这正是伽利略关于落体,克卜勒关于天体运动所获得的。他们对他们所发现的规律,是这样证明的,即指出规律的全部细节与观察符合。但是,还需对这些规律有更高的证明,而这无非是从相关的质或确定的概念(如时间与空间)去认识它们的量的规定。无论在自然哲学的数学原理中,或这一类的其他著作中,都一点找不出这种证明的踪影。在以前谈到基于滥用无限小而对自然比率所作的虚假的数学证明时,我们就已提到:用一专门数学的方法,即既非用经验亦非用概念为出发点,来进行这样的证明的试图,是一种荒谬的作法。这些证明已从经验预先假定了它们的定理,即上边那些规律;他们所完成的,就是把这些定理纳入抽象的说法和方便的公式。毫无疑问,牛顿比克卜勒固然在一些相同对象上成就较

---

* 参看第 126 页。

多,而牛顿的全部真实的功绩,如果撇开他那些证明上的虚构,一旦通过比较纯净了的反思而认清什么是数学所能做的与什么是数学所已经做的,那么牛顿的功绩就将仅限于他在表达方式上[①]和他在从事所使用的那种分析处理法上所作的改变了。

丙、在尺度中的自为之有

1. 在刚才讨论过的特殊化了的尺度形式中,双方的量的东西,在质上是规定了的(两者在幂的比率中);因此,它们是质的尺度规定性的诸环节。但是,诸质在那里最初还仅仅被建立为直接的;仅仅是**各殊的**,它们本身并不在那个比率之中,而它们的大小规定性却在那个比率之中,这就是说,它们在那样的比率**之外**,便既无意义,又无实有,而那样的东西就是包含在大小的方幂的规定性之中的。因此,质的东西掩盖着自己,好像不在特殊化自己,而在特殊化大小规定性似的;它只是在这种大小规定性中才**被建立成**自为而**直接**的质本身,这种质除了大小被当作与它不同这一点而外,除了它对它的他物的关系而外,还有一个自为的、长在的实有。因此,时间和空间,除了它们的大小规定性在落体运动中或绝对自由运动中所包含的那种特殊化而外,还被当作一般空间、一般时间,即当作在时间之外和没有延续的时间而自为地长在的空间,和不依赖于空间而自为地流逝的时间。

质的事物,对它的特殊的尺度关系而言,是有其直接性的,但

[①] 参阅《哲学全书》,第270节注释,关于克卜勒$\frac{s^3}{t^2}$到$\frac{s^2 \cdot s}{t^2}$(牛顿)的转换,$\frac{s}{t^2}$部分叫做重力。——黑格尔原注

是这种直接性却与量的直接性和质中一个**量的事物**对它的这种此率①之漠不相关，都同样是联系着的；直接的质也有一个同样只是**直接的定量**。因此特殊的尺度也有一个首先是外在变化方面；这种变化的进展仅仅是算术的，并不被尺度扰乱，而外在的、从而也就只是经验的大小规定性便归入这变化方面之内。当质与定量在特殊的尺度之外出现时，它们也同样与这个尺度有关系；直接性是作为本身属于尺度这样的事物的一个环节。因此，直接的诸质也属于尺度，它们也有关系，并且依大小规定性而处在一种比率之中，这种比率在特殊化的比率，即幂的规定之外，自身只是正比率与直接的尺度。这个结论及其关联须更详细地加以说明。

2. 直接规定的定量本身，当它作为尺度的环节而又自在地以一个概念的关联为基础时，在它与特殊的尺度的关系中，便是一个外在的已给予的定量。但是，以此而建立起来的直接性，是质的尺度规定的否定；这种直接性，在上面曾显示在这种尺度规定的两个方面，因而这两方面曾各表现为独立的质。这样的否定与向直接的量规定性的回复，便包含于在质方面被规定了的比率之中，因为一般有区别的东西的比率包含着它们作为一个规定性的关系。这个规定性因而在此处是在量的事物中，与比率的规定有区别，是一个定量。作为有区别的和在质上被规定了的方面的否定，这个指数是一个自为之有，是绝对被规定了的；但是，指数这样的自为之有只是**自在的**；作为实有，它是一个单纯的，直接的定量，或者说是尺度的双方面的一个比率的商或指数；这个比率被当做是一个正

---

① 比率，指尺度关系。——译者

比率，但一般说来，它是以尺度的量的事物在经验上出现的单位。——在落体中，通过的空间与消逝的时间的平方成正比（$s=at^2$）；这是特定的时空比率，时空的一个幂的比率；另一个比率或正比，也属于时空这种作为彼此不相关的质；它应该是空间对**最初**时间瞬刻的比率；在以后全部的时间点中，同一系数 a 都仍然是作为对数目的**单位**，这个单位，对于那另外由特殊化的尺度所规定的数目而言，乃是一个通常的定量。同时，这个单位又算是那个正比率的指数，那个比率属于想像的、简单的速度，即形式的速度，而不属于概念特殊规定了的速度。在这里，这样的速度并不存在，与上边提到的在一个时间的终点的那个物体所获得的速度，同样无稽。前一速度归因于落体的**最初**时间瞬刻，但这个所谓时间瞬刻只是一个自身被假定的单位，并且作为这样的原子式的点，并不实有；运动的开端——被当作运动开端的那种微小性，并无关宏旨——立即是一个大小，并且是一个由落体定律特殊化了的大小。这个经验的定量归因于重力，以致这个重力本身与当前的特殊化（幂的规定性）无关，与尺度规定的特点无关。直接的瞬刻，——即在落体运动中，譬如下落 15 个被当作尺的空间单位的数目的那一个时间单位（即一秒，并且是所谓第一个一秒）——乃是一种直接的尺度，犹如人类四肢的尺度大小、星球的距离、直径等等。这样一个尺度规定并不属于质的尺度规定范围之内，即不属于这里的落体定律本身；但是对于这样的数依赖于什么，具体科学尚未给我们提供任何线索，因为它们只是一个尺度直接地、也就是在经验上出现的事物。在这里，我们只须要考虑这个概念规定性；这个概念规定性是说，那个经验系数构成尺度规定中的**自为之有**，但它只构成自为之有的环节,因为那个环节是**自在的**,因而是直接的。另一环节是这个自为之有的**发展了的**环节,是两方面的特殊的尺度规定性。在落体的比率中(这个运动诚然还有一半是有条件的,只有一半是自由的),重力按照这第二个环节必须被当作是一个自然力,所以它的比率是由时空的本性决定的,因而这个特殊化,即幂的比率,便归入重力之中,前一个简单的正比率只表示时空的力学的状态,即外在地发生和规定的形式的速度。

3. 至此,尺度已经规定自己是一个特殊化的大小比率,这个比率在它那里把通常的外在定量作为质,但这个定量并不是一个一般的定量,而根本是比率本身的规定环节;因此,它是指数,并且现在作为直接被规定的,是一个不变的指数,因而是那些已经提到过的质的正比率的指数,那些质彼此间的大小比率也同样由这一比率而特殊地规定了。在我们应用过的落体运动的尺度的例子中,这个比率好像已被预示出来,并且被认为是当前现在的了;不过,像我们看到的,这个比率在这种运动中还不存在。但是这个比率还构成进一步的规定,即:尺度现在以这种方式**实在化了**,它的双方面都是尺度,区分为一个直接的、外在的尺度和一个自身特殊化了的尺度,它们的统一就是尺度。作为这样的统一,尺度包含着比率,在这比率中,大小被质的本性所规定,并被建立为有差别的,因此,比率的规定性完全是内在的、独立的,并同时消融为直接定量的自为之有,即一个正比率的指数;在这里,比率的自身规定**被否定了**,因为它以它的这个他物为其最后的、自为之有的规定性;反过来说,直接的尺度自身应该是质的,而实际上它要在比率中才有质的规定性。这个否定的统一是**实在的**自为之有,是一个**某物**的范畴,这个某物是作为在尺度比率中的诸质的统一,是一个完全的**独立性**。这两者已经表明自己为两种不同的比率直接产生了一个双重的实有;或者更确切地说,这样一个独立的整体,即是一个一般的自为之有的东西,同时又分裂为**有区别的独立物**,它们的质的本性与持续存在(物质性),就在于它们的尺度规定性。

第二章 实在的尺度

尺度被规定为诸尺度的关系,这些尺度构成有区别的、独立的某物的质,用更熟习的话来说,构成**事物**的质。我们刚才考察过的尺度比率,属于抽象的质,如时间与空间;有待于考察的是比重以及化学特性等例子,它们都是**物质**存在的规定。空间与时间也就是这样的尺度的环节;这些环节现在既然隶属于进一步的规定,便不再是仅仅按它们的概念规定而彼此相比。例如,在音响中,一定数目的震动所产生的**时间**,就是在规定环节下震动物体的长度和密度的**空间**因素,但这些观念的环节的大小是用外在的方式规定的;它们彼此不再把自己表现为一个幂的比率,而是表现为通常的正比率;并且,和声把自己归结到完全外在的数的单纯性上,它的比率是最容易把握的,因而提供了一个完全属于感性的满足,因为精神并没有找到想像、幻想、思想以及类似的东西来充实它。由于构成尺度比率的两个方面既是尺度本身,同时又是实在的某物,所以这些方面的尺度首先是直接的尺度,而且作为在这些尺度中的比率,又是正比率。它是这些比率彼此间的比率,须在以后的规定中加以考察。

*尺度现在是实在的尺度,因此,尺度

首先是一个物体性的独立的尺度,与**别**的尺度相比,并且在相

---

* 参看第 127 页。

此中把那些别的尺度特殊化了，因而也把独立的物质性特殊化了。这种特殊化，一般作为对其他许多尺度的一种外在关系，乃是别的比率的产物，因而是别的尺度的产物；特殊的独立性并不在一个比率中仍然停留，而是过渡到**特殊的规定性**，即过渡到**尺度的系列**。由此产生的正比率，

第二，是自在地规定的和排他的[*]尺度（选择的亲和性）；但是因为它们彼此的区别也只是量的区别，所以现存着一种比率的进展，这种进展一部分是单纯的外在的量的进展，但也将被质的比率打断，形成**特殊独立物**的交错线。在这种进展中，就尺度而言，出现了

第三，一般的**无尺度性**，或更确定地说，出现了尺度的**无限性**；在这种无限性中，相互排除的独立物彼此都是一，而独立物则进入一种对自身的否定关系。

甲、独立的尺度比率

尺度，现在意谓着不再是单纯直接的，而且是独立的尺度；因为它们本身现在变成特殊化了的尺度比率；因此，在这种自为之有中，它们是某种物理的、特别是物质的东西。但是，作为这些尺度的一个比率的整体，自身

(1)首先是**直接的**；因此，被规定为这样的独立尺度的两个方面，分别在特殊的事物中持续存在，并建立起**外在的联合**。

---

[*] 参看第 127 页。

(2)不过，独立的物质性之所以为质的事物，只有通过它们所具有的作为尺度的量的规定，也就是由于自身与他物有量的关系，而被规定为与那些他物**不同**（所谓亲和性），被规定为这样的量的相比的**一个系列的项**。

(3)这种漠不相关的多方面的相比，同时把自己归结为**排他的自为之有**，即所谓**选择的亲和性**。

1. 两个尺度的联合

某物在自身中被规定为定量的一个尺度比率，而这些定量又具有质；某物就是这些质的关系。一种质是某物的**内在之有**，使某物成为自为之有物，一种物质的东西（譬如从内涵方面看，它是重量，或者从外延方面看，它是**数量**，但这是物质部分的数量）。但另一种质却是这内在之有的**外在性**（抽象的、观念的东西或空间）。这些质在量上被规定，它们的相互比率构成物质的某物的质的本性——重量对体积的比率，即特定的比重。体积这个观念的东西，须被当作单位，而内涵作为数目，在量的规定性中，在同体积的比较中，倒像是外延的大小，即自在之有的诸一的数量。——以上两种大小规定性，依照一个方幂比率，其纯质的相比便消失于这个比率之中了，因为直接性回到自为之有（物质之有）独立性中了。在这种独立性里，大小规定性被规定为一个定量本身，这样一个定量对另一方面的比率，也在一个正比率的通常指数中被规定了。

这个指数是某物的特殊定量（此量），但它又是直接的定量；而且，这个直接的定量（因而这样一个某物之特性）只有与这样的比率的其他指数**比较**，才能规定。指数构成某物的**特殊的自在**规定的有,即某物内在的、特有的尺度;但因为某物的这种尺度依赖于定量,因而尺度只是外在的,漠不相关的规定性;因此,不管内在的尺度规定如何,这样的某物是可变的。可以与可变的某物相比的他物,并非物质的数量,一个一般的定量(因为它的特殊的自在规定的有能经受住变化),而是一个这样的定量,即这定量同时又是这些特殊比率的一个指数。这是具有不同的内在尺度的两件事物,有了关系,起了化合,就像不同比重的两种金属那样;为了使这样的化合成为可能,还须要它们的本性有何种同质性(因为这里所谈的,举例说,不是一种金属同水的化合),这里无需考察。现在,一方面,两个尺度的每一个都在变化中保持了自己(变化应该通过定量的外在性达到尺度),因为它就是尺度;但是另一方面,这种自身保持又是对这个定量的一个否定的相比,是这个定量的特殊化;并且因为这个定量是尺度比率的指数,所以它是尺度本身的一个变化,是一个相互的特殊化。

按照单纯的量的规定来说,化合似乎就会是一种质的两个大小与另一种质的两个大小的单纯的总和,例如,在不同比重的两种物质化合时,两个体积的总和与两个重量的总和;所以,不仅仅混合物①的重量仍然等于那两种重量的总和,而且它所占据的空间,也等于那两个物质的空间的总和。但是,事实上只有重量才等于化合以前所具有的重量的总和;物质的重量(或者从量的规定性的观点,说它是物质诸部分的数量,也是一样),这方面是相加起来了,它作为自为之有的方面,已变成固定的实有,因而有了长住不

---

① 混合物,即化合物,黑格尔这里的用词不像现在精密。下文还有几处称混合,亦同指化合。——译者

变的定量。但在诸指数中,却有了变化,因为作为尺度比率,指数是量的规定性的表现,是自为之有的表现;既然定量本身由于所加的增添而经历了偶然的、外在的变化,这种自为之有也就同时表明自己对这种外在性是否定的。量的东西的这种内在规定,既然如前所说,不能出现在重量中,因而便将自己表现在另一种质那里,即比率的观念方面。对于感性的知觉来说,可以感到惊讶的是:在两个不同种的物质混合之后,相加起来的体积出现了变化,通常是减小了。空间本身构成彼此外在的物质的持续存在,但这持续存在与含有自为之有的否定性相反,是非自在之有的,是可变的东西;以这种方式,空间被建立为它真的是什么,即观念的东西。

但这样一来,不仅质的一个方面被建立为可变的,而且尺度本身以及基于尺度的某物的质的规定性,也表明在自己那里不是固定之物,而是在别的尺度比率中有其规定性,像一般定量那样。

2. 作为尺度比率系列的尺度

1. 如果某物与他物合一,而且这个他物也同样仅仅由于单纯的质而规定其所以为他物,那么,它们在这联合中便只会扬弃自己。但是,作为尺度比率自身的某物,是独立的,不过它又因此而可以与一个同样是独立的他物联合;由于某物在这种统一中被扬弃了,所以,它通过它的漠不相关的、量的持续存在来保持自己,并同时把自己当作一个新的尺度比率的特殊化的环节。某物的质在量中隐蔽起来了;因此,这个质对别的尺度亦是漠不相关的,并在这个其他的尺度和新形成的尺度中延续自己。新的尺度的指数本身只是任何一个定量,是外在的规定性;因为特殊规定了的某物与其他同样特殊规定了的尺度,达到了两方面尺度比率的类似的中和,所以新的尺度的指数便表明自己的漠不相关;当它与别的指数形成只是一个时,它的特殊的特性便表现不出来了。

2.与更多的本身亦是尺度的东西的这种联合,产生了不同的比率,这些不同的比率当然也有不同的指数。独立物只有在与别的独立物比较时,才有它的自在规定的指数;但是它与别的独立物的中和构成了它与它们的实在的比较;它是通过自己与它们比较的。不过,这些比率指数是不同的,因此,它将它的质的指数表现为**不同的数目的系列**(对这些数目来说,它就是单位),即**与他物特殊相比的系列**。质的指数作为一个直接的定量,表现了一个个别的关系。通过指数的**特有系列**,独立物才真正有了区别,它被当作为单位,与其他这样的独立物形成这个系列,而这些独立物的一个他物,作为单位,也同样与它们有了关系,形成另外一个系列。现在,这样的系列自身的比率便构成独立物的质的因素。

现在,这样的独立物既然与一系列的独立物形成一个系列的指数,乍一看,它似乎在和一个在这系列以外的他物**相比较**,从而与这个他物有了区别,因为这个他物与这些对立物形成了另一个系列。但这两个独立物用这样的方式,又似乎是**不可比较的**,因为在这里每一个独立物都被看成是对它的指数的**单位**,并且,由这种关系所产生的两个系列,是**不曾规定的别的系列**。作为独立物而加以比较的两个实体,只就作为定量而言,才彼此有区别;为了规定它们的比率,这本身就需要一个共同的自为之有的单位。这种规定了的单位,如前所说,只有在被比较的诸实体有其尺度的特殊实有那里去找,即在系列的比率指数相互之间的比率那里去找。

只有系列的诸项之间对两个独立物都有同一的**固定**比率时,指数的这种比率才是自为之有的单位,而且事实上是规定了的单位;这样,它就能够是这两个独立物的**共同**单位。所以,被认为彼此无关、互不中和的独立物,唯有在共同单位中,才可以此较。把每一个独立物抽出比较之外,它便是相对各项的比率的单位,这些项是相对于单位的数目,因而表示指数的系列。但反过来说,这系列对于那两个彼此比较、互为定量的独立物,又是单位;这样的独立物本身就是方才陈述过的它们的单位的不同数目。

但是,再者,那些东西与两个(或不如说,一般是**许多个**)相互对立和比较的实体,一起产生了它们相比的指数系列,它们本身也同样是独立物,每一个都是一个自在地具有适当的尺度比率的特殊某物。它们既然每一个都须被当作单位,那么它们便在前面提到的,自己单纯比较的两个(或不如说,不确定的多个)实体那里,有一个指数系列;这些指数是刚才提到的实体彼此比较的数;反过来说,如果这些实体现在个别地被当作独立的,那么,它们本身的比较的数,对前一系列的项来说,也同样是指数系列。于是,双方都是系列,第一,它们之中每一个数对于与它对立的系列,是一般的单位,并且,这个数在单位那里以一个指数系列作它的自为规定的有;第二,就对立系列的每一项而言,这个数本身是指数之一;第三,对它的系列的其余的数来说,它是此较的数;作为这样一个数目(这数目作为指数,也属于它),它在对立的系列中有其自为地规定了的单位。

3. 在这种相比之中,又回复到像定量被建立为自为之有,即像度数那样单纯的方式,但这又是在它之外的一个定量(这个定量是一堆定量)那里有着它的大小规定性。不过,在尺度中,这外在的东西不仅是一个定量和一堆定量,而且是一系列的比率;尺度的自为地被规定的有就在这些比率数全体之中。正如作为度数的定量的自为之有的情况那样,独立的尺度的本性,把自己转变为它自己的这种外在性。首先,它的自身关系便是**直接的比率**;因而它对他物的漠不相关就只是在于定量。所以,它的质的方面归入这种外在性中,**它对他物的相比**也将变为那个构成这种独立物的特殊规定的东西。这种特殊规定全然在于这种相比的量的方式,这种方式既被他物所规定,也同样被这种独立物自身所规定,并且这个他物是一系列的定量,而独立物自身却相反地是一个定量。在这种关系中,两个特殊事物相对于某物、第三者、即指数而特殊化自己;这种关系还包含着这样一点,即:一个特殊事物在这里不过渡为另一个特殊事物,所以这里建立起来的不只是**一个**一般的否定,而是**两者**都在否定中被否定地建立起来了,因为每一个都在这里漠不相关地坚持自己,**它的否定又被否定了**。这样,它们的这个质的统一就是自为之有的、**排他的统一**。指数最初是在它们之间的比较数,只是在排他的环节中,才有它们相互间真正的特殊规定性,这样,它们的区别立刻就变成质的区别。但是,它们的区别是建立在量的基础上的:首先,独立物之所以与其质不同的**多数**方面相比,只是因为它在这种相比中同样是漠不相关的;其次,现在的中和关系由于包含着量的性质,不仅是变化,而且作为否定之否定建立起来,又是排他的统一。因此,一个独立物对其他多数方面的**亲和性**,就再不是一个漠不相关的关系了,而是**选择亲和性**。

3. 选择的亲和性

*和先前**中和**与**亲和性**等名词一样,这里所用的**选择的亲和性**这一名词,也牵涉到**化学的**比率。因为在化学领域中,物质的东西主要是以与它的他物的关系为其特殊的规定性;它只是仅作为这种区别而存在。再者,这种特殊关系又与量相联,同时,这不仅是对一个个别的他物的关系,而且是对一系列与它这样对立的有区别之物的关系;与这一个系列的诸化合,是依靠与系列中**每一项**的所谓**亲和性**;这种亲和性对系列中各项虽然一视同仁,但每一种化合又同时排斥另一种化合;其对立规定的关系,还须要考察。*不过,特殊物在一大堆化合中表现自己,这不仅在化学领域中是如此,一个单音也只有在与另一个音和一系列其他的音相比及联合中,才有其意义;在这样一大堆的联合中的和谐或不和谐,构成这个单音的质的本性,同时这种质的本性是要依靠量的比率;这些比率形成指数的一个系列,并且是两个特殊比率的比率;每一个相联合的音本身就是这些比率。一个单音是一个系统的基音,但同样又是每一个其他基音系统中个别的项。和谐是排他的选择亲和性,但其质的特色同样又消解为单纯量的进展的外在性。——那些亲和性(不论它们是化学的、音乐的或其他的),就是在它们自己之间和与他物之间的选择的亲和性,对它们说来,一个尺度的原则何在,这问题在以后涉及化学亲和性时还要考察;但是,这种高级的问题是与特殊的质的特殊事物密切联系的,并且属于具体的自

---

* 参看第 127 页。

然科学的特殊部门。

既然一个系列的项以它与一个对立的系列的全体相比,为其质的统一,而对立的系列的诸项又仅由于定量而彼此不同,根据这个定量,它们把自己与前面所说的那一项中和了,于是,在这多方面的亲和性中的更特殊的规定性,同样只是量的规定性。这种相比,在选择的亲和性中,即在作为排他的、质的关系中,便去掉了这种量的区别。这里所呈现的下一个规定,就是这一项对别的系列(对这个系列的一切项,它都有亲和性)各项的选择的亲和性,依赖于数量(即**外延**大小)的区别,这种区别是一方的诸项为了中和另一方的一项而在诸项之间发生的。排他性,面对别的可能的化合,表现为一个**较坚固**的结合,这可以由下面一点来论证,即就前面证明过的外延和内涵的形式的同一性(因为在这两种形式中,大小规定性是同一的)而言,排他性似乎转变得此这种情况有较大的**内涵**。但是,从外延大小的片面形式到它的别的形式、即内涵大小的形式这一转化,其为同一定量的基本规定的本性,并未有任何改变;所以,实际上在此建立起来的,并不是排他性,而是:或者只能有一种化合,或者是为数不定的诸项的一种化合(只要诸项所产生的分量,按照它们彼此间的比率,与所要求的定量相应),这都是无所谓的。

但是,化合(我们也将它称为中和)却不仅是内涵的形式;指数本质上是尺度的规定,因而是排他的,在排他的相比这一方面,各数已丧失其连续性,彼此间不复能相互流通;**多一点或少一点**,就获得一个否定的特性,一个指数比其余的指数所具有的优越性,便不停留在大小的规定性上面了。但是,另一个方面也同样出现了,依照这个方面,一个环节或从与它对立的较多的环节获得中和的定量,或按其特殊规定性来说,从与另一个环节对立的每一个环节获得中和的定量,都是无所谓的;同时,排他的否定的相比,也遭到量的方面的这种侵入。——这样,就建立了从漠不相关的、单纯的量的相比到质的相比的转化,反过来说,也建立了从特殊的规定的有到单纯的外在的比率的过渡,那是一系列的比率,它们有时属于单纯的量的性质,有时又是特殊的质和尺度。

注 释

化学原素是这样的尺度的最特别的例证,是尺度的环节,它们唯有在与他物相比中,才有构成它们的规定的东西。一般的酸与硷(或盐基)似乎是直接规定的自在的事物,但倒不如说是不完善的物体的元素,是本来不能自为地存在的组成部分,而只有扬弃了它们的孤立的组成,并与别的组成部分化合,才有其存在。再者,使它们成为**独立物**的区别,并不在于这种直接的质,而在于相比的量的种类和方式之中。这种情况不限于酸和硷(或盐基)的一般化学上的对立,而是特殊地化为一种**饱和尺度**,并且构成相互中和的物质的量的特殊规定性。这种有关饱和量的规定,构成一种物质的质的本性;它使一种物质成为那种是自为的东西,而表示那种东西的数,本质上是与一个单位相对立的若干指数之一。——这样的物质与一种别的物质有所谓亲和性;只要这种关系仍然是纯粹质的性质,那么,一个规定性,如磁极的关系或两种电的关系,便只是对别的规定性的否定,而且双方也不会同时表明彼此是漠不相关的。但是,因为关系也有量的本性,所以这些物质的每一个都能与**多种**物质中和,而不限于与它对立的那一种。不仅一种酸和一种碱(或盐基)彼此相此,而且多种酸与多种碱(或盐基)也相互相比。它们各依以下的情况而自具特色,例如,一种酸为了用碱来饱和自己,比别一种酸所需要的碱更多。但自为之有的独立性,却表现于亲和性之相互排除,一种亲和性比其他亲和性占优势,因为一种酸能自为地与一切的碱进行化合,反之亦然。因此,一种酸是否比另一种酸对一种碱有更密切的亲和性,即所谓选择的亲和性,就造成了它与另一种酸的主要区别。

关于酸与碱的化学亲和性,发现了一条规律,即:如果两种中和溶液混合了,那么,便会由此产生一种分解,因而产生两种新的化合物,而这些产物同样是中和的。由此得知,饱和一种酸所要求的两种碱基的数量,与饱和另一种酸所需要的数量,有**同一比率**;一般说来,如果为了被当作单位的一种碱而规定了使共饱和的各种酸的比率数的系列,那么,这个系列对每一种别的碱来说,都是一样的,只不过对不同的碱须采用不同的数目罢了;——这些数目在它们的一方面,对每一种对立的酸,又形成一个同样固定的指数系列,因为它们对每一种个别的酸,也和对每一种其他的酸一样,都有同一比率的关联。费舍[①]第一次从雷西特尔[②]的著作中强调了这些系列的单纯性;参看他对伯多勒[③]《关于化学的亲和性规律的研究》译本的注释,第 232 页,与伯多勒的《化学静力学》,第一部分,

---

[①] 费舍(Fischer, Ernst Gottfried, 1754—1831),柏林物理学教授,科学院院士。——原编者注

[②] 雷西特尔(Richter, JeremiahBejamin, 1762—1807),柏林副矿长。——原编者注

[③] 伯多勒(Berthollet, Claude Louis, 1748—1822),伯爵,巴黎工艺学校教授。——原编者注

第134页以下。从这一问题的最初写作以后,我们关于化学元素混合比率数的知识,在一切方面已经非常完备,在这里若要对这些知识加以考察,未免离题太远,因为这种经验的、一部分还只是假设性的扩张,仍然限于同样的概念规定之内。不过,对在这里使用的范畴,进而对于化学的选择的亲和性本身及其对量的关系等观点,以及要把这种亲和性建立在某些物理的质的基础上的尝试,还可以补充若干考察。

伯多勒以**一个化学质量**的作用的概念,改变了通常的选择亲和性的观念,是很出名的。必须分辨清楚,这个改变并未对化学饱和规律之量的比率本身有任何影响;但是,排他的选择亲和性本身的质的环节,却不仅是被削弱了,而且不如说是被扬弃了。如果两种酸对一种碱起作用,假如说那种酸对碱有更大的亲和性,并且具有足以中和碱基的定量的那种定量,那末,按选择亲和性的观念,则所发生的只是这种饱和,而另外的那种酸却完全不起作用,被排除在小和了的化合物之外。假如依据与此相反的一个**化学质量**的作用概念来看,则两种酸的每一种都是以一个比率而起作用的,这个比率是由它们的现存的数量及其饱和容量或所谓亲和性综合而成的。伯多勒的研究已经指出化学质量作用被扬弃的详细情况,及一种亲和性较强的酸像是要驱除另一种亲和性较弱的酸,排除其作用,因而按照选择亲和性的意义来活动。他曾经指出:这种排除发生所在的环境,如内聚力的强度或精盐在水中的不可溶性,并非这些试剂自身的质的本性;这些情况还可以用别的情况(如温度)来取消其作用。当这些障碍祛除之后,化学质量便无阻挠地发挥出作用,而那似乎是纯粹质的排他的东西,那似乎是选择亲和性的东西，也就表现为只是外在的变态了。

关于这一问题，*柏采留斯[①]是主要应该听取的另一个人。但在他的《化学教科书》中，他对这个问题却并未提出任何较有特色的和更确定的东西。他采取了伯多勒的观点，逐字逐句加以重复，只不过用了一种非批判的思考的特别形而上学，将其装饰打扮起来而已，所以需要较详细考察的，就只是这种形而上学的范畴。理论超出了经验，一方面它捏造了本身不见之于经验的感性观念，另一方面，它又使用思想规定；理论就是以这两种方式，使自己成为逻辑批判的对象。因此，我们愿意详论这本教科书中关于理论方面所讲述的东西（渥勒译《化学教科书》，卷三，第一部分，第82页以下）。现在，人们在这里读到："人们**必须设想**，在一种均匀地混合的溶液中，分解了的物体的每个**原子**，都被溶剂的**同一数目的原子包围着**，当较多的实体一起分解时，它们必定各自分有溶剂原子之间的空间间隙，以致在均匀地混合的溶液中，便产生了这样一种原子**位置的对称性**，即：个别物体的**一切原子**与别的物体的**原子**都有一种**位置均匀的关系**；因而，人们可以说分解以原子**排列及地位之对称性**为特征，正像**化合**以**确定的比例**为特征那样。"以硫酸加到氯化铜溶液里去所发生的化合，可以为说明此点一例。但在这个例子里，既没有证明原子存在，也没有证明分解物之一定数目的原子围绕在溶液的原子的周围，而两种酸的自由原子则**环绕**在仍

[①] 柏采留斯（Berzelius, Johann Jakob, Baron von, 1779—1848），1807年以后，即在斯德哥尔摩为化学教授，著有《化学教科书》三卷，1808—1828年出版。——原编者注

* 参看第127页。

与氯化铜化合的原子**周围**;既没有证明有任何排列**和位置的对称性**,也没有证明有任何原子间的空间间隙存在,当然尤其没有证明分解物**各自分有**溶剂原子之间的**空间间隙**。这将意味着分解物的原子所占的位置,是在**没有**溶剂的地方,——因为溶剂的空间间隙是**空无**溶剂的空间,因此,纵使分解物包围和环绕在溶剂周围,或溶剂包围和环绕在分解物周围,但分解物却**不**是在溶解物之中,而是**在它之外**,所以也一定不是被溶剂所分解的了。在这里看不出何以必须造成这样的**观念**,即它们在经验上并不曾证明,既是直接在本质上自相矛盾,而又另外不能以别的方式站得住脚。出现这样的事只是由于对这些观念本身的考察,即由于形而上学(它就是逻辑);但是,恰恰相反,这些观念之不能由形而上学来证实,也和它们之不能由经验来证实一样!此外,柏采留斯也承认上边所说的东西,即:伯多勒的命题并不违反确定比例的理论;当然,他又说,这些命题也不与微粒说、即上述关于原子的观念以及由固体的原子来充塞溶液的**间隙**等观点相违反,但是,上述的毫无根据的形而上学在本质上与饱和比例毫不相干。

所以,在饱和规律中所表现的特殊的东西,只涉及一个物体之量的单位本身(不是原子)的**数量**,另一个与前者化学性不同的物体之量的**单位**(同样不是原子)便用这个数量来中和自己;不同唯在于这些不同的比例。柏采留斯的比例理论尽管完全是一个数量的规定,然而他却也谈亲和性的**度数**(例如,他的书第 86 页),因为他把伯多勒的**化学质量**,解释为由起作用的物体的现存之量而来的**亲和性度数的总和**,而不像伯多勒那样彻底使用"饱和容量"的说法,所以他自己便陷入**内涵**大小的形式中去了。但是这就是构成所谓**动力**哲学特点的形式,他在前面(同书,第29页)称之为"某些德国学派的思辨哲学",并且为了卓越的"微粒哲学"的利益而着重地竭力排斥了它。关于这种动力哲学,他指出它假定了元素在化学化合中彼此**渗透**,而中和就在于这种**相互渗透**;这不外是意谓着化学性不同的微粒,彼此间只是**数量**关系,它们消融为一个**内涵大小**的单纯性;这同时亦表现为体积的缩小。另一方面,在微粒说中,化学化合的原子应该是在间隙中,即**彼此相对地**保持自身(并列,Juxtaposition);在一种仅仅作为外延大小和**数量**持续的相比中,亲和性**度数**是没有任何意义的。如果说在上面所引那本书的同一地方,陈述了确定的比例现象的来临,对于动力的观点,是完全出乎意料之外的,那末,这也只能是一种外在的历史情况,且不用说依照费舍排列法的雷西特尔化学量法的系列已为伯多勒所知,并在拙著《逻辑学》第一版中加以引证,拙著曾指出,旧的以及想要成为新的微粒说所依靠的范畴,都是空洞无物的。但是,柏采留斯却错误地断定说,在动力观的统治下,确定的比例现象似乎仍旧是不可知的,他以为那种观点与比例规定性是不相容的。无论如何,这种规定性只是一种大小规定性,至于它的形式是外延的或内涵的,那倒是无所谓的。因此,柏采留斯虽然极其依恋第一种(数量的)形式,他本人也使用了亲和性度数的观念。

　　因为亲和性在这里被归结为量的区别,所以它作为选择亲和性是被扬弃了;其中**排他性的东西**,则被归之于环境,即归之于好像是外在于亲和性的某些规定,如已出现的化合物的内聚力、不可溶性等等。这种观念有可以与考察重力作用的办法相比较之处:在那里,那**自在地**属于重力本身的东西,如摆动的钟摆由于重力必然过渡到静止状态，却只被当作是同时呈现的空气、线索等外在阻力的环境所致，并且不归之于重力，而只归之于**摩擦**。在这里，对于在选择的亲和性中的**质**的本性来说，这种质的东西是否在作为它的条件的这些情况的形式中出现，并且被如此来理解，那是没有多大关系的。质的事物本身开始了一个新的序列，其特殊化再不仅仅是量的区别了。

* 化学亲和性的区别，假如现在因此而以一系列量的比率，针对选择的亲和性，严密确定自身，作为正在出现的质的规定性的一种区别，而这种规定性的行为决不与那个序列重合，那么，近来把电与化学行为结合起来的方式，却又使这种区别陷入完全的混乱，而希望从这种据说更为深刻的原则出发获得关于最重要的原则（尺度比率）的启发，却完全失望了。这种将电和化学现象完全**同一起来**的理论，因为涉及物理方面，而不仅是尺度比率，所以在这里无须详加考察，而只要提一下尺度规定的区别性由它而混乱，就可以了。可以说这种理论本身是肤浅的，因为其肤浅就在于把有差异的事物的差异之处省略掉，而把它看作是同一的。至于亲和性，由于化学过程与电以及火和光现象同一起来了，所以被归结为"相反的电之中和"。电与化学性之同一，甚至几乎是可笑地以下列方式来表述的（同前书，第63页），即："电的现象固然说明了物体在或大或小的距离中的作用，它们在化合**之前的吸引**（这就是说，行为还不是化学的），以及由这种联合而产生的火（?）；但是，在相反的**电的情况消失**以后，物体仍以这样大的力量**继续联合**，关于这

---

* 参看第127页。

样的事件的原因,电的现象却**没有给我们以启发**;"这就是说,这种理论启发我们:电是化学行为的原因,但电不能启发我们在化学过程中什么是化学的东西。一般化学的区别既然归结为正负电的对立,所以,属于这一方面与属于那一方面的试剂之间的亲和性的区别,就被规定为正电和负电两系列物体的序列。当电与化学性按照它们的一般规定而同一时,下边这一点便已经被忽视了,即:电的本身及其中和是**瞬息即逝的**,对于物体的质仍然是**外在的**,而化学性在其作用中,特别是在其中和中,**它所需要并加以改变的**,则是物体的**整个质**的本性,在电的范围中,正负电的对立同样是瞬息即逝的,它是这样的不稳定,以致它依赖于最微小的外在环境,这与酸和(譬如说)金属等等的对立的确定不移是不能比较的。通过极剧烈的作用(如温度之升高等)所表现的化学行为中的变化,与电的对立的肤浅是不能相比的。最后,在双方每个**系列之内**,有较多或较少的正电状态,或是有较多或较少的负电状态,这其间进一步的区别,既是完全不可靠的,也是未经证实的。但是,从物体的这些系列出发(柏采留斯同上书,第84页以下),"按照它们的电位,应该产生电学化学系统,这个系统最适合于给出一个**化学观念**:"这些系列现在将要得到说明,但关于它们实际状况究竟如何,在第67页上却又说道:"这一点**大约**就是这些物体的序列;但这些材料的研究是如此之少,以致关于这个相对的序列还**没有任何完全确凿的东西**可以确定。"——无论是(首先由雷西特尔造成的)那些亲和性系列的比率数,或是柏采留斯所提出的、极其有趣的,将两个物体的化合归结为少数量的比率的单纯性,这对于那些应该是电化学的制造品,都完全用不着依靠的。如果在这些比例及其自雷西特尔以来的全面推广中试验的方法曾经是真正的指路明星,那么,这些伟大的发现与脱离经验道路的所谓微粒说的那种芜杂无聊的混合,便越发造成了明显的对照;只有开始抛弃经验原则,才能使得早先主要为雷特尔①所创始的那个想法,再被接受,即建立起正负电的物体的固定序列,而这些序列同时又有化学的意义。

正负电的物体的对立,其实并不像想像的那样真实;如果这些对立被当作化学亲和性之基础,那么,用试验方法就会证明这个基础的空虚,并导致进一步的扦格不通。在同上书第 73 页,也承认了两个所谓负电的物体,如硫与氧,会以一种比氧和铜紧密得多的方式化合在一起,虽然铜是带正电的。因此,就亲和性而言,基于正负电一般对立的基础,比起电规定性的同一系列中单纯增多或减少来,必然是相形见绌的。由此可以得出结论,物体的**亲和性度数**不仅依赖于它们的特殊的**单极性**(在这里,这种规定与什么假设有联系,是不相干的,它只意谓着非正即负);亲和性度数主要必须从物体的一般**两极性**的**强度**中引导出来。因此,仔细观察亲和性,便过渡到我们所主要关心的**选择亲和性**的比率;于是我们看到,现在就选择亲和性而言,得出的是什么东西。同书第 73 页又承认:即使两极性不只是在我们的想像中存在,两极性的**度数**也好像并**没有固定**的质,而在颇大程度上依赖于温度;于是,在这一切之后,被宣告为结果的,不仅是每种化学作用**就其原因而论**,是一种**电的现象**,而且那好像是所谓选择亲和性的作用的东西,也只是由于**电**

---

① 雷特尔(Ritter, Johann Wilhelm, 1776—1810),慕尼黑科学院院士,著有《物体的电系统》,三卷,1805—1806 年。——原编者注

的两极性呈现在某些物体中此在另一些物体中**更强**所致。在假设性的想像中，兜圈子一直兜到现在，归结仍旧是**较大强度**这一范畴，那和一般的选择亲和性同样是形式的东西；选择亲和性既然建立在电极的较大强度之上，它就像从前那样，在物理基础上丝毫没有前进一步。但是，即使这里应被规定为有较大的特殊强度的东西，后来也只是归结为前面已经引过的、伯多勒所证明的变态而已。

柏采留斯由于把比例学说推广到一切化学关系上而获得的功绩和名誉，本身并不能成为阻碍讨论上述理论之缺点的理由，而必须这样作的更确切的理由，那是因为这样的情况：这样的功绩，在一门科学中（像在牛顿那里那样），往往为了与此有关联的坏范畴的毫无根据的虚构更变成了**权威**，恰恰是这样的形而上学，却被以最大的装腔作势来宣布，而且得到传诵。

除了有关化学亲和性及选择亲和性的尺度比率的形式以外，也还有其他的尺度比率将自己化为质的系统那样的形式，可以从量的方面来考察。化学物体在对饱和的关系上，形成了一个比率系统；饱和自身依靠一定的比例，彼此具有各别物质存在的两方面的数量，就是以这个比例化合的。但也有些尺度比率，其环节不可分，也不能表现为一个特殊的、各有差异的存在。这些尺度比率就是在前面被称为**直接的独立的**尺度那样的东西，它们是以物体的**比重**来代表的。——它们是在物体以内的重量对体积的比率；此率指数表现一种此重规定性与其他比率不同，它只是在**比较**中的一个确定的定量，是在外在反思中外在于那些比率的一个比率，并不以它自己与一个对立物的质的相比为基础。这就会有从一个准尺把**比重系列**的比率指数作为一个**系统**来认识的任务,这个准尺把一个单纯的算术的多特殊化为一个和谐的交错点的系列。——对于认识上述的化学亲和性系列,也有同样的要求。但是,科学对这一点要达到像以一个尺度系统束把握太阳系星球距离的数字那样,还很遥远呢!

虽然诸比重最初好像并无彼此间的质的比率,然而,它们却同样有质的关系。当物体有了化学的化合时,即使只是乘合化或同体化,比重的**中和**也同样出现了。在上边已经提到过这样的现象,即:即使在化学上本来无关的物质,其混合后的体积与它们在混合前的体积之和,大小是不相等的。在混合中,它们交互地改变了它们用以发生关系的规定性的定量;以这种方式,它们表明彼此之间有了质的相此。在这里,比重的定量不仅表现为一个固定的**比较数**,而且是一个可变动的**比率数**;混合物的指数给出尺度的系列,其进展被不同于彼此化合的比重的比率数的另一原则所规定。这些比率指数不是排他的尺度规定;它们的进展是连续的,但自身包含着一个特殊化的规律,这规律与数量在其中化合的,形式地进展的比率是不同的,并且使前一进展与后一进展不可通约。

乙、尺度比率的交错线

尺度比率的最后规定是:尺度比率是特殊地**排他**的;这种排他性适合于作为不同环节的**否定统一**的中和。选择亲和性,就它对别的中和的关系看来,并没有为这种**自为之有**的统一,产生更多的特殊化原则;特殊化只是仍然停留在一般亲和性的量的规定之中,依据这种规定,便有了彼此中和的一些数量,因而与它们的环节的别的有关选择亲和性相对立。但是,由于量的基本规定,**排他的**选择亲和性,即使在与它不同的中和里,也**延续自身**;这种连续性不仅仅是作为比较的各种中和比率的外在关系,而且中和本身也有一种**可分离性**,因为可分离性由事物的统一而成,这些事物,作为独立的某物,每一个与对立系列的这一个或那一个事物发生关系,都是无所谓的,尽管它们是以各种特定的数量相化合的。于是,这个依赖自身中这样一种比率的尺度,便带有自己的漠不相关性,尺度在自己那里是一种外住的东西,并且在它对自身的关系中,是一种可变化的东西。

尺度**比率对自身的关系**,是与它作为量的方面的那种外在性和变化性不同的;与那外在性和变化性相反,尺度比率作为对自身的关系,乃是一个有的、质的基础,是一个常存的、物质的基质,这个基质必须在它的质中包含这种外在性的特殊化原则,**连同自身**作为外住性中尺度的继续。

按照这种详密的规定,排他的尺度在其自为主有中是外在于自身的;它排斥自身,既建立自身为他物、仅仅是量的东西,又建立自身为一个同时又是别的尺度那样的别的比率;它被规定为本身自在地特殊化的统一,这个统一在自身那里产生了尺度比率。这些比率与早先那种亲和性不同,在那种亲和性中,一个独立物与不同的质的独立物相比,并且与一系列这样不同的独立物相比;在相同的中和环节之内,这些比率是在**同一的**基质那里出现的;尺度却规定自身,要排斥自己去到别的、仅仅是量的不同的比率(这些比率同样形成**亲和性与尺度**),与那些仍然只是**量的差异**的比率**交互**

更替。它们用这种方式,形成在较多和较少的阶梯上的一条*尺度**交错线**。

在这里,呈现着一个尺度比率,即一种独立的实在,它在质上与别的尺度比率不同。一个这样的自为之有是可以容纳外在性和定量变化的,因为它在本质上也是一个定量的比率。它有一个幅度,在这个幅度内,它对于变化仍然是漠不相关的,它的质也不改变。但是,在这种量变中,出现了一个点,在那个点上,质也将改变,定量表明自己在特殊化,以致改变了的量的比率转化为一个尺度,因而转化为一种新质、一个新的某物。代替了前者的位置的比率,是被前者所规定的,一方面这是按照亲和性中诸环节的质的同一性,另一方面,则是按照量的连续性。但是,由于区别归入这种量的东西之中,所以新的某物就对先行者漠不相关;它们的区别只是定量的外在区别。所以,新的某物不是从先行者产生的,而是从自身直接产生的,即从内在的、还不曾实有的特殊化的统一中产生的。——新的质或新的某物又受自己的同一变化进程支配,如此以至无限。

*就一个质的进程是在经久不绝的量的连续性中而言,接近一个质变点的各比率,从量方面来考察,便只是由较多和较少而有区别。从这方面看,变化是**逐渐的**。但是,渐进性仅涉及变化的外在方面,而不涉及变化的质的方面;先行的量的比率,纵使无限接近于后继者,却仍然是一个不同的质的实有。因此,从质的方面来看,自身无任何界限的渐进性的单纯量的进展,被绝对地中断了;

---

* 参看第 127 页。

因为新生的质按其单纯的量的关系来说,对正在消失的质是不确定的另外一种质,是漠不相关的质,所以过渡就是一个**飞跃**;两者被建立为完全彼此外在的。——人们喜欢通过过渡的渐进性试图**理解**一种变化;但是,渐进性倒不如说恰恰是单纯的漠不相关的改变,是质变的对立面。在渐进性中,两种实在被当作状态或独立的事物,它们的联结倒是被扬弃了;建立起来的并不是这一实在为别的实在的界限,而是这一实在绝对外在于别一实在;纵然**理解**在这里所要求的东西很少,而这样一来,却恰恰取消了理解所需要的东西。

注 释

自然数体系已经表明是这样一个质的环节的**交错线**,而这些环节是在单纯外在的进程中出现的。这个体系一部分是单纯量的往复进退,是连续的相加或相减,以致每一个数对它的先行者及后继者都具有同样的算术比率,而这些先行者和后继者对它们各自的先行者与后继者也是如此类推。但是,由此产生的各数也对别的先行或后继的数具有一种**特殊的**比率,或者将那些数之一,的倍数表现为一个整数,或者是幂与根。——* 在**音乐**的各种比率中,一种和谐的比率由于一个定量而出现在量的进展的音阶中,而这个定量本身,在音阶上对它的先行者与后继者,除了具有这些先行者与后继者对其各自的先行者与后继者的同样比率之外,就再没有别的比率。当后继的音符与主音符像是越离越远时,或数通过

---

* 参看第 128 页。

第二章 实在的尺度

算术级数像是越来越变成别的数时,却反而一下子出现了**回复**或惊人的一致,它在质的方面并不是由直接的先行者所准备的,反而好像是一种 actio in distans[距离作用],好像是对远离的东西的关系;单纯漠不相关的比率并不会改变先行的特殊实在,甚至根本不能形成这种实在;这些比率的进展一下子中断了,并且因为这种进展是以同一方式在量的方面继续的,所以由于飞跃,一种特殊的比率便闯入了。

* 在**化学化合**中,当混合比率不断改变时,这样的质的交错与飞跃便发生了,即:在混合程度的特殊点上,两种物质形成各具特质的产物。这些产物不仅以较多或较少而相互区别,也不是在与这些交错比率相近的比率中就已经现成地存在,不过程度较弱而已;它们乃是系于这些点本身。例如,氧与氮的化合,产生了各种不同的氧化氮和硝酸,它们只出现在混合的一定的量的比率中,并且根本具有不同的质,所以,在那些混合比率的中间,没有产生特殊存在物的化合。——金属的氧化物,例如氧化铅,是在氧化的某个量的点上形成的。并且以颜色及其他的质而相互区别。它们并不是相互逐渐过渡;处于那些交错点中间的比率,不产生任何中和的、特殊的实有。一个特殊的化合物的出现,不须通过这些中间阶段,而是依靠一种尺度的比率,并且有它自己的质。——又如,* 当水改变其温度时,不仅热因而少了,而且经历了固体、液体和气体的状态,这些不同的状态不是逐渐出现的;而正是在交错点上,温度改变的单纯渐进过程突然中断了,遏止了,另一状态的出现就是

---

* 参看第128页。

一个飞跃。一切**生**和**死**,不都是连续的渐进,倒是渐进的中断,是从量变到质变的飞跃。

据说**自然界中是没有飞跃的**①;普通的观念,如果要想理解**发生**和**消逝**,就会像前面讲过的那样,以为只要把它们设想为逐渐出现或消失,那就是理解它们了。但在上面已经说过:"有"的变化从来都不仅是从一个大小到另一个大小的过渡,而且是从质到量和从量到质的过渡,是变为他物,即渐进过程之中断以及与先前实有物有质的不同的他物。水经过冷却并不是逐渐变成坚硬的,并不是先成为胶状,然后再逐渐坚硬到冰的硬度,而是一下子便坚硬了。在水已经达到了冰点以后,如果仍旧在静止中,它还能保持液体状态,但是,只要稍微振动一下,就会使它变成固体状态。

****发生的渐进性的是根据这样的观念,即:正在发生的东西**,已经是感性的存在着或根本在**现实中存在着的**,仅仅由于太小,还**不能被人感知**;正如消逝的渐进性,也是根据这样的一种观念,即:代替正在消失着的东西的非有或他物也是同样存在着的,只是**还看不出来**。——而且,这里所谓存在着并不是指:在现存的某物中已经在自身中包含他物,而是指:他物作为**实有**,是**现存的**,只是还看不出来而已。因而,发生和消逝一般地都被扬弃了,或者换句话说,自在的东西、内在的东西(某物在实有以前就在其中)转化为**微小的外在实有**,而本质的或概念的区别则转化为外在的、仅仅是大

---

① "自然是不飞跃的"(Natura non facit saltum),见莱布尼兹《人类知性新论》IV。16。——译者

* 参看第 128 页。

** 参看第 128—129 页。

小的区别。——用变化的渐进性来理解发生和消逝,就是同语反复所特有的无聊;那意谓着:正在发生或消逝的东西,预先就已经是现成的了,而变化则成了外在区别的简单改变,这样,实际上就是同语反复。这种想要理解的知性所碰到的困难,就在于某物在质的方面过渡为与自己有别的一般的他物以及自己的对立面;为了避免这种困难,知性便自欺欺人地把**同一**和**变化**当作是**量**的漠不相关的、外在的变化。

* 在**道德方面**,只要在"有"的范围内来加以考察,也同样有从量到质的过渡;不同的质的出现,是以量的不同为基础的。只要量多些或少些,轻率的行为会越过尺度,于是就会出现完全不同的东西,即犯罪,并且,正义会过渡为不义,德行会过渡为恶行。——同样,国家也是如此,假使其他条件都相同,但由于大小的区别,国家就会有不同的质的特性。法律与宪法,当国家的领域与公民的数目增长时,会变成某种别的东西。国家有它的大小尺度,如果勉强超出这个尺度,国家便会维持不住,在同一个宪法之下分崩离析,这个宪法只有在另一领域范围中才会造成国家的幸福与强盛。

丙、无尺度之物

排他的尺度,在其实在化了的自为之有中,本身仍然带有量的实有的环节,因而能够在定量的标尺那里升降,比率就是在标尺上改变的。某物或一种质,若是依靠这样的比率,便会被迫超出自己

---

* 参看第 129—130 页。

而成为**无尺度的东西**,并以其大小的单纯改变而毁灭。大小是一种状态,在这个状态里,一个实有可以好像无害地被卷进去,从而被毁灭了。

抽象的无尺度之物是一般定量,自身无规定,并且只是漠不相关的规定性,尺度并不由它而变化。在尺度的交错线中,这种规定性,同时被建立为特殊化的;那抽象的无尺度之物扬弃自己,成了质的规定性;最初,呈现的尺度比率过渡为新的尺度比率;这个新的尺度比率,就前一比率来看,是一个无尺度之物,但它在自己那里正是自为之有的质;于是,特殊存在物彼此的交替及其与仍然只是量的比率的交替,便建立起来,如此以至无限。在这过渡中呈现的东西既是特殊比率的否定,也是最的进展本身的否定,即自为之有的**无限物**。**质的无限性**,像在实有中那样,曾经是从有限中迸发出来的无限,是此岸在其彼岸中的**直接过渡**和消失。反之,**量的无限性**,就其规定性说,已经是定量的**连续性**,是定量超出内己的一种连续性。质的有限物**变成**无限物;量的有限物则是在自身那里的彼岸,并且**超出于自身**。但是,尺度特殊化的无限,把质的东西与量的东西都**建立为相互扬弃**,因而把它们最初的、直接的**统一**(这统一是一般的尺度)建立为到自身的回复,于是这个无限内身也就建立了。质的东西是一种特殊的存在物,它之所以过渡为另一存在物,只是因为比率的大小规定性发生了变化;因而质到质本身的变化被当作是外在的、漠不相关的变化,被当作是**与自身的消融**;此外,量的东西又自己扬弃了自在自为的规定的有,转化为质的东西。在尺度的交替中,这样连续自身的统一,就是真正常住的、独立的**物质**或**事情**。

这样呈现的东西便是：(甲)同一的事情,被建立为区别中的基础和常住的东西。**有**与其规定性的这种分离,在一般定量中已经开始；某物具有对其"有的"规定性漠不相关的**大小**。在尺度中,事情自身已经是质与量的自在的统一；质与量这两个环节,在"有"的一般范围内造成区别,从而使一个东西在另一个东西之外；常住的基质首先以这种方式在自身那里具有"有的"无限性的规定。(乙)基质的这种同一性,是在这样的情况中**建立起来的**,即尺度规定的统一破裂为质的独立性,这种质的独立性只是由量的区别构成,因此基质在这一区别中连续自己；(丙)在交错系列的无限进展中,质的事物在量的进程中之连续,即在漠不相关的变化中之连续,被建立起来；但是其中所包含的质的事物的**否定**,因而单纯的量的外在性的否定,也都同样建立起来了。量超出自身,到一个他物,作为别一量的事物,在一个尺度比率或质出现时,这种超越便消失了,并且,质的过渡也在其中扬弃了自己,因为新质自身仅仅是一个量的比率。质与量的这种彼此过渡,是在它们的统一的基础上发生的,而这个过程的意义就是**实有**、**表现**或**建立**,即以质与量的统一这样的基质为基础。

在独立的尺度比率的系列中,这些系列的片面的项是直接的质的某物(如比重,硷基或硷、酸等化学物质)；其次,这些项的中和(在这里,也须把这些中和理解为具有不同比重的物质之化合)是独立的,甚至是排他的尺度比率,即自为之有的实有彼此漠不相关的总体。现在,这些比率只被规定为同一基质的交错点。于是,尺度与从尺度建立起来的独立性却降低为**状况**了。变化只是一种**状况**的改变,而**过渡的东西**却被当作在其中仍然是**同一**的。

要考察尺度所经历的规定的进展，便须将进展的环节这样综合起来：首先，尺度本身就是质与量的**直接**统一，它既是一种通常定量，但又是特殊的。尺度既然不是与他物相关而是与自己相关的一个量的规定性，于是，从本质上看，尺度就是**比率**。其次，尺度自身所包含的环节，因此是被扬弃了的、不可分的；在尺度中的区别像在概念中的区别那样，它的每个环节本身，总是质与量的统一。由此而来的实在的尺度，产生了一些尺度的比率，它们作为形式的总体，自身是独立的。形成这些比率的各方面的系列，对于每个属于一方面而与整个对立的系列相比的个别项来说，乃是一个固定的序列。这个统一，作为单纯的**序列**，还是完全外在的；它作为一个自为之有的尺度的内在的特殊化的统一，当然表现与尺度的各个特殊化有区别；但特殊化的原则还不是自由概念，唯有自由的概念才对尺度的区别给予内在规定；而这个特殊化原则却首先仅仅是基质或一种物质；为了使其区别成为总体，即具有不变的基质之本性，那么，现存的便只是外在的量的规定，这种规定同时又表现为质的差异。在基质与自身的这种统一中，尺度规定是一个扬弃了的规定，它的质是一个由定量所规定的、外在的状况。——这个过程既是尺度的实在化的、进一步的规定，而且这个规定也正是尺度的被降低为一个环节。

第三章 本质之变

甲、绝对的无区别

有是抽象的漠不相关,在那里还不应该有任何规定性,其所以用了**无区别**这一名词,是因为它自身被认为是有;纯量是无区别,对一切规定都可以,但其所以如此,是因为一切规定对纯量都是外在的,它自己与这些规定并无联系;无区别而可以称为绝对的无区别,则是:它**通过**有、质、量及其直接统一(尺度)的一切规定的**否定**,成了单纯的统一,**以自身为中介**。在它那里,规定性只不过是状况,即以无区别为**基质**的一种**质的外在的东西**。

但是,这样被规定为质的外在的东西,只是正在消失的东西;质的东西,由于外在于有,作为它自己的对立面,只是自身扬弃的东西。以这种方式,规定性在基质那里只不过是被建立为一种空洞的区别物。但这空洞的区别物却是作为结果的无区别自身。所以这种无区别当然是具体的东西,是通过有的一切规定的否定而自身中介的东西。无区别作为这种中介,包含着否定与比率;所谓状况那种东西就是它的内在的、自身相关的区别;正是外在性及其消失使"有"的统一成了无区别,因此,它们是在无区别**之中**,所以这种无区别已不再只是基质,而**在它自己那里**也不再只是抽象的了。

乙、无区别作为它的因素的反比率

现在,必须看看无区别的这种规定如何在自身那里建立起来,以及它如何因而被建立为**自为之有的**。

1. 尺度比率首先被当作是独立的,它们的还原是以**一个基质**为基础的;这个基质是它们的相互连续,因而是**完全**在其各种区别中呈现的、不可分的、独立的东西。基质中所包含的质与量的规定是为这些区别而出现的,这些规定在基质中如何建立起来乃是问题的全部关键所在。但这是由下列情况决定的:基质首先是结果,并且**自在地**是中介,但中介本身还没有在基质那里建立起来,所以这首先是基质,而从规定性方面看来则是**无区别**。

因此,区别在无区别那里,本质上首先只是量的、外在的区别;同一的基质有两种不同定量,基质以此方式便是它们的**总和**,因而好像把自己也规定为定量了。但无区别只有在与那些区别有了**关系**时,才是这样固定的尺度,才是自在之有的绝对界限,因此,无区别本身又好像不是定量,而且无论如何不能作为总和或指数,来与别的总和或无区别对立。无区别仅仅包含着抽象的规定性,两种定量,为了它们可以被建立为在无区别那里的环节而彼此相对,是可变的、漠不相关的、较大或较小的;但是,由于受到它们的总和的固定界限的限制,它们的相比,同时又不是彼此外在的,而是彼此否定的;——这就是它们共处其中的质的规定那样的东西。据此,它们彼此同是在**反比率**中。这种反比率与先前的形式的反比率之所以不同,是因为整体在这里是一个实在的基质,而两方面的每一方面都被建立为应当**自在地**是这种整体。

依照上述质的规定性,区别又呈现着**两种质**的区别,一种质被另一种质扬弃,但彼此又不可分,因为两者都留在统一之中,并且构成统一。基质本身,作为无区别,同样也自在地是两种质的统一；比率的每一方面因此都在自身中包含着这两种质；只是由于一种质较多而另一种质较少及其相反的情况而有区别；一种质只是由于它的定量才在一方面**占优势**，另一种质在另一方面也是如此。

因此，每一方面本身都是一个反比率；这个比率作为形式的比率，又转回到有区别的方面那里。这些方面于是也按照它们的质的规定而各自在另一方中连续，每一种质都在另一种质中与自身相比，都只是以一个不同的定量而在双方的一方之中。它们的量的区别就是那种无区别，按照这种无区别，它们各自在另一方中连续，这种连续作为质的同一，是在两种统一体的每个之中的。——然而，每一方面都作为规定的整体，从而包含着无区别自身，所以两个方面同时被建立为彼此对比的独立的东西。

2. 有，现在作为这种无区别，是尺度的被规定的有，不再在直接性之中，而是以方才说过的、发展了的方式，和无区别一样了，因为它**自在地**是"有"的规定的整体，那些规定消解于统一体之中；**实有**也是如此，因为它是被建立起来的实在化的总体，在这种实在化中的环节，自身也是无区别的自在之有的总体，无区别作为环节的统一体而负荷这些环节。但因为这一统一体被固定下来，只是作为无区别，因而只是作为**自在的**，并且环节还没有被规定为**自为之有**，即还没有**在它们自身中和它们相互间**自行扬弃而达到统一；因此，便呈现着环节自身**对自身**的**漠不相关**作为发展了的规定性。

这种如此不可分离的独立物，现在须进一步加以考察。这个独立物在它的一切规定中是内在的；在规定中，它仍然与自身统一，不受规定干扰；但是，(甲)因为它是**自在的**总体，所以其中已经扬弃的规定性仍然留存，不过在它那里只是无根据地**出现**而已。

无区别的**自在**及其**实有**并不是联系着的；规定性直接表现在无区别那里；在每个规定性中，无区别都是整个的；所以规定性的区别首先被建立为扬弃了的区别，即**量**的区别；但正因为这样，规定性不是对自身的排斥，不是自身规定，而只是作为**外在地**规定了的有和变。

(乙)两个环节处于量的反比率中；这就是在大小上的反复增减，但这种反复增减不是由无区别(无区别正是这种反复增减的漠不相关)规定的，而在这里只是外在地被规定的。反复增减是指向一个在无区别之外的他物，而规定便在这个他物之中。从这方面看来，**绝对物**作为无区别，具有**量**的形式的第二个缺点，即区别的规定性不是由绝对物自身规定的；因此，绝对物也同样有了第一个缺点，即：区别在绝对物中只是一般**出现**的，即绝对物之建立，是某种直接的东西，而不是它自身的中介。

(丙)现在比率的**两方面**是环节，它们的量的规定性构成了它们的**持续性**的这种方式；它们的**实有**是由于这种对质的过渡漠不相关而取得的。但是，它们之所以有不同于它们的实有，并且是自在之有的持续性，那就是因为它们**自在地**是无区别，每一个都是两方面的质的统一体，质的环节分裂成这样的统一体。两方面的区别只限于：一种质之建立在一方面较多，在另一方面较少，另一种质则因而与此相反。于是，每一方面自身都是无区别的总体。——两种质的每一个，就个别看来，仍然同样是无区别的同一总和；每一种质从一个方面到另一方面中连续自身，并且不受在这方面中所建立的量的界限的限制。于是规定便到了直接的对立，而对立又发展为矛盾，现在须对此加以考察。

3. 因为每种质都是**在每个方面之中**与另一种质有关系,而且,如已经规定了的,这种关系只应该是量的区别。如果这两种质是独立的,譬如被认为是互不依赖的、感性的物质,那么,无区别的全部规定性便都破碎了,它的统一体及总体也会只是空名。但是,两种质倒不如说是被规定为综括在统一体中而不可分离,每一种质只有在与另一种质的这种质的关系中,才有意义和实在性。但是**因为两种质的量的本性完全属于这种质的本性**,所以,**每种质只能达到另一种质所达到的范围**。如果两种质作为定量而彼此不同,那么,一种质就会超出另一种质,而且在其较多部分中,便具有为另一种质所没有的漠不相关的实有。但是,在它们的质的关系中,每种质只是在有另一种质的情况下才能有。——由此可知,两种质是**均衡的**,因为一种质增减多少,另一种质便同样增减多少,并且它们的增减是按同一比率进行的。

因此,根据它们的**质**的关系,既不能达到**量**的区别,也不能产生质的**增多**。有关环节之一超过另一环节的增多只是一个维持不住的规定,换句话说,**这个增多只会又是另一个他物本身**;但是,在两个环节相等时,便连一个环节也没有了,因为它们的实有只是依靠它们的定量的不相等。两个应有的因素的每一个,当它**超出**另一个因素时,便要消失,当它**等于**另一个因素时,也是这样。这种消失表现为:从量的观念来看,平衡破坏了,一个因素被认为比另一因素更大;于是,另一个因素的质的扬弃与其无法站住脚的情况被建立起来了;第一个因素占了优势,另一个因素以加速度减小,并被第一个因素克服了,这第一个因素于是把自己造成唯一独立的东西;因此,便不再有两个特殊的东西和两种因素,而只是一个整体。

如此建立为规定之总体的这个统一体,像总体自身在这里被规定为无区别那样,是一个全面的矛盾;因此,这个统一体之**建立**,必须像这个自身扬弃的矛盾之规定为必须是自为之有的独立性那样;这种独立性的结果与真理不再是仅仅无区别的统一体,而是自身内在的、绝对否定的统一性,这就是**本质**。

注 释

一个整体的**比率**以从质上彼此规定的诸因素之间的大小区别为其规定性,这样的比率曾应用了天体的椭圆运动。这个例子表明彼此处上反比率中的,起初只是两个质,而不是那样的两个方面,即它们的每一方而本身都是两方面的统一体及其反比率。人们往往因经验基础的坚实而忽视理论应用到经验基础上所导致的后果,这后果就是:或者必须毁掉作基础的事实,或者因为坚持事实(这是分所应有的)而必须证明与事实相对比的理论的空虚。这种对后果的无知,使事实及与事实相矛盾的理论安然共处。——简单的事实是:在天体的椭圆运动中,它们的速度随着天体接近近日点而增加,随着天体接近远日点而减小。孜孜不倦的努力观察,已经精确规定了这件事实的量的方面:这件事实已进一步被归结到它的简单的定律和公式里,因而实现了一切须真正向理论要求的东西。但对反思的知性来说,这似乎是不够的。为了给现象及其规律以一个所谓解释,便假定了**向心力**与**离心力**是在曲线上运动的两个质的环节。这两种力的质的区别就在于方向相反,就量的方面看,则在于它们被规定为不相等,一个增加时另一个便减少，反之亦然；以后，它们的比率又被倒转过来了，在向心力递增、离心力递减了一段时间之后，便到了这样一点，往那里向心力递减而离心力递增。①但这个观念与那两种力的主要的质的规定性的彼此比率是矛盾的。由于这些规定性，那两种力完全不能分离；每种力只有同另一个力相关，才有意义；因此，在一种力超过另一种力的情况下，在一种力与另一种力没有关系的情况下，这种力便不存在。如果一种力对另一种力的关系就像较大的力对较小的力的关系那样，假定它一旦比另一种力更大，那么，上边所说的情况便出现了，即：这种力获得了绝对优势，而另一种力便会消失；后者被当作是正在消失的和无法维持的东西；消失只是逐渐进行的，在大小方面一种力的所减即另一种力的所增，——这都对上述规定丝毫没有改变什么；后者与前者一起消灭，一种力之所以是力，中是由于行另一种力才有它。这是一个非常简单的考察；例如，像以前所说的，如果物体的向心力当物体接近近日点时增多少，离心力便相反地减多少，那末，后者便不可能再从前者把物体夺过来，并使其再一次离开中心物体；恰恰相反，向心力既然一度占优势，那末离心力便被克服了，物体将以加速度趋向中心物体。反过来说，如果离心力在无限接近远日点的地方占优势，那末，说它现在在远日点要被较弱的力所克服，这也同样是矛盾的。——再者，很明显，招致**这种转化**的是一种**外力**，这就是说，运动速度的时而加速、时而减速是**不能**从那些因素的假定的规定来**认识**或(所谓)**解释**的，尽管这些因素恰恰是为了解释这种区别而被假定的。这种或那种趋

---

① 第一版此处接着有下列句子："我曾在一篇早期论文中，说明了这一上题，并指出这种区分及基于这种区分的说明之空洞无物。"——原编者注

向消失的后果,从而椭圆运动也根本消失的后果,因为椭圆运动仍旧延续和从加速过渡到减速这一事实的确立,就被忽视和掩盖起来了。向心力在远日点对离心力由较弱而转化为占优势,在近日点则与此相反,这种假定,**部分地**包含着上边阐释过的东西,即:反比率的每一方面自身都是这样整个的反比率;因为从远日点到近日点(即向心力应占优势)的运动的这一方面,还应当包含离心力,但向心力增大时离心力却减小;在减速运动方面,一个愈来愈占优势的离心力对向心力也有着同样的反比率,因此,没有任何一方消失在另一方里,而只是愈来愈小,直到转化为对另一方占优势时为止。因此,回到每个方面的东西,只不过是这种反比率的缺陷,即:或者,像在力的平行四边形中那样,每个力都被认为是自身独立的,这些力只以单纯**外在**的会合成了运动,而概念的统一、事实的本性都被取消了;或者,两种力都通过概念在质上相比,没有一种力能对另一种力保有漠不相关的、独立的持续,这种情况是由一个"较多"而给予它的。强度的形式或所谓动力的东西,也毫没有改变什么,因为它以定量为其规定性,所以,它也只能发出与它对立的力所具有的同样多的力,即只在这样的情况下存在。但是,就部分而言,这种优势到其对立面的转化,包含着关于肯定与否定的质的规定的交替,一个增长多少,另一个便丧失多少。这种质的对立的不可分的关联,在理论上被分解为**前后相续**,但理论仍不能因此而**说明**这种更替,尤其不能说明这种分解。当一种力增加多少而另一种力也减少多少时,还有统一的假象,而在这里这种假象却完全消失了;这里所说的,是单纯**外在的**相续,它只与那种有关的结论相矛盾,据那种结论说来,只要一种力变为优势,另一种力便必定消失。

为了理解**物体**的不同的**密度**,同样的比率也已应用于引力与斥力;感受性与刺激性的反比率,也要被用于**生命**的这些因素的不相等,来理解整体、健康的各种规定,以及生物种类的不同。这种解释本来应该成为生理学、病理学以及动物学的自然哲学基础,但是,由于非批判地使用这些概念规定所夹杂的混乱与荒谬,结果很快地就放弃了这种形式主义,虽然它在科学中,特别是在物理天文学中还是极其广泛地继续着。

因为**绝对的无区别**似乎可以是**斯宾诺莎实体**的基本规定,所以还可以说,无区别当然是从这样的观点而是实体的,即:"有"的一切规定,以及思维与广延等一般更具体的每个区别,在无区别和实体这两者中都被当作已经消失。如果仍然要停留在抽象上,那末,在这深渊中毁灭了的东西,其实行的面貌如何,根本是不相干的。不过,实体作为无区别,部分地与**规定的需要**及对**规定的观点**有联系;它不应该仍然是斯宾诺莎的实体,这种实体的唯一规定是否定的,即一切都被吸收到它里而去了。在斯宾诺莎看来,区分——属性、思维与广延,还有样式、分殊以及其余一切规定——是完全经验地引导来的;这种区分是在知性之中,知性本身也是一种样式。除了属性完全表现实体,并且属性和内容作为广延与思维的事物的序列是同一的实体之外,属性对于实体以及属性彼此之间便更没有**别的规定性**了。但反思通过作为无区别这样的实体规定,便达到了区别;区别,那在斯宾诺莎那里是自在的东西现在被**建立起来**了,即外在的区别,因此更确切地说,就是**量**的区别。因此,在区别中,无区别当然像实体那样,自身仍然是内在的,但这是抽象的,仅仅是自在的;区别**对无区别不**是内在的,作为量的区别,倒不如说它是内在性的反面,量的无区别也不如说是统一体的外在的有。因此,区别也没有从质的方面来把握,实体没有被规定为自行区分的东西,即没有被规定为主体。关于无区别的范畴本身,下一步的结果就是:在这一范畴那里,量或质的规定的区别分裂了,正像在无区别的发展中所发生的那样;无区别是**尺度的消解**,在尺度内两个环节直接合而为一。

丙、到本质的过渡

[*]在**有**变为**本质**之前,绝对的无区别是"**有**"的最后一个规定;但是,它还没有达到本质。它表明自身仍然属于有的范围,因为,它被规定为**漠不相关**,在它那里仍然有**外在的量**的区别。这种区别就是无区别的**实有**;它以此而与自身处于对立之中,对于这个实有,无区别只被规定为**自在之有**的绝对,而不被设想为**自为之有**的绝对。换句话说,**外在的反思**停留在这样的观点上,即:特殊物是**自在的**或在绝对中是**同一的**,它们的区别是漠不相关的,不是自在的区别。这里还有的缺点,在于这种反思并不是**思维的**、主观意识的**外在反思**,而址区别必须扬弃自身的那种统一所特有的规定;那种统一表明自己是绝对的否定,**对它自身**漠不相关,对它自己的漠不相关也对他物同样的漠不相关。

但是,无区别的规定的这种自身扬弃已经产生了;在建立这个

---

[*] 参看第130页。

规定的发展过程中,它已经在一切方面表现为矛盾。它是**自在的总体**,在这个总体中,扬弃了并包含了"有"的一切规定;因此,它是基础,但只是**在自在之有的片面规定中**,它才有,于是区别、量的差别和诸因素的反比率在它那里都是**外在的**。它自身和它的规定的有相矛盾,它的自在之有的规定和它的建立起来的规定性相矛盾,所以,它是否定的总体,这个总体的规定性在自身那里扬弃了自身,因而扬弃了无区别的基本片面性,它的自在之有。这里所建立的是无区别真的是什么那样的东西,它是对自身单纯的、无限否定的关系,与自身不相容,是自己对自己的排斥。规定和被规定既非过渡,亦非外在的变化,又非在无区别那里的规定的**产生**,而是无区别的自身相关,这种自身相关是它自己的和它的自在之有的否定性。

但是这样被排斥出来的规定,现在却不属于自己,不在独立性或外在性中出现,而是作为环节,首先属于**自在之有的**统一体,不曾被统一体释放出来,而被作为基质的统一体负荷起来,并且唯一地被这个统一体充实起来;其次,作为规定,对于**自为之有的**统一体是内在的,并且这些规定只是出于统一体的自身排斥才有的。它们不像在整个有的范围内那样,是**有的事物**,现在绝对只是**被建立起来的事物**,即绝对具有规定和意义,它们**关系**到它们的统一体,因而每个规定都**关系**到它的另一规定和否定;——它们以它们这种相对性为标志。

* 于是,一般的有和不同的规定性的有或直接性,以及内在之

---

* 参看第 130 页。

有都消失了，而统一体就是有，是**直接的、作为前提的**总体，因此，它**只是这种单纯的自身关系**，由于扬弃**这种前提而有了中介**，而这种前提之有与直接之有自身，则只是这种统一体的排斥的一个环节；原始的独立性与自身同一性只是**终结的、无限的自身融合**，因此，有被规定为**本质**；有，通过有的扬弃，是**与自身在一起**的单纯的有。